改訂版

大学入試 坂田アキラの 化学基礎 の解法が面白いほどわかる本

坂田　アキラ
Akira Sakata

＊　この本には「赤色チェックシート」がついています。

＊　この本は，小社より2013年に刊行された『坂田アキラの　化学基礎の解法が面白いほどわかる本』の改訂版であり，最新の学習指導要領に対応させるための加筆・修正をいたしました。

ドカン!!と天下無敵の新しい参考書日本上陸!!

なぜ Why? 無敵なのか…？
そりゃあ，見りゃわかるっしょ!!

理由その1 死角のない問題がぎっしり♥

1問やれば効果10倍！ いや20倍!!

つまり，つまずくことなく**バリバリ進める**!!

理由その2 前代未聞！ 他に類を見ないダイナミックな解説！

詳しい… 詳しすぎる…；これぞ完璧なり♥♥

つまり，**実力**&**テクニック**&**スピード**がつきまくり！
そしてデキまくり!!

理由その3 かゆ～いところに手が届く用語説明＆補足説明満載！

届きすぎる！

つまり，**「なるほど」の連続! 覚えやすい!! 感激の嵐!!!**

てなワケで，本書は，すべてにわたって**最強**であ――る！

本書を**有効に活用**するためにひと言♥
本書自体，**天下最強**であるため，よほど下手な使い方をしない限り，**絶大な効果**を諸君にもたらすことは言うまでもない！

しか――し，最高の効果を心地よく得るために…

ヒケツその1 まず比較的**キソ的**なものから固めていってください！
レベルで言うなら，**キソのキソ** ～ **キソ** 程度のものを，スラスラで

きるようになるまで，くり返し，くり返し**実際に手を動かして**演習してくださいませ♥ 同じ問題でよい

ヒケツその２ キソを固めてしまったら，ちょっと**レベルを上げて**みましょう！

そうです，**標準**に手をつけるときがきたワケだ!! このレベルでは，**さまざまなテクニック**が散りばめられております♥ そのあたりを，しっかり，着実に吸収しまくってください！

もちろん!! **くり返し，くり返し，**同じ問題でいいから，スラスラできるまで**実際に手を動かして**演習しまくってくださ――い♥♥

さらに暗記分野は㊙の特別シートでしっかり暗記してください!!

これで一般的な「化学基礎」の知識はちゃ――んと身につきます。

ヒケツその３ さてさて，**ハイレベルを目指すアナタ**は…

ちょいムズ & **発展** から逃れることはできません!!

でもでも，**キソのキソ** ～ **標準** までをしっかり習得しているワケですから**無理なく進める**はずです。そう，解説が詳し――く書いてありますからネ♥ これも，くり返しの演習で，**『化学基礎の超完璧受験生』**に変身してくださいませませ♥♥

いろいろ言いたいコトを言いましたが本書を活用してくださる諸君の**幸運**を願わないワケにはいきません！

あっ，言い忘れた…。本書を買わないヤツは**負け組決定**だ!!

さすらいの風来坊講師

坂田アキラ より

もくじ

桃
虎

なせばなる
なさねばならぬ
なにごとも…
A

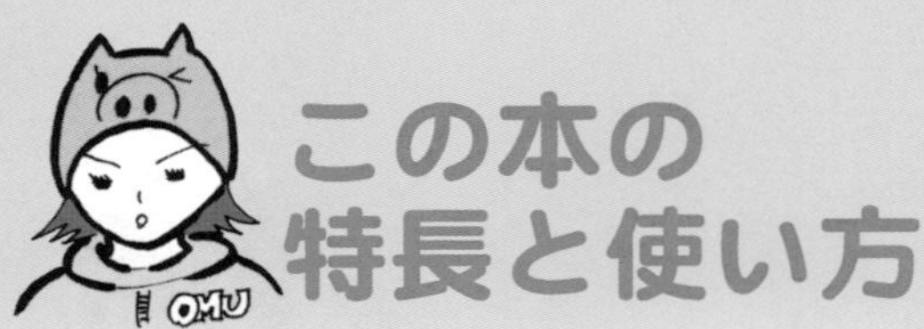

この本の特長と使い方

「化学基礎」入試によく出るテーマを完全網羅。少し厚いけど，楽しく読めるからすぐ終わる!

これぞ坂田ワールド!! イメージ図満載だから，基礎事項を，目で覚えられる!!

ときどき出てくるナゾのキャラたち。すべて坂田オリジナル。

44

Theme 5 イオンのお話です

Na^+とかO^{2-}の話だよ♪

RUB OUT 1 イオンの生成

どうしてイオンになるのか?? そのあたりをしっかり押さえよう!!

Theme 4で，原子の電子配置については理解していただけたと思います。貴ガス原子の電子配置は安定な電子配置であることを，強調して伝えました。つまり，貴ガス原子がもつ電子配置(貴ガス型電子配置)はある意味，理想的なワケです。

そこで!!

貴ガス原子でない原子たちは，この理想的な貴ガス型電子配置になることを夢見て努力を始めます。やはり，不安定な立場より安定した立場の方が望ましいのでしょうか…。では，例をあげて解説しましょう。

例1 ナトリウム($_{11}Na$)原子の場合

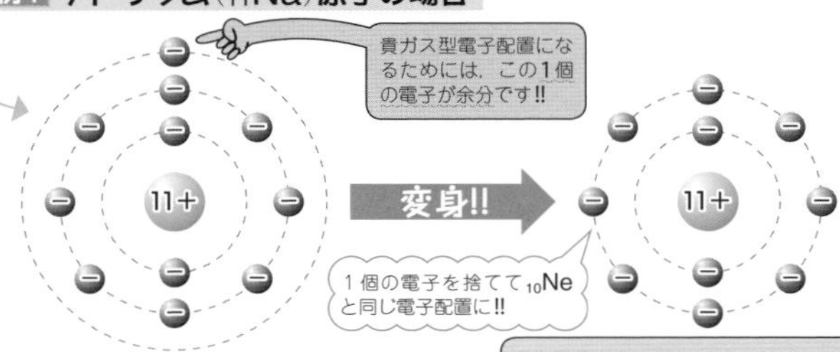

貴ガス型電子配置になるためには，この1個の電子が余分です!!
11+
変身!!
11+
1個の電子を捨てて $_{10}Ne$ と同じ電子配置に!!

これをカッコよく化学式で表すと…

負の電荷をもつ電子はこのように表す。eの由来は電子の英語名エレクトロンより

$$Na \longrightarrow Na^+ + e^-$$

陽子の数＝電子の数であったのだが，1個の電子を放出してしまったので，原子全体として電気的に，＋11－10＝＋1となる。このときNa^{1+}とせずNa^+と表します。

この本は，「化学基礎」の“教科書的な基礎知識”を押さえながら，計算問題を解くための“実践的な解法”を楽しく，そして記憶に残るやり方で紹介していく画期的な本です。「数学」でおなじみの「坂田ワールド」は，「化学」でも健在。これでアナタも，坂田のとりこ！

質問の角度を変えて…

問題17 キソ

次の分子について，非共有電子対が何対あるかを答えよ。

(1) 水 H_2O　(2) 塩化水素 HCl

(3) 四塩化炭素 CCl_4　(4) アンモニア NH_3

(5) 窒素 N_2　(6) エタン C_2H_6

「化学基礎」入試によく出る問題をガッチリ収録。試験本番は、見たことのある問題だらけ！

ダイナミックポイント!!

電子式が書ければバッチリです。前問 問題16 は大丈夫ですかあーっ ??
あと，**非共有電子対**とは共有結合に関与していない電子対のことでしたね。

1つの問題に対して，ここまで丁寧な解説があっていいものか……と絶句するほどのわかりやすさ＆おもしろさ！

解答でござる

(1) H_2O の電子式は H:Ö:H

共有結合に関与していない電子対，つまり**非共有電子対**が2対あります。

電子式さえ書ければ
楽勝だぜ～っ!!

より，非共有電子対は　2対　…（答）

(2) HCl の電子式は H:C̈l:

共有結合に関与していない電子対，つまり**非共有電子対**が3対あります。

より，非共有電子対は　3対　…（答）

(3) CCl_4 の電子式は（C のまわりに :Cl: が4つ）

おーっと!!
非共有電子対だらけ!!
12対もあるぞーっ

より，非共有電子対は　12対　…（答）

(4) NH_3 の電子式は H:N̈:H（下に H）

共有結合に関与していない電子対，つまり**非共有電子対**が1対あります。

より，非共有電子対は　1対　…（答）

物質の構成と構成する粒子の巻

素晴らしいSTARTを切るために…

この章では理屈抜きでいろいろと暗記していただきます。英文を読む気になれるのも，最低限の単語力が備わっているからです。化学も同様で，先回りして覚えておいた方がお得なこともあります!!

RUB OUT 1　周期表の原子番号1～20までの元素は暗記せよ!!

水	兵	リー	べ	ぼ	く	の		フ	ネ
H	**He**	**Li**	**Be**	**B**	**C**	**N**	**O**	**F**	**Ne**

なな	まが	り	シッ	プ	ス	クラ	ー	ク	か
Na	**Mg**	**Al**	**Si**	**P**	**S**	**Cl**	**Ar**	**K**	**Ca**

元素の周期表

周期＼族	1	2	3	4	5	6	7	8	9	10	11	12	13	14	15	16	17	18
1	1 H 水素 1.0																	2 He ヘリウム 4.0
2	3 Li リチウム 6.9	4 Be ベリリウム 9.0											5 B ホウ素 11	6 C 炭素 12	7 N 窒素 14	8 O 酸素 16	9 F フッ素 19	10 Ne ネオン 20
3	11 Na ナトリウム 23	12 Mg マグネシウム 24											13 Al アルミニウム 27	14 Si ケイ素 28	15 P リン 31	16 S 硫黄 32	17 Cl 塩素 35.5	18 Ar アルゴン 40
4	19 K カリウム 39	20 Ca カルシウム 40	21 Sc スカンジウム 45	22 Ti チタン 48	23 V バナジウム 51	24 Cr クロム 52	25 Mn マンガン 55	26 Fe 鉄 56	27 Co コバルト 59	28 Ni ニッケル 59	29 Cu 銅 63.5	30 Zn 亜鉛 65.4	31 Ga ガリウム 70	32 Ge ゲルマニウム 73	33 As ヒ素 75	34 Se セレン 79	35 Br 臭素 80	36 Kr クリプトン 84
5	37 Rb ルビジウム 85.5	38 Sr ストロンチウム 88	39 Y イットリウム 89	40 Zr ジルコニウム 91	41 Nb ニオブ 93	42 Mo モリブデン 96	43 Tc テクネチウム (99)	44 Ru ルテニウム 101	45 Rh ロジウム 103	46 Pd パラジウム 106	47 Ag 銀 108	48 Cd カドミウム 112	49 In インジウム 115	50 Sn スズ 119	51 Sb アンチモン 122	52 Te テルル 128	53 I ヨウ素 127	54 Xe キセノン 131
6	55 Cs セシウム 133	56 Ba バリウム 137	57～71 ランタノイド	72 Hf ハフニウム 178	73 Ta タンタル 181	74 W タングステン 184	75 Re レニウム 186	76 Os オスミウム 190	77 Ir イリジウム 192	78 Pt 白金 195	79 Au 金 197	80 Hg 水銀 201	81 Tl タリウム 204	82 Pb 鉛 207	83 Bi ビスマス 209	84 Po ポロニウム (210)	85 At アスタチン (210)	86 Rn ラドン (222)
7	87 Fr フランシウム (223)	88 Ra ラジウム (226)	89～103 アクチノイド															
																	ハロゲン元素	貴ガス元素

9	← 原子番号
F	← 元素記号
フッ素	← 元素名
19	← 原子量

RUB OUT 2 ある程度の元素記号は書けるようにしておこう!!

この本についている赤いシートを活用して暗記しよう!!

① 水素 H　② ヘリウム He　③ リチウム Li　④ ベリリウム Be
⑤ ホウ素 B　⑥ 炭素 C　⑦ 窒素 N　⑧ 酸素 O
⑨ フッ素 F　⑩ ネオン Ne　⑪ ナトリウム Na　⑫ マグネシウム Mg
⑬ アルミニウム Al　⑭ ケイ素 Si　⑮ リン P　⑯ 硫黄 S
⑰ 塩素 Cl　⑱ アルゴン Ar　⑲ カリウム K　⑳ カルシウム Ca
㉑ クロム Cr　㉒ 鉄 Fe　㉓ ニッケル Ni　㉔ 銅 Cu
㉕ 亜鉛 Zn　㉖ 銀 Ag　㉗ スズ Sn　㉘ バリウム Ba
㉙ 白金 Pt　㉚ 金 Au　㉛ 水銀 Hg　㉜ 鉛 Pb

①〜⑳までは原子番号どおりです。㉑〜㉜は原子番号とは無関係です。

RUB OUT 3 ある程度の化学式も書けるようにしておこう!!

またまた赤いシートの登場です。

① 水 H_2O　② 二酸化炭素 CO_2　③ 一酸化炭素 CO
④ 二酸化窒素 NO_2　⑤ 一酸化窒素 NO　⑥ 塩化ナトリウム $NaCl$
⑦ 水酸化ナトリウム $NaOH$　⑧ 水酸化カリウム KOH
⑨ 水酸化マグネシウム $Mg(OH)_2$　⑩ 水酸化カルシウム $Ca(OH)_2$
⑪ 塩酸 HCl　⑫ 硫酸 H_2SO_4　⑬ 硝酸 HNO_3
⑭ 酢酸 CH_3COOH　⑮ アンモニア NH_3　⑯ メタン CH_4
⑰ エタン C_2H_6　⑱ プロパン C_3H_8

②〜⑤は名称のまんまですね。
⑦〜⑩は規則があって，1族のNa，KのときはNaOH，KOH，2族のMg，Caのときは$Mg(OH)_2$，$Ca(OH)_2$となります。
⑯〜⑱は，C_nH_{2n+2}の$n=1, 2, 3$に対応します。いずれ詳しく学習しますが，先回りして覚えておくと何かとトクだぞ!!

RUB OUT 4 原子と分子のお話です。ついでに元素も…

原子 すべての物質を構成する基本的な粒子です。

この原子という粒子が集まることにより，いろいろな物質ができています。

分子 いくつかの原子が結合して分子となります。

例 酸素原子2個が結合して，酸素分子 O_2

酸素原子3個が結合して，オゾン分子 O_3

水素原子2個と酸素原子1個が結合して，水分子 H_2O

一般的に酸素といったら酸素分子 O_2 のことを指します。同様に水素といったら水素分子 H_2，窒素といったら窒素分子 N_2 を指します。わざわざ“……分子”といわないことが多いので，これからの学習で混乱しないように注意するべし。

補足コ～ナ～

周期表のいちばん右の18族(He（ヘリウム），Ne（ネオン），Ar（アルゴン）など)は，非常に安定したヤツで，他の原子と結合せず，原子1個だけで分子となります。

つまり，ヘリウム分子はHe，ネオン分子はNe，アルゴン分子はArと表され，このような連中を**単原子分子**と呼びます。

分子にならない物質

これは重要だぞ～っ!!

鉄Feや銅Cuなどの**金属**

塩化ナトリウムNaClや水酸化ナトリウムNaOHなどの**イオン結晶** p.76参照!!

金属やイオン結晶は，大量の原子が規則正しく結合し，どこまでが1つといった独立したイメージがない!! つまり，分子をつくっていないと考えられます。

RUB OUT 5 分子式と組成式の違いを押さえろ!!

RUB OUT 4 で説明したように，**分子をつくる物質**と**分子をつくらない物質**があります。このことから…

分子式 ➡ **分子をつくる物質**を表現する化学式

例　水 H_2O　　酸素 O_2　　硫酸 H_2SO_4　など

組成式 ➡ **分子をつくらない物質**を表現する化学式
構成する原子の個数比を表している。

例　塩化ナトリウム NaCl　　硝酸銀 $AgNO_3$

Naの個数：Clの個数＝1：1

Agの個数：Nの個数：Oの個数＝1：1：3

で!!　この分子式と組成式の見分け方でーす!!

周期表にあるすべての元素は，次の表のように**金属元素**と**非金属元素**に分けることができます。

非金属元素と金属元素の分布がこれだ～っ!!

	1	2	3	4	5	6	7	8	9	10	11	12	13	14	15	16	17	18
1	1 H 1.0																	2 He 4.0
2	3 Li 6.9	4 Be 9.0											5 B 11	6 C 12	7 N 14	8 O 16	9 F 19	10 Ne 20
3	11 Na 23	12 Mg 24											13 Al 27	14 Si 28	15 P 31	16 S 32	17 Cl 35.5	18 Ar 40
4	19 K 39	20 Ca 40	21 Sc 45	22 Ti 48	23 V 51	24 Cr 52	25 Mn 55	26 Fe 56	27 Co 59	28 Ni 59	29 Cu 63.5	30 Zn 65.4	31 Ga 70	32 Ge 73	33 As 75	34 Se 79	35 Br 80	36 Kr 84
5	37 Rb 85.5	38 Sr 88	39 Y 89	40 Zr 91	41 Nb 93	42 Mo 96	43 Tc (99)	44 Ru 101	45 Rh 103	46 Pd 106	47 Ag 108	48 Cd 112	49 In 115	50 Sn 119	51 Sb 122	52 Te 128	53 I 127	54 Xe 131
6	55 Cs 133	56 Ba 137	57~71 ランタノイド	72 Hf 178	73 Ta 181	74 W 184	75 Re 186	76 Os 190	77 Ir 192	78 Pt 195	79 Au 197	80 Hg 201	81 Tl 204	82 Pb 207	83 Bi 209	84 Po (210)	85 At (210)	86 Rn (222)
7	87 Fr (223)	88 Ra (226)	89~103 アクチノイド															

非金属元素
金属元素

このとき!!

非金属元素のみで表された化学式 ➡ **分子式**

非金属元素と**金属元素**がミックスされて表された化学式 ➡ **組成式**

いずれしっかりとした理由で見分けがつくことですが，これを覚えておけば次のような問題は即解決です。

大切なお話ですね

問題1 キソのキソ

次の(ア)〜(ケ)の化学式の中から，組成式であるものをすべて選べ。

(ア) 水 H_2O
(イ) エタノール C_2H_5OH
(ウ) 硝酸 HNO_3
(エ) 二酸化炭素 CO_2
(オ) 塩化マグネシウム $MgCl_2$
(カ) アンモニア NH_3
(キ) 硫酸銅 $CuSO_4$
(ク) 硫化水素 H_2S
(ケ) 炭酸カルシウム $CaCO_3$

ダイナミックポイント!!

(ア) 水 H_2O ☞ HもOも**非金属**　よって，分子式!!

(イ) エタノール C_2H_5OH ☞ CもHもOも**非金属**　よって，分子式!!

(ウ) 硝酸 HNO_3 ☞ HもNもOも**非金属**　よって，分子式!!

(エ) 二酸化炭素 CO_2 ☞ CもOも**非金属**　よって，分子式!!

(オ) 塩化マグネシウム $MgCl_2$ ☞ Mgは**金属**，Clは**非金属**
よって，**組成式**!!

(カ) アンモニア NH_3 ☞ NもHも**非金属**　よって，分子式!!

(キ) 硫酸銅 $CuSO_4$ ☞ Cuは**金属**，SとOは**非金属**　よって，**組成式**!!

(ク) 硫化水素 H_2S ☞ HもSも**非金属**　よって，分子式!!

(ケ) 炭酸カルシウム $CaCO_3$ ☞ Caは**金属**，CとOは**非金属**
よって，**組成式**!!

解答でござる　(オ)，(キ)，(ケ)

RUB OUT 6　物質の三態と変化について

物質は温度や圧力の変化によって，気体，液体，固体の状態に変化します。この3つの状態をまとめて**物質の三態**と呼びまーす。

ここでは，いろいろと用語を押さえていただきたい。さて，赤いシートを出してください。

Question	Answer	Comment
(1)　固体から液体への変化を何と呼ぶか？	融解	氷が水になる変化です。
(2)　逆に液体から固体への変化を何と呼ぶか？	凝固	水が氷になる変化です。
(3)　液体から気体への変化を何と呼ぶか？	蒸発	水が水蒸気になる変化です。
(4)　逆に気体から液体への変化を何と呼ぶか？	凝縮	水蒸気が水になる変化です。
(5)　固体から気体への変化を何と呼ぶか？	昇華	ドライアイスが二酸化炭素になる変化です。固体がいきなり気体に!!　ちなみに，**ヨウ素**(I_2)も昇華する固体として有名ですよ!!
(6)　逆に気体から固体への変化を何と呼ぶか？	凝華	**昇華は固体 →(いきなり) 気体** **凝華は気体 →(いきなり) 固体**
(7)　液体を加熱しある温度になると，液体の表面だけでなく内部からも激しい蒸発が始まる。この現象を何と呼ぶか？	沸騰	やかんに水を入れ，100℃になると，この現象が始まります。
(8)　(7)の現象が起こるある温度のことを何と呼ぶか？	沸点	圧力が変化すると，この温度も変化します。富士山の頂上だと，100℃より低い温度で**沸騰**が始まります。

ザ・まとめ

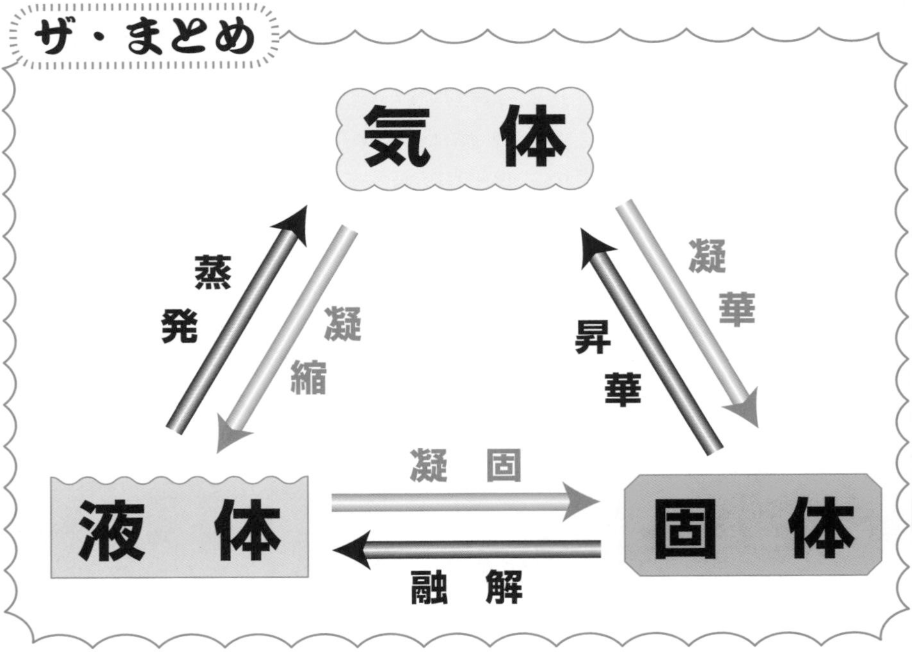

気体

蒸発

凝縮

昇華

凝華

液体

凝固

融解

固体

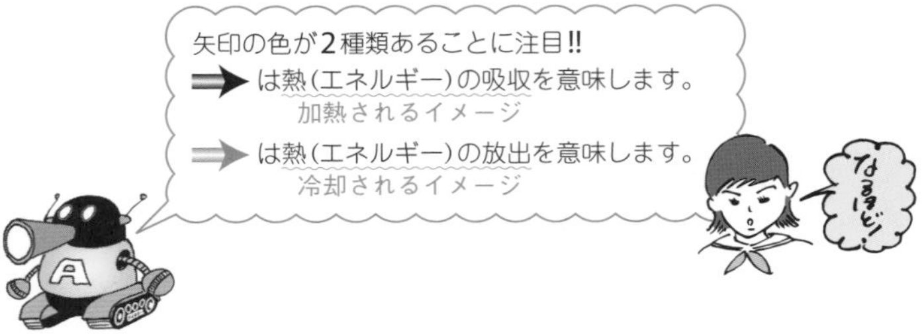

矢印の色が2種類あることに注目!!

➡ は熱(エネルギー)の吸収を意味します。
加熱されるイメージ

➡ は熱(エネルギー)の放出を意味します。
冷却されるイメージ

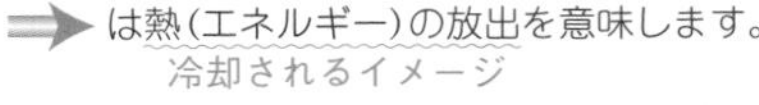

粒子の熱運動のお話

熱 運 動

われわれの身のまわりの物質は，原子(Theme 3参照)や分子(Theme 10参照)，イオン(Theme 5参照)などの，ものすごく小さな粒子からできています。この粒子たちは，一般に静止しているワケではなく，常に運動をしています。このような粒子の運動を**熱運動**と申します。

そうだったのか…

拡　散

水にインクを垂らすと，インクが広がっていき，時間が経つと均一な色のついた液体になります。

オナラをすると，最初のうちは，犯人周辺だけが悪臭騒動になりますが，時間が経つと均一に広がり，オナラのニオイは薄まっていきます。

これらの例は，インクやオナラの粒子が熱運動により自然に散って広がったことを示しています。このような現象を**拡散**と呼びます。

オナラが粒子…
知りたくなかったぜ!!

絶対温度

粒子の熱運動が完全に停止する温度が**－273(℃)**（セ氏－273度）であることを，とある昔に頭のいいヤツが発見した!!

そこで!!　この－273(℃)を**絶対零度**(れいど)と定め，**0(K)**(ケルビン)と表します。この絶対零度を基準にし，単位**K**を用いた温度を**絶対温度**と呼び，次のような公式が成立します。

$$T(\mathrm{K}) = t(℃) + 273$$

－273（℃）＝0（K）
だから，アタリマエの式だな…

問題2 キソのキソ

次の各問いに答えよ。

(1) -200(℃)は，絶対温度で何(K)か。

(2) 331(K)は，セ氏温度で何(℃)か。

解答でござる

(1) $t = -200$(℃)

$T(\mathrm{K}) = t(℃) + 273$ ← 前ページの公式です!!

$= -200 + 273$

$= \underline{73(\mathrm{K})}$ …（答）

(2) $T = 331$(K)

$T(\mathrm{K}) = t(℃) + 273$ ← 前ページの公式です!!

$331 = t + 273$

$t = 331 - 273$

$\therefore \quad t = \underline{58(℃)}$ …（答）

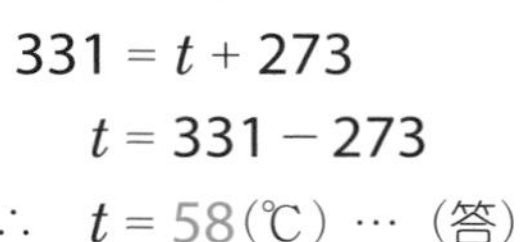

セ氏温度は，別名**セルシウス温度**とも呼びますよ

RUB OUT 8　熱運動と状態変化

ふつうに考えてください!!　高温では，粒子の熱運動がさかんになり，粒子は自由に動き回ります。逆に，低温では，粒子の熱運動は小さくなり，粒子はあまり動かなくなります。

そこで!!　粒子の熱運動と状態変化の関係は，次のようになります。

低温　←→　高温

固体のイメージ

粒子たちは規則正しく整列して振動しているだけです。

液体のイメージ

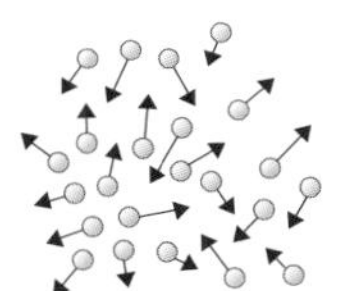

粒子たちは自由に動けるものの，そこまでバラバラにはなれません

気体のイメージ

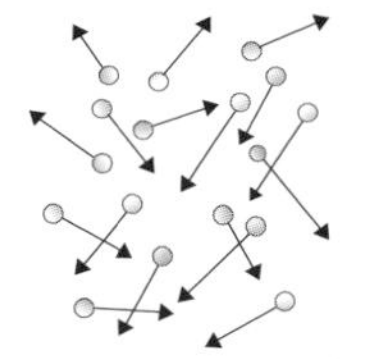

粒子たちは自由に飛び回ります!!
これこそ自由だあーっ!!

ちなみに，0(K)つまり－273(℃)で粒子たちの熱運動は完全に停止し，振動すらしなくなります。

RUB OUT 9 気体の熱運動と気体の圧力

気体を構成する粒子は，必ず分子(p12参照!!)となります。ここでは，「気体分子」というべきところを，あえて「気体粒子」と表現するので，ご了承くださいませ!!

気体の場合，熱運動する粒子どうしが衝突しまくるので，各粒子の進む方向や速さがたえず変化し，常にバラバラの速度をもった粒子たちが共存する状態となります。

そこで!! 気体粒子の速度を考える場合，これらの粒子たちの**平均速度**を用います。

今は，すべての粒子が同じ速度で運動していないことだけ，押さえておいてください。

気体の圧力

単位面積あたり(通常1(m^2)あたり)にはたらく力を**圧力**と呼びます。

容器に入れた気体粒子は，熱運動により，容器の内壁に衝突します。内壁には多数の気体粒子が衝突し，容器の内側から外側へ向かって力がはたらきます。この，内側から外側へ向かってはたらく単位面積あたりの力が**気体の圧力**です。

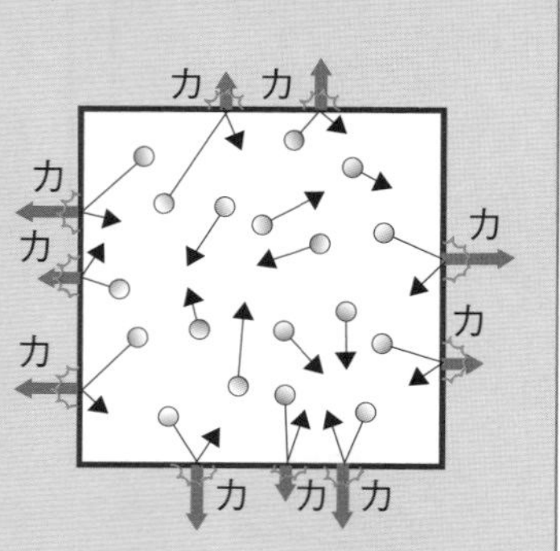

圧力の表し方

圧力の単位は，通常**Pa**(パスカル)が用いられます。

1(Pa)は，1(m^2)あたりに1(N)(ニュートン)の力がはたらいたときの圧力を示します。

1(kg)の重さを，力に換算すると9.8(N)になるよ。詳しくは物理で学習しよう!!

つまり…

$$1(\mathrm{Pa}) = 1(\mathrm{N/m^2})$$

ということです。

1(m^2)あたり1(N)

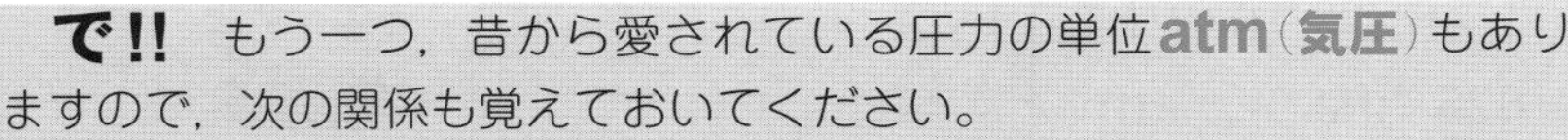

で!! もう一つ，昔から愛されている圧力の単位**atm（気圧）**もありますので，次の関係も覚えておいてください。

$$1\,(\text{atm}) = 1.013 \times 10^5\,(\text{Pa})$$
$$= 1013\,(\text{hPa})$$
$$= 101.3\,(\text{kPa})$$

（気圧，パスカル，ヘクトパスカル，キロパスカル）

天気予報で聞いたことあるでしょ??

問題3　キソのキソ

次の各問いに答えよ。

(1)　0.300(atm)は何(Pa)か。

(2)　828(hPa)は何(atm)か。

解答でござる

(1)　$1\,(\text{atm}) = 1.013 \times 10^5\,(\text{Pa})$ より，

$$1.013 \times 10^5 \times 0.300$$
$$= 0.3039 \times 10^5$$
$$= 0.3039 \times 10 \times 10^4$$
$$= 3.039 \times 10^4$$
$$\fallingdotseq 3.04 \times 10^4\,(\text{Pa}) \quad \cdots \text{（答）}$$

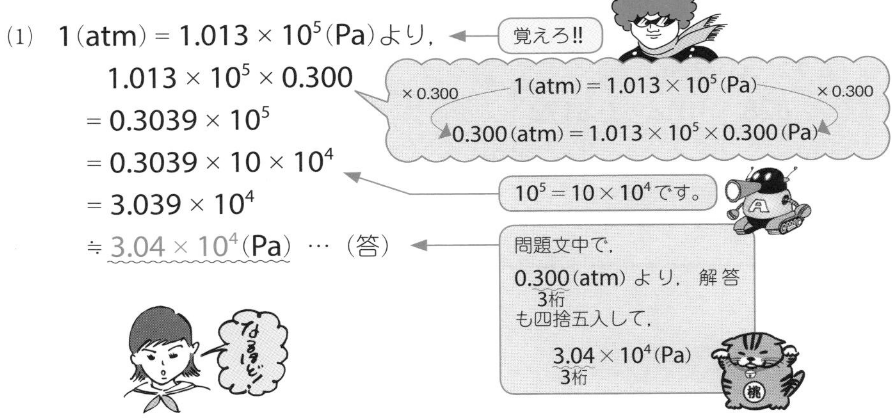
覚えろ!!
×0.300
1 (atm) = 1.013 × 10^5 (Pa)
×0.300
0.300 (atm) = 1.013 × 10^5 × 0.300 (Pa)
10^5 = 10 × 10^4 です。
問題文中で，
0.300 (atm) より，解答
3桁
も四捨五入して，
3.04 × 10^4 (Pa)
3桁
なるほど!
桃

(2) 1(atm) = 1013(hPa)より，
828(hPa) = x(atm)とすると，

$$x : 828 = 1 : 1013$$

$$1013 \times x = 828 \times 1$$

$$x = \frac{828 \times 1}{1013}$$

$$= 0.8173\cdots$$

$$\fallingdotseq 0.817\text{(atm)} \quad \cdots \text{(答)}$$

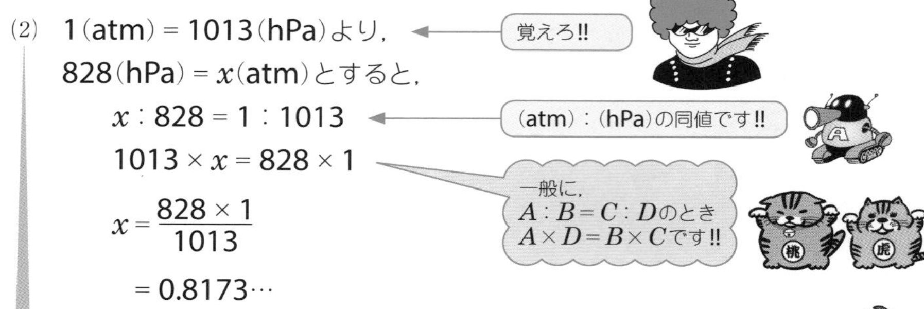
覚えろ!!
(atm)：(hPa)の同値です!!
一般に，
$A:B=C:D$のとき
$A\times D=B\times C$です!!

問題文中で，828(hPa)より，
3桁
解答も0.817とする。
3桁

できるヤツはこう解いてくれ!!

確かに，この解法はまわりくどいですね…
1013(hPa)ごとに**1**(atm)になります。
例えば，101300(hPa)は…

$$101300 \div 1013 = 100\text{(atm)}$$

となります。

ん!?

ですから，同様に…

$$828 \div 1013 = 0.8173\cdots$$

$$\fallingdotseq 0.817\text{(atm)} \quad \cdots \text{(答)}$$

とすれば**OK**です!!

なるほど!

RUB OUT 10　物理変化＆化学変化

物理変化

物質が別の物質に変わるワケではなく，ただ状態だけを変えることを**物理変化**と申します。

例えば…

例1　“水を冷却すると氷になり，加熱すると水蒸気になる。”

これは，水がH_2Oで表される分子であることは変化せず，固体，液体，気体という状態だけが変化しています。

例2　“いびつな鉄のかたまりを平たい鉄板にする。”

これは，鉄の形を変形させただけです。

例3　“砂糖を水に溶かす。”

これは，水は水のまま，砂糖は砂糖のままで，別の物質に変わったワケではなく，単に混ざり合っただけです。

化学変化

ある物質から性質の異なる別の物質に変わる変化を**化学変化**と申します。

例えば…

例　“黒鉛を燃焼すると二酸化炭素が生じる。”

化学式で表すと…

$$C + O_2 \longrightarrow CO_2$$

まったく別の物質に変化していることが理解できます。

ぶっちゃけ，化学反応式で表せる変化は，化学変化ってことですよ!!

化学反応式のつくり方は，Theme 19 で学習しますよ!!
ほぉー

Theme 2 物質って何だ!?

RUB OUT 1 物質の分類について

物質は次のように分類される!!

- **物質**
  - **純物質**（じゅん）
    - **単体**（たんたい） 例 水素H_2，酸素O_2，ナトリウムNa
    - **化合物**（かごうぶつ） 例 水H_2O，二酸化炭素CO_2 塩化マグネシウム$MgCl_2$
  - **混合物** 例 空気，海水，砂糖水

1 物質は“**純物質**”（他の物質が混じっていない物質）と“**混合物**”（2種類以上の純物質が混じっている物質）に分類されます。

ポイント

まず混合物のイメージをとらえよう!!

混合物の例はこれだ〜っ!!

- 水酸化ナトリウム水溶液
- 塩化カルシウム水溶液

}**水溶液**といってしまったらオシマイ!! 水に溶かしたということだからバレバレの**混合物**!!

- アンモニア水
- 過酸化水素水

}**水**といってしまっても同様です。水溶液と同じ意味ですぞ!!

- 空気 ⇐ 窒素N_2，酸素O_2をはじめいろいろな気体が混合している!!
- 海水 ⇐ 食塩水をさらにひどくした状況!!
- 天然ガス ⇐ いかにもいろいろと混ざっているっぽいね？
- 岩石 ⇐ 純粋なワケねーだろ!!

}特定の化学式で表せない，妙に身近な連中が出てきたら…**混合物**と思ってOK!!

- **塩酸** ⇐ 塩酸はHClと表現しますが，じつは塩化水素HClという気体を水に溶かしたものを塩酸というんです!!

注 この**塩酸**に対して，硫酸H_2SO_4，硝酸HNO_3は**純物質**であることに気をつけよう!! コイツらはもとから液体なのだ!!

まだ何かあるんですか!?

ところが!!

希硫酸や**濃**硫酸といった表現が登場したら，これは**混合物**であることを意味します。純物質である硫酸を水に溶かし，この濃度がうすいものを**希**硫酸，濃いものを**濃**硫酸と呼ぶのである。したがって，希硝酸，濃硝酸も同様に混合物である。

そこで，これらのイメージ以外のものが**純物質**ってワケだ。

特定の化学式で表現できるヤツら…酸素 O_2，水 H_2O，二酸化炭素 CO_2，水酸化ナトリウム NaOH

1 で!! さらに**純物質**が“**単体**”(1種類の元素記号で表現されるもの!!)

例 水素 H_2，酸素 O_2，塩素 Cl_2，ヘリウム He，ナトリウム Na，鉄 Fe，ニッケル Ni

と“**化合物**”(2種類以上の元素記号で表現されるもの!!)に分けられる。

例 水 H_2O，二酸化炭素 CO_2，水酸化ナトリウム NaOH，硫酸銅 $CuSO_4$

ではでは問題演習でーす!!

問題4　キソのキソ

次の(ア)～(ソ)の中から混合物であるものをすべて選べ。

(ア) 酸素　(イ) フッ素　(ウ) ネオン　(エ) 硫化水素　(オ) 塩酸
(カ) 硝酸　(キ) 希硫酸　(ク) メタン　(ケ) 炭酸水　(コ) 石油
(サ) ニッケル　(シ) 銅　(ス) 水酸化ナトリウム水溶液
(セ) 水酸化カリウム　(ソ) 砂糖水

ダイナミックポイント!!

p.11参照

(ア) 酸素は O_2 で表されます。
(イ) フッ素は F_2 で表されます。
(ウ) ネオンは Ne で表されます。
(エ) 硫化水素は H_2S で表されます。
(オ) 塩酸は**塩化水素** HCl という気体を水に溶かしたものです。つまり!!

いずれ主役級に活躍する物質です。今のうちに化学式だけでも書けるようにしておこう。

混合物でしたね♥　そうです。要注意人物でした…。

(カ)　硝酸はHNO_3で表されます。

(キ)　硫酸自体はH_2SO_4で表現される純物質なのですが，希硫酸となっているので，水でうすめたという意味となります。つまり，**混合物**‼

(ク)　メタンはCH_4で表されます。

コイツも，いずれ大活躍することに…。今のうちに化学式だけでも書けるように‼

(ケ)　炭酸水の“水”に注意‼　炭酸H_2CO_3を水に溶かしたという意味です。つまり，**混合物**‼

(コ)　石油…これはバリバリの**混合物**。純物質のワケがねぇ‼

(サ)　ニッケルはNiで表されます。

(シ)　銅はCuで表されます。

(ス)　水酸化ナトリウム水溶液の“水溶液”に注意‼

水酸化ナトリウム$NaOH$を水に溶かしたという意味です。つまり，**混合物**‼

(セ)　水酸化カリウムはKOHで表されます。

(ソ)　砂糖水の“水”に注意‼　アタリマエに**混合物**‼

以上より，解答は…

解答でござる　(オ)，(キ)，(ケ)，(コ)，(ス)，(ソ)

赤いシートの登場か‼

RUB OUT 2 混合物の分離法いろいろ

この本についている赤いシートを出してください‼　p.27，28に，混合物の分離法について，しっかりまとめてあるので，とりあえず名称だけでも押さえておいてくださいませ♥

Question	Answer	Comment
(1)　液体中に存在する不溶性の固体を沪紙によって分類する方法を何というか？  知ってるぜ!!	沪　過	不溶性の固体であることがポイントです。つまり，食塩水のように完全に溶解してしまっているものは，この方法ではムリ!!　すべて沪紙を通過してしまいます
(2)　ある液体に他の物質が溶けている溶液を加熱して，出てきた蒸気を冷却して凝縮(液体にもどす)することによってその成分を分離する方法を何というか？	蒸　留	 オレでも 知ってるぞーっ!!
(3)　食塩水を(2)の方法で水と食塩に分離する際のようすは右図のとおりである。 ①　温度計の先端の位置 ②　食塩水の量 ③　冷却器の水の方向 ④　枝つきフラスコに入れるべきものとその理由 ⑤　三角フラスコの栓 について右の欄を埋めよ。	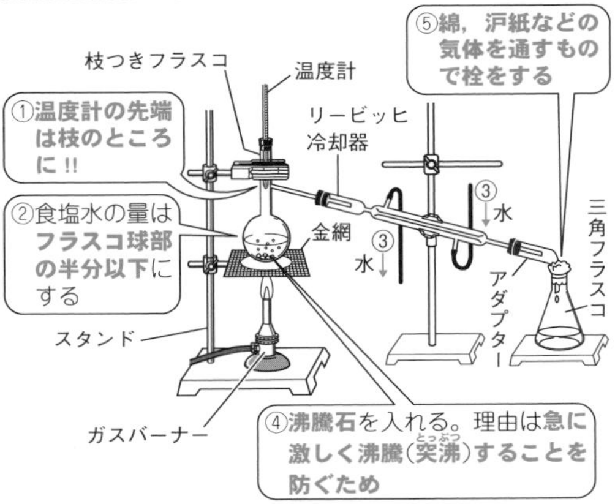 枝つきフラスコ 温度計 リービッヒ冷却器 金網 スタンド ガスバーナー アダプター 三角フラスコ ③水 ①温度計の先端は枝のところに!! ②食塩水の量は**フラスコ球部の半分以下**にする	⑤**綿，沪紙などの気体を通すもので栓をする** ④**沸騰石**を入れる。理由は**急に激しく沸騰(突沸)することを防ぐため**
(4)　**2**種類以上の液体が混ざっているとき，沸点の差を利用してこれらを分離する方法を何というか？  ん!?	分　留	例えば， エタノール(アルコールの一種)と水の混合物を徐々に熱すると，沸点の低いエタノールが先に蒸発する。エタノールと水は分離されるワケだ。

(5) 固体の混合物をある溶媒(ようばい)に溶かした溶液から，温度による溶解度の差を利用して，一方のみを結晶として分離する方法を何というか？  	再結晶(さいけっしょう)	イメージは… ある物質XとYが混合した粉末を，高温の水に溶かせるだけ溶かし，これを冷却すると，低温で水に溶けにくいYが純粋な結晶として析出(沈殿(ちんでん))する。このとき，Xは水に溶けたままである。つまり，水に対する溶解度の差で，XとYは分離できた。
(6) 液体または固体の混合物にある溶媒を加えて，混合物中の特定の物質を溶かし出して分離する方法を何というか？  	抽出(ちゅうしゅつ)	例えば， 大豆を砕いて粉末にしたものをエーテルに入れ，よくかき混ぜると大豆中の油脂がエーテルに溶け出す。これを沪過し(エーテルに溶けなかった余分なものを取り除く!!)，沪液からエーテルを蒸発させると油脂が得られる。油脂が分離される!!

RUB OUT 3 同素体(どうそたい)について

同じ元素からできている**単体**で互いに性質の異なるものを，互いに**同素体**であるという。

同素体をもつ，おもな元素は，硫黄**S**，炭素**C**，酸素**O**，リン**P**の4つです。

と覚えてください。

では，さらに深く掘り下げましょう♥
次にあげる名称は必ず覚えるべし!!

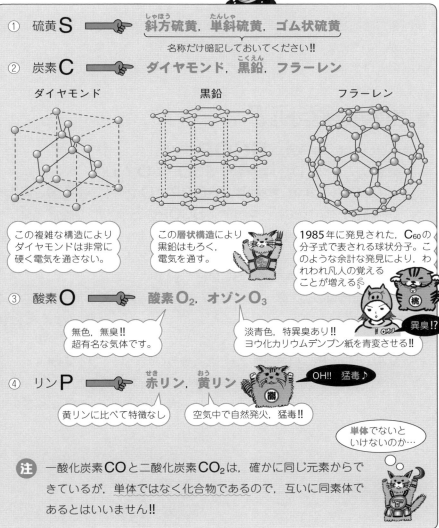

① 硫黄 S ☞ **斜方硫黄**（しゃほう），**単斜硫黄**（たんしゃ），**ゴム状硫黄**

名称だけ暗記しておいてください!!

② 炭素 C ☞ **ダイヤモンド**，**黒鉛**（こくえん），**フラーレン**

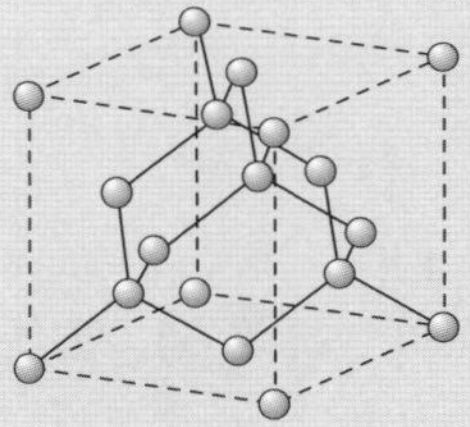

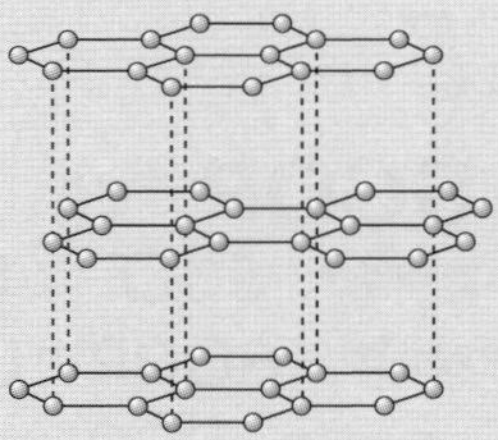

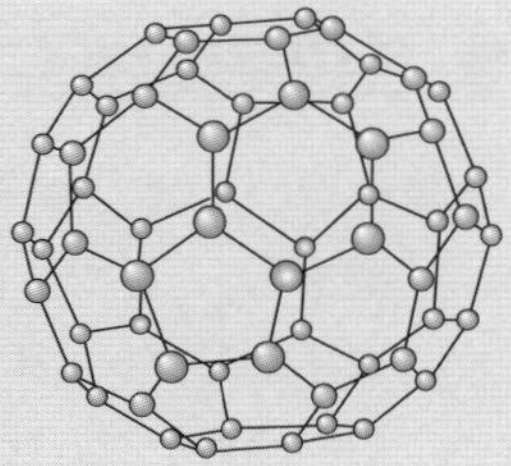

この複雑な構造によりダイヤモンドは非常に硬く電気を通さない。

この**層状構造**により黒鉛はもろく，電気を通す。

1985年に発見された，C_{60}の分子式で表される球状分子。このような余計な発見により，われわれ凡人の覚えることが増える

③ 酸素 O ☞ **酸素 O_2**，**オゾン O_3**

無色，無臭!!
超有名な気体です。

淡青色，特異臭あり!!
ヨウ化カリウムデンプン紙を青変させる!!

異臭!?

④ リン P ☞ **赤リン**（せき），**黄リン**（おう）

OH!! 猛毒♪

黄リンに比べて特徴なし

空気中で自然発火，猛毒!!

単体でないといけないのか…

注 一酸化炭素 CO と二酸化炭素 CO_2 は，確かに同じ元素からできているが，単体ではなく化合物であるので，互いに同素体であるとはいいません!!

問題5 キソのキソ

次の(ア)～(ク)の中から，互いに同素体である組み合わせをすべて選べ。

(ア) 酸素とオゾン　　(イ) ダイヤモンドと黒鉛

(ウ) 単斜硫黄とゴム状硫黄　　(エ) カルシウムとナトリウム

(オ) 赤リンと黄リン　　(カ) 一酸化窒素と二酸化窒素

(キ) 金と白金　　(ク) メタンとエタン

ダイナミックポイント!!

同素体といえば ☞ **SCOP**(スコップ)です!!

(ア) 酸素 O_2 とオゾン O_3 ☞ SC**O**P の **O** です!!

(イ) ダイヤモンドと黒鉛 ☞ S**C**OP の **C** です!!

(ウ) 単斜硫黄とゴム状硫黄 ☞ **S**COP の **S** です!!

(エ) カルシウム Ca とナトリウム Na ☞ まったく違うものです。論外!!

(オ) 赤リンと黄リン ☞ SCO**P** の **P** です!!

(カ) 一酸化窒素 NO と二酸化窒素 NO_2 ☞ 同じ元素からできているが，**単体でなく化合物であるの**でダメ!!

(キ) 金 Au と白金 Pt ☞ まったく違うものです。これも論外!!

(ク) メタン CH_4 とエタン C_2H_6 ☞ 同じ元素からできているが，**単体ではなく化合物である**のでダメ!!

以上から…

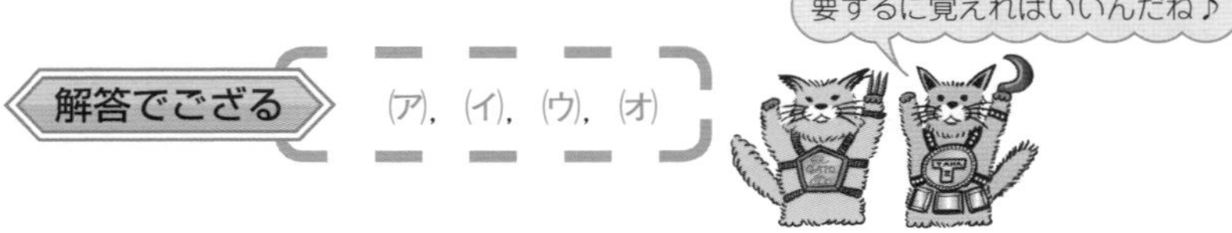

要するに覚えればいいんだね♪
解答でござる
(ア)，(イ)，(ウ)，(オ)

Theme 3 原子の構造に迫る!!

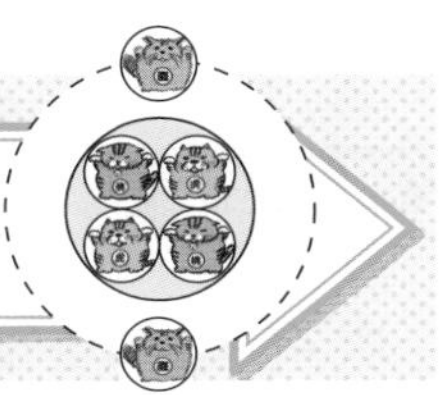

原子は，物質を構成する最小の微粒子である。この原子の構造に迫ってみましょう!!

原子の中心には，**正に帯電**している(正の電荷をもつ)**原子核**があり，そのまわりを**負に帯電**している(負の電荷をもつ)**電子**がまわっています。

で!!　中心にある原子核は，**正に帯電**している(正の電荷をもつ)**陽子**と帯電していない(電荷をもたない)**中性子**からできています。

イメージは…

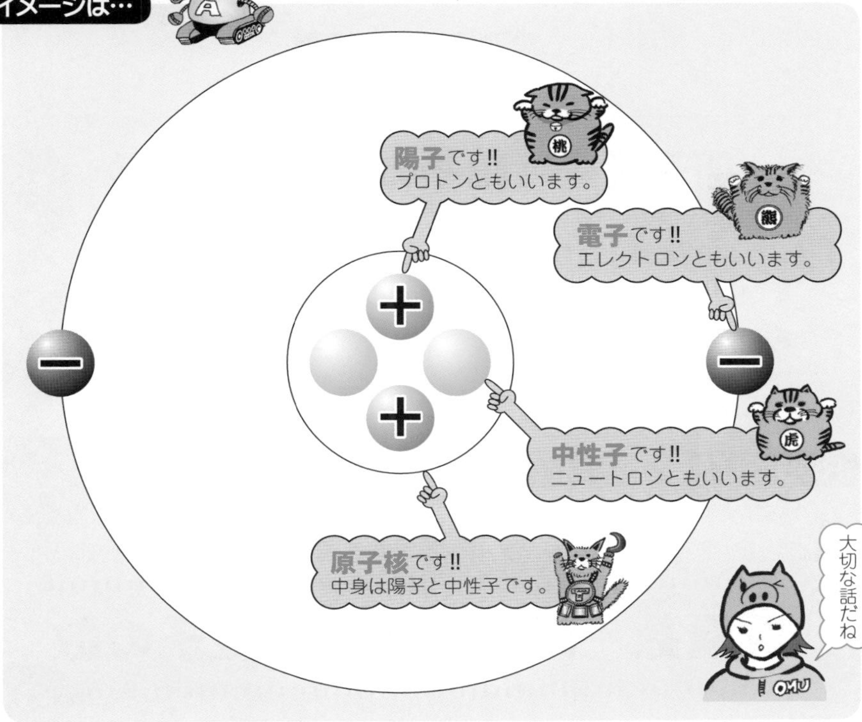

陽子です!!
プロトンともいいます。

電子です!!
エレクトロンともいいます。

中性子です!!
ニュートロンともいいます。

原子核です!!
中身は陽子と中性子です。

大切な話だね

さて，原子の構造がなんとなくわかったところで，いろいろと覚えていただきたいことがあります。

RUB OUT 1 原子番号の意味とは!?

原子番号には定義がありまして…

原子核中の

原子番号＝陽子の数

と決められております。

で!! 正に帯電している陽子1個がもつ電気量と，負に帯電している電子1個がもつ電気量の絶対値は等しく，さらに原子中の陽子の数と電子の数は同数で，原子全体として電気的につり合っているので，帯電していないことになります。

そこで!!

原子番号＝陽子の数＝電子の数

注 p.44で解説しますが，原子がイオン化すると，電子の数は変化してしまいます。しかし，陽子の数は変化しないので，**原子番号＝陽子の数**であることは揺るぎません!!

RUB OUT 2 質量数って何だ!?

質量数は，原子の"重さ"をイメージする値で，次のように定義されています。

質量数＝陽子の数＋中性子の数

そーです!! 電子の数は無視します。それは，陽子と中性子の質量（重さ）がほぼ等しいのに対して，電子の質量（重さ）は陽子と中性子の約$\frac{1}{1840}$しかなく，軽すぎるんです!!

例えば，体重が60kgの人に対する，約0.033kg（＝約33g）のようなもんです。無視していいでしょ!?

そこで，問題です!!

ほずー

ちなみに元素記号はGeです。

問題6　キソのキソ

原子番号32，質量数73のゲルマニウム原子について，次の各数を求めよ。

(1)　陽子の数　　(2)　電子の数　　(3)　中性子の数

ダイナミックポイント!!

ポイントは，次の2式ですぞ!!

❶　**原子番号＝陽子の数＝電子の数**

❷　**質量数＝陽子の数＋中性子の数**

解答でござる

原子番号32，質量数73であるから，

(1)　陽子の数＝原子番号＝32　…（答）

(2)　電子の数＝原子番号＝32　…（答）

(1)(2)は…
原子番号＝陽子の数
＝電子の数
を活用すれば秒殺です!!

(3)　中性子の数＝質量数－陽子の数

＝73－32

＝41　…（答）

(3)は…
質量数＝陽子の数＋中性子の数
から，
中性子の数＝質量数－陽子の数
これでOK!!

RUB OUT 3 表記上のお約束がありまして…

原子番号11，質量数23のナトリウム原子を例にしましょう。

元素記号の左上に**質量数**を書きます。

元素記号の左下に**原子番号**を書きます。

$^{23}_{11}Na$

こんな約束があったんだぁ…

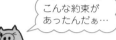

問題を通して，この表現に慣れましょう!!

問題7 キソのキソ

次の各原子の原子番号，質量数，陽子の数，電子の数，中性子の数をそれぞれ求めよ。

(1) $^{19}_{9}F$　(2) $^{31}_{15}P$　(3) $^{40}_{20}Ca$　(4) $^{56}_{26}Fe$

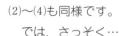

ダイナミックポイント!!

(1) $^{19}_{9}F$

質量数＝陽子の数＋中性子の数

原子番号＝陽子の数＝電子の数

つまり，中性子の数以外は，計算すら必要ありません!!

で，中性子の数は…

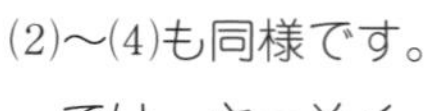

$$\begin{array}{r} 19 \\ -)\ 9 \\ \hline 10 \end{array}$$

これが中性子の数です!!

中性子の数＝質量数－陽子の数でしたね!!

(2)～(4)も同様です。

では，さっそく…

解答でござる

ごちゃごちゃするので，表にしてしまいます!!

	原子番号	質量数	陽子の数	電子の数	中性子の数
(1)	9	19	9	9	10
(2)	15	31	15	15	16
(3)	20	40	20	20	20
(4)	26	56	26	26	30

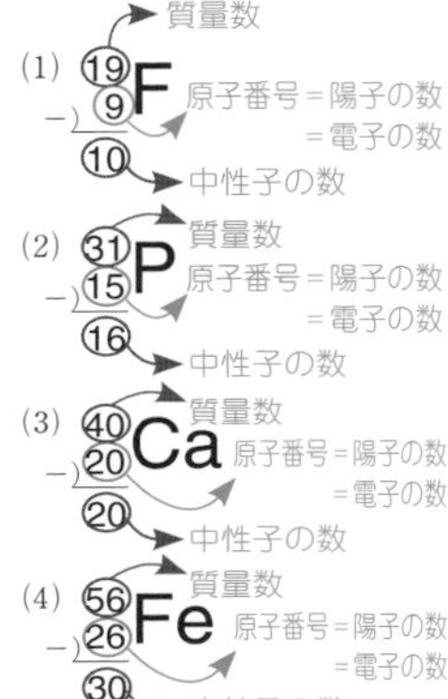

同位体（アイソトープ）について

p.28に出てきた同素体とごっちゃにするなよ!!

同一元素の原子にもかかわらず，質量数が異なる原子どうしを**同位体**であるといいます。原因は，**中性子の数**が異なることです。

同じ元素の原子であれば，**原子番号**は同じです。
つまり，**陽子の数**も**電子の数**も同じということです。
異なる可能性があるとすれば，**中性子の数**が違うということです。

で!!　同位体は，質量（重さ）が異なるだけで**化学的性質はほとんど同じ**ということを覚えておいてください!!

了解です♥

例　水素原子には，次の3つの同位体が存在します。

$^{1}_{1}H$　　$^{2}_{1}H$　　$^{3}_{1}H$

で，自然界において，ほとんどが $^{1}_{1}H$ で，$^{2}_{1}H$ や $^{3}_{1}H$ はかなり珍しい存在なのです。

原子の電子配置のお話

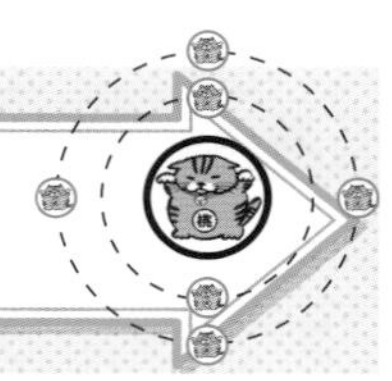

RUB OUT 1 電子殻（かく）と電子配置

電子は，原子核を中心に，いくつかの層に分かれて存在しています。この層を**電子殻**と呼び，内側から**K殻**，**L殻**，**M殻**，**N殻**，……と申します。

核ではなく殻であることに注意!!

Kから始まって，あとはアルファベット順です!!

イメージは…

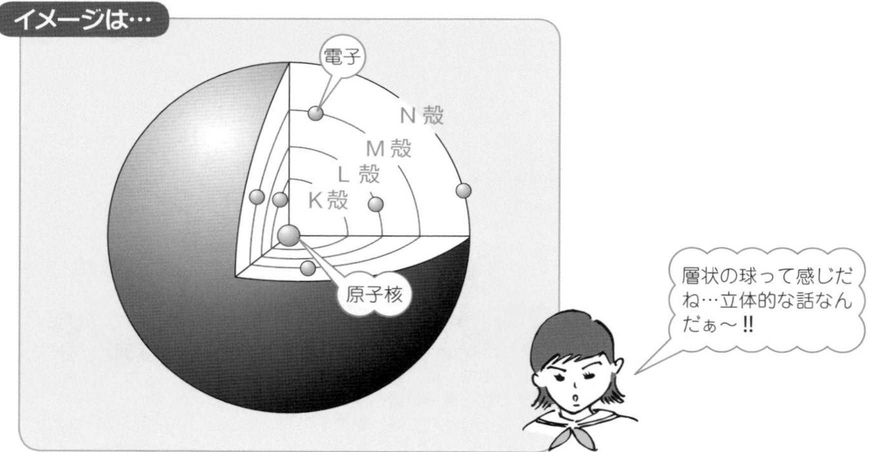

で!! K殻 を$n = 1$，L殻 を$n = 2$，M殻 を$n = 3$，N殻 を$n = 4$，……と対応させていくと，これらの電子殻に入り得る最大電子数は，$2n^2$で表されます。

つまり，次の表のとおり!!

電子殻	K殻	L殻	M殻	N殻	O殻	P殻
最大電子数 ($2n^2$)	2 ‖ 2×1^2	8 ‖ 2×2^2	18 ‖ 2×3^2	32 ‖ 2×4^2	50 ‖ 2×5^2	72 ‖ 2×6^2

さらに，電子は原則として内側の電子殻から順に埋まっていきます。

原子番号1～20までの原子($_{1}$H～$_{20}$Ca)の電子配置をまとめると，次の表のようになります。

元素名	原子	K	L	M	N
① 水素	$_{1}$H	1			
② ヘリウム	$_{2}$He	2	0		
③ リチウム	$_{3}$Li	2	1		
④ ベリリウム	$_{4}$Be	2	2		
⑤ ホウ素	$_{5}$B	2	3		
⑥ 炭素	$_{6}$C	2	4		
⑦ 窒素	$_{7}$N	2	5		
⑧ 酸素	$_{8}$O	2	6		
⑨ フッ素	$_{9}$F	2	7		
⑩ ネオン	$_{10}$Ne	2	8	0	
⑪ ナトリウム	$_{11}$Na	2	8	1	
⑫ マグネシウム	$_{12}$Mg	2	8	2	
⑬ アルミニウム	$_{13}$Al	2	8	3	
⑭ ケイ素	$_{14}$Si	2	8	4	
⑮ リン	$_{15}$P	2	8	5	
⑯ 硫黄	$_{16}$S	2	8	6	
⑰ 塩素	$_{17}$Cl	2	8	7	
⑱ アルゴン	$_{18}$Ar	2	8	8	0
⑲ カリウム	$_{19}$K	2	8	8	1
⑳ カルシウム	$_{20}$Ca	2	8	8	2

ここでK殻は満タン!!

K殻が満タンになったので，次のL殻に電子が入り始めます。

内側の電子殻から規則正しく埋まっていくんだなぁ…。

おーっと!!　ここでL殻が満タンに!!

L殻が満タンになったので，次のM殻に電子が入り始めます。
ここから原則が崩れ始めます

おいおい!!　話が違うぞ～っ!!

M殻が仮の満タン状態になったとみなし，次のN殻に電子が入り始めます。
最終的にはM殻に18(＝2×3^{2})個の電子が入ります。
例えば，$_{36}$Krでは，

K	L	M	N
2	8	18	8

となります。
この理由は難しいので，大学で勉強してください。

このとき!!

注　$_{2}$He，$_{10}$Ne，$_{18}$Arなどは，元素の周期表のいちばん右側に並ぶ18族で，**貴ガス**(き)または**不活性ガス**(ふかっせい)と呼ばれます。この連中は，電子殻が電子で満タンで，安定した電子配置となっており，この電子殻を**閉殻**(へいかく)といいます。また，反応性に乏しく他の原子と結合しにくいことから，貴ガスの最外殻電子を価電子と扱わず，価電子は**0個**と考えます。

ん!?

このとき!!

最も外側の電子殻に入っている電子を**最外殻電子**と呼び，別名**価電子**とも呼びます(貴ガスだけ例外で，「最外殻電子＝価電子」とはなりません。詳しくは前ページを!!)。この価電子の数(価電子数)は，前ページの表で赤字で示してあります。

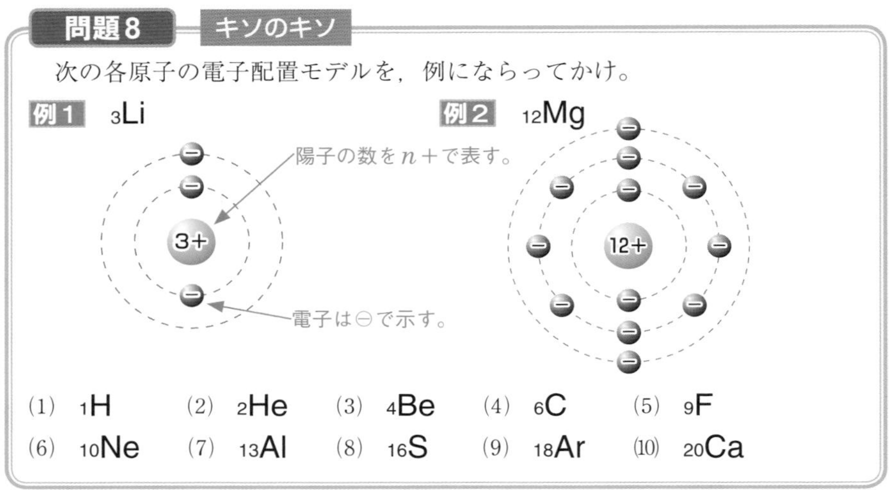

問題8 キソのキソ

次の各原子の電子配置モデルを，例にならってかけ。

例1 $_{3}Li$　　**例2** $_{12}Mg$

(1) $_{1}H$　(2) $_{2}He$　(3) $_{4}Be$　(4) $_{6}C$　(5) $_{9}F$

(6) $_{10}Ne$　(7) $_{13}Al$　(8) $_{16}S$　(9) $_{18}Ar$　(10) $_{20}Ca$

ダイナミックポイント!!

前のページの表が理解できていれば大丈夫!!　あと，かき方ですが…

例1 の$_{3}Li$で補足説明しますが，

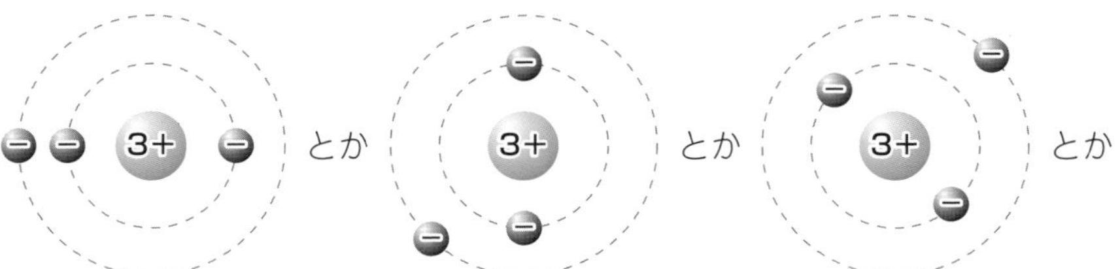

のようにかいてもOKです。ただし…

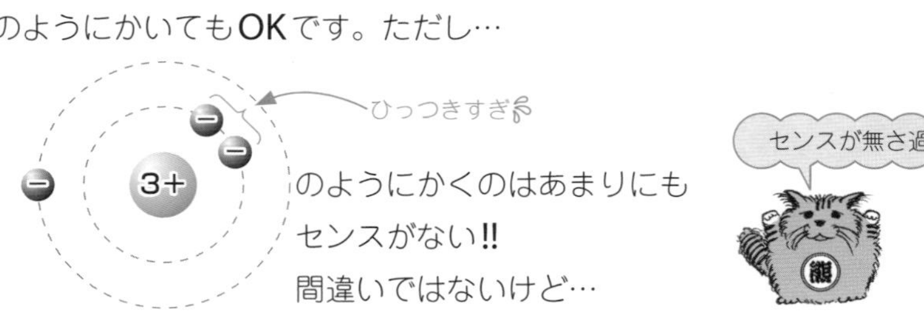

のようにかくのはあまりにもセンスがない!!
間違いではないけど…

そのあたりに注意して，**Let's Try!!**

解答でござる

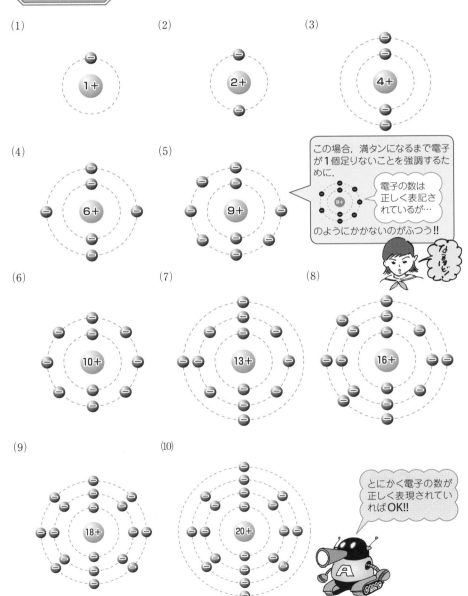

(1)

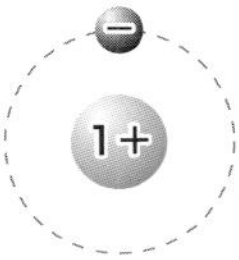

1+

(2)

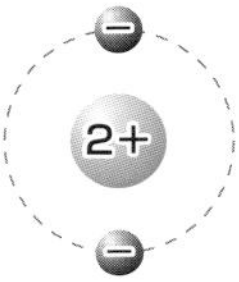

2+

(3)

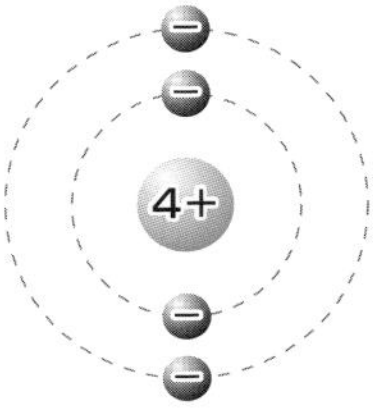

4+

(4)

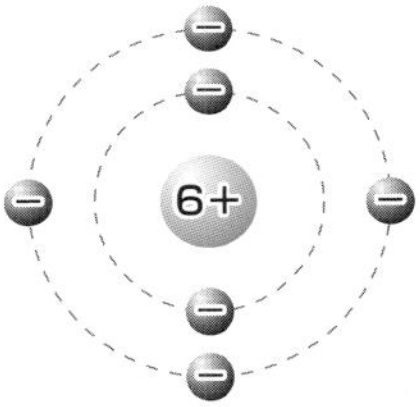

6+

(5)

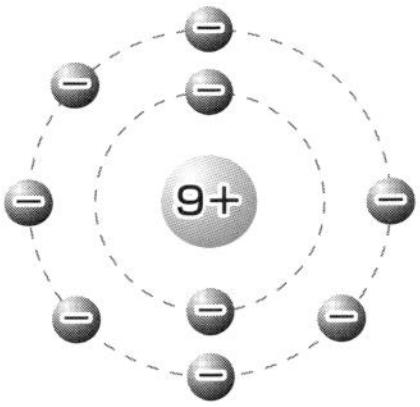

9+

この場合，満タンになるまで電子が**1**個足りないことを強調するために，

9+

電子の数は正しく表記されているが…

のようにかかないのがふつう!!

なるほど!

(6)

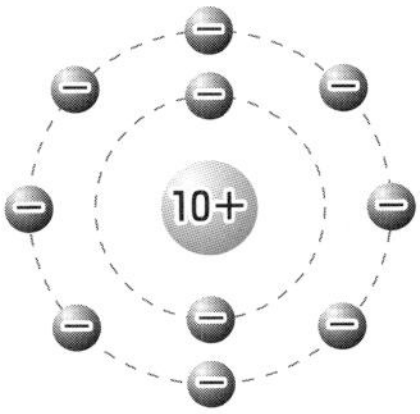

10+

(7)

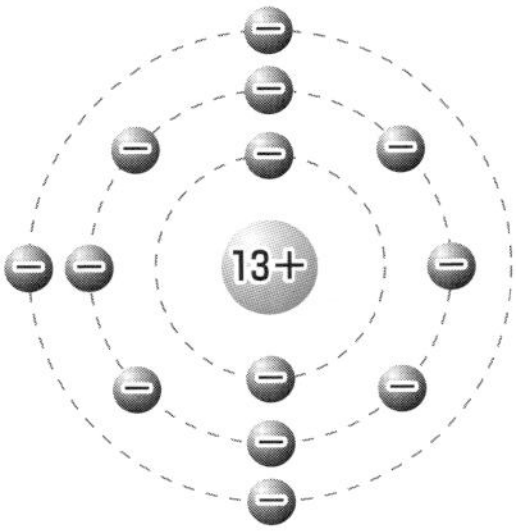

13+

(8)

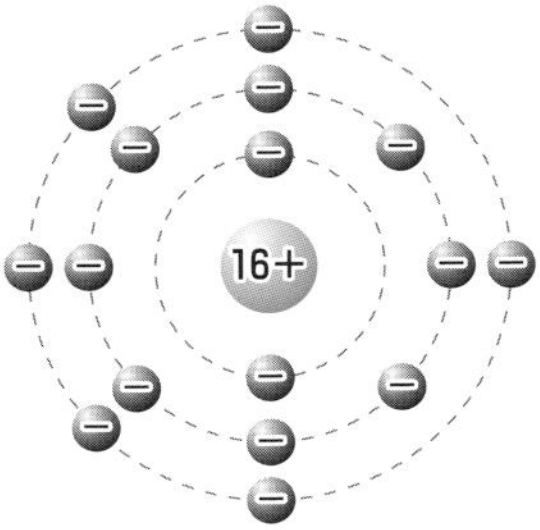

16+

(9)

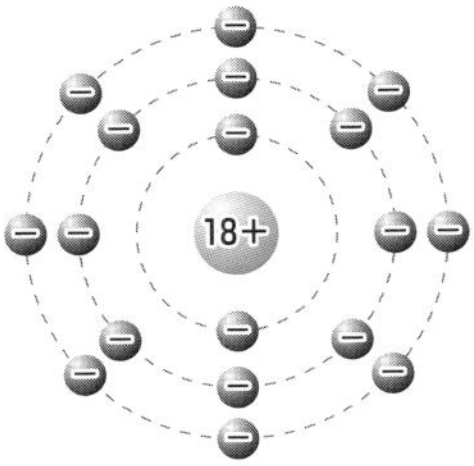

18+

(10)

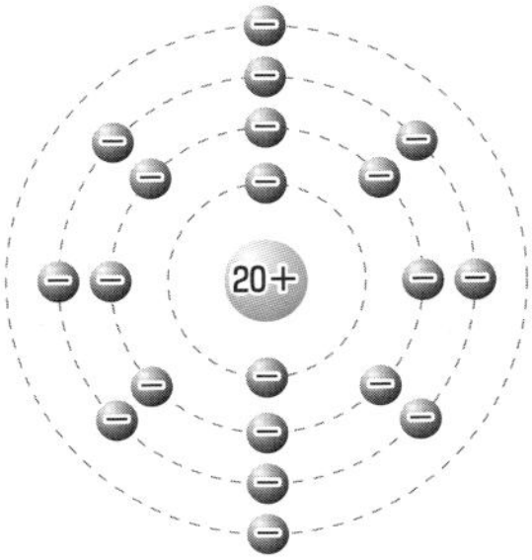

20+

とにかく電子の数が正しく表現されていれば**OK!!**

RUB OUT 2 貴ガスの電子配置

貴ガスだけ特別扱いですかぁ〜っ!!

元素の周期表において18族に属する貴ガス原子（$_{2}$He，$_{10}$Ne，$_{18}$Ar，$_{36}$Kr，$_{54}$Xe，$_{86}$Rn）の電子配置を表にまとめておきます。

あくまでも参考までですが…
変な姉ちゃんある暗闇でキセルくわえてランランラン♥
He Ne Ar Kr Xe Rn
ヘリウム ネオン アルゴン クリプトン キセノン ラドン

ほぇー

元素名	原子	K	L	M	N	O	P
ヘリウム	$_{2}$He	**2**					
ネオン	$_{10}$Ne	2	**8**				
アルゴン	$_{18}$Ar	2	8	**8**			
クリプトン	$_{36}$Kr	2	8	18	**8**		
キセノン	$_{54}$Xe	2	8	18	18	**8**	
ラドン	$_{86}$Rn	2	8	18	32	18	**8**

先ほども述べたとおり，貴ガスは安定した電子配置をしており，**貴ガス型電子配置**なんて呼ばれております。詳しいことは大学で習うとして…

ここで押さえるべきことは次の2つ!!

❶最外殻電子の数は He のみ2個で He 以外は8個

（Ne, Ar, Kr, Xe, Rn）

❷貴ガス原子の価電子の数は0個

p.37でもいいましたが，貴ガス原子は安定で他の原子と結合しにくいので価電子は0個と考える!!

問題9　**キソ**

次の(ア)〜(カ)の記述の中で，誤っているものをすべて選べ。

(ア)　フッ素原子がL殻にもつ電子の数は7個である。

(イ)　マグネシウム原子がL殻にもつ電子の数は8個である。

(ウ)　硫黄原子の価電子の数は6個である。

(エ)　アルゴン原子の価電子の数は8個である。

(オ)　カルシウム原子がもつ電子の数は20個である。

(カ)　貴ガス原子の最外殻電子の数はすべて8個である。

ダイナミック解説

(ア)　フッ素($_{9}F$)原子の電子配置は…

電子殻	K	L	M
電子の数	2	7	—

正しい!!

(イ)　マグネシウム($_{12}Mg$)原子の電子配置は…

電子殻	K	L	M
電子の数	2	8	2

正しい!!

(ウ)　硫黄($_{16}S$)原子の電子配置は…

電子殻	K	L	M
電子の数	2	8	6

正しい!!

価電子の数です!!

(エ)　アルゴン($_{18}Ar$)原子の電子配置は…

電子殻	K	L	M	N
電子の数	2	8	8	0

誤り!!

これは最外殻電子の数ですが，価電子の数ではない!!

これが価電子の数です!!

貴ガス原子の価電子の数は0だぞぉ～!!

p.37参照!!

(オ)　カルシウム($_{20}\mathrm{Ca}$)原子がもつ電子の数は，原子番号が20であるのでアタリマエに20個です。

(カ)　p.40参照!!　貴ガス原子がもつ最外殻電子の数はHe以外のNe，Ar，Kr，Xe，Rnは8個ですが，Heのみ2個でした。

よって…　**誤り!!**

ぽすー

以上より…

プロフィール

みっちゃん（17才）

究極の癒し系!!　あまり勉強は得意ではないようだが，「やればデキる!!」タイプ♥

「みっちゃん」と一緒に頑張ろうぜ!!

ちなみに豚山さんとはクラスメイトです

プロフィール

オムちゃん

5匹の猫を飼う謎の女性!

実は未来のみっちゃんです。

高校生時代の自分が心配になってしまい様子を見にタイムマシーンで……

物質と
化学結合の巻

Theme
5

イオンのお話です

Na⁺とかO²⁻の話だよ♪

RUB OUT 1 イオンの生成

どうしてイオンになるのか?? そのあたりをしっかり押さえよう!!

Theme 4 で，原子の電子配置については理解していただけたと思います。貴ガス原子の電子配置は安定な電子配置であることを，強調して伝えました。つまり，貴ガス原子がもつ電子配置（貴ガス型電子配置）はある意味，理想的なワケです。

そこで!!

貴ガス原子でない原子たちは，この理想的な貴ガス型電子配置になることを夢見て努力を始めます。やはり，不安定な立場より安定した立場の方が望ましいのでしょうか…。では，例をあげて解説しましょう。

例1 ナトリウム（$_{11}Na$）原子の場合

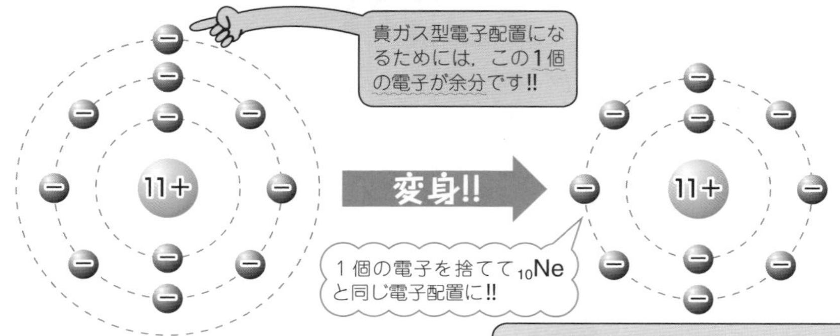
貴ガス型電子配置になるためには，この1個の電子が余分です!!
11+
変身!!
11+
1個の電子を捨てて$_{10}Ne$と同じ電子配置に!!

これをカッコよく化学式で表すと…

負の電荷をもつ電子はこのように表す。eの由来は電子の英語名エレクトロンより

$$Na \longrightarrow Na^{+} + e^{-}$$

陽子の数＝電子の数であったのだが，1個の電子を放出してしまったので，原子全体として電気的に，＋11－10＝＋1となる。このときNa^{1+}とせずNa^{+}と表します。

なるほど!

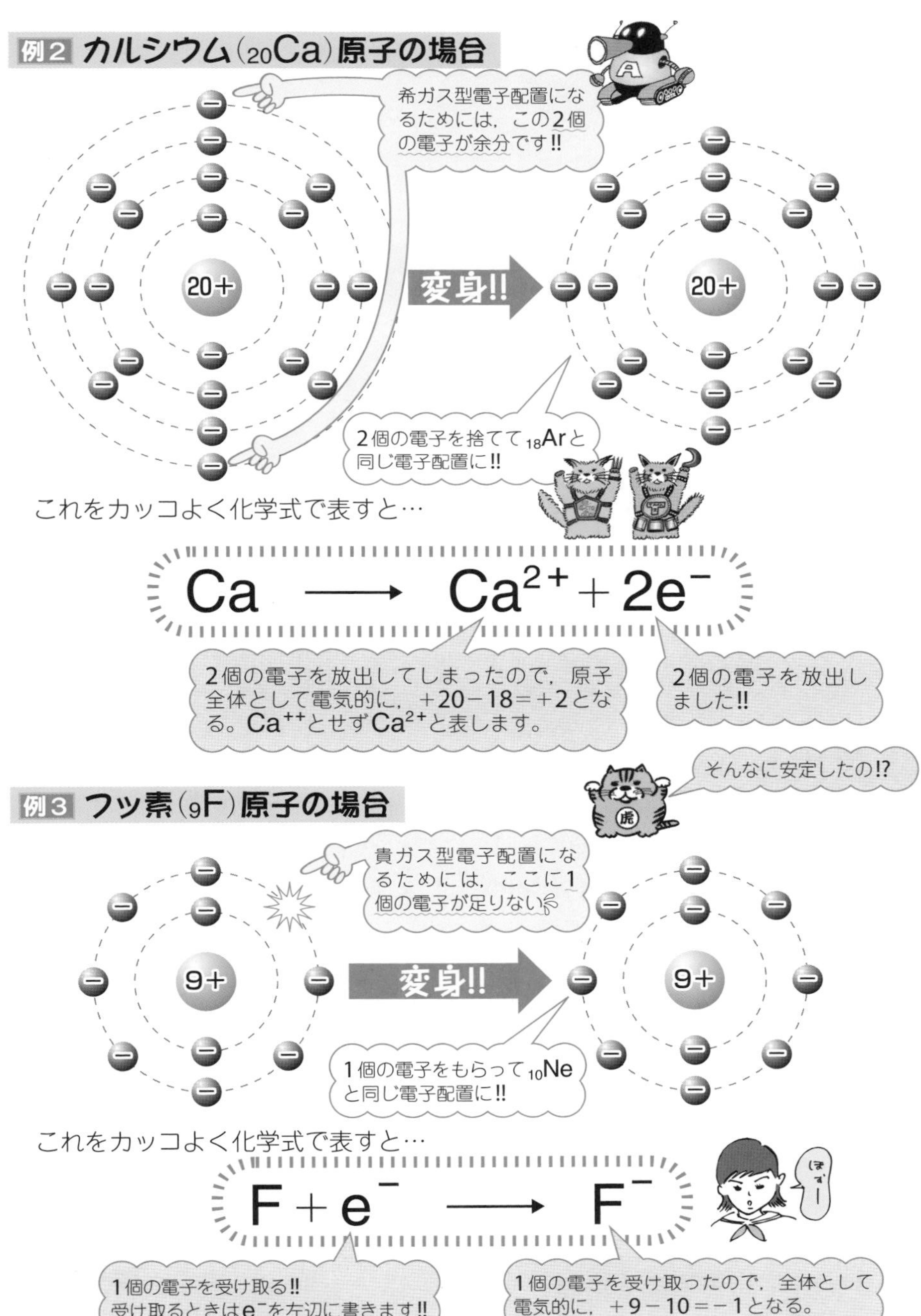
例2 カルシウム($_{20}$Ca)原子の場合
希ガス型電子配置になるためには，この2個の電子が余分です!!
20+
変身!!
20+
2個の電子を捨てて $_{18}$Ar と同じ電子配置に!!
これをカッコよく化学式で表すと…
$$Ca \longrightarrow Ca^{2+} + 2e^-$$
2個の電子を放出してしまったので，原子全体として電気的に，＋20－18＝＋2となる。Ca^{++}とせずCa^{2+}と表します。
2個の電子を放出しました!!
そんなに安定したの!?
例3 フッ素($_{9}$F)原子の場合
貴ガス型電子配置になるためには，ここに1個の電子が足りない
9+
変身!!
9+
1個の電子をもらって $_{10}$Ne と同じ電子配置に!!
これをカッコよく化学式で表すと…
$$F + e^- \longrightarrow F^-$$
ほぉ～
1個の電子を受け取る!!
受け取るときはe^-を左辺に書きます!!
1個の電子を受け取ったので，全体として電気的に，＋9－10＝－1となる。

例4 硫黄（$_{16}S$）原子の場合

これをカッコよく化学式で表すと…

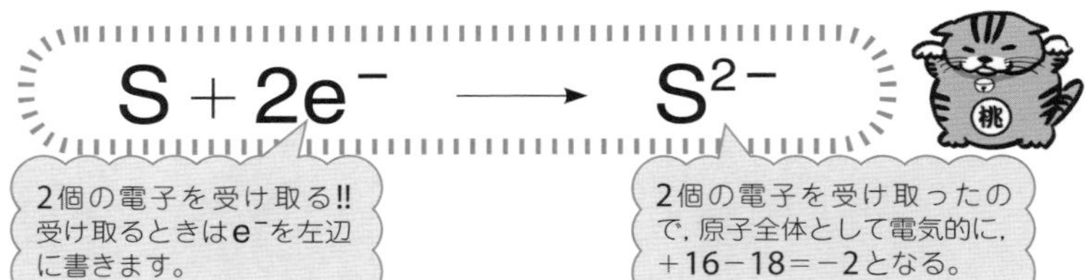

で!!　これらのように，電子のやりとりにより安定した電子配置となった原子を**イオン**という。また，Na^+やCa^{2+}のように，正に帯電したイオンを**陽**（よう）**イオン**，F^-やS^{2-}のように負に帯電したイオンを**陰**（いん）**イオン**と呼びます。さらに，原子がイオンになることを**イオン化**といいます。

注　"安定した電子配置＝貴ガス型電子配置"であることを大前提に解説してまいりましたが，イオン化することにより貴ガス型電子配置になるというのは，**典型元素**（てんけい）の原子だけに当てはまるお話なんです。いずれ詳しくやる内容ですが，元素は**典型元素**と**遷移元素**（せんい）に分けられ，**遷移元素**の原子がイオン化するときは，高校課程では説明できない，複雑な話になります　例えば，**遷移元素**のAg原子がイオン化するとAg^+に，Cu原子がイオン化するとCu^{2+}になります。

これは暗記するしかないんですよ…。このあたりのお話は，大学に入ってから修得してください。

ちなみに，典型元素と遷移元素の住み分けは，次のとおりです。

典型元素と遷移元素

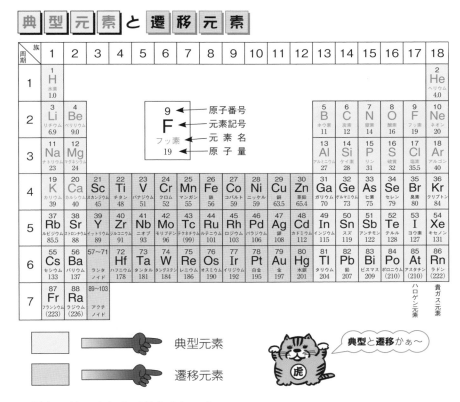

周期＼族	1	2	3	4	5	6	7	8	9	10	11	12	13	14	15	16	17	18
1	1 H 水素 1.0																	2 He ヘリウム 4.0
2	3 Li リチウム 6.9	4 Be ベリリウム 9.0											5 B ホウ素 11	6 C 炭素 12	7 N 窒素 14	8 O 酸素 16	9 F フッ素 19	10 Ne ネオン 20
3	11 Na ナトリウム 23	12 Mg マグネシウム 24											13 Al アルミニウム 27	14 Si ケイ素 28	15 P リン 31	16 S 硫黄 32	17 Cl 塩素 35.5	18 Ar アルゴン 40
4	19 K カリウム 39	20 Ca カルシウム 40	21 Sc スカンジウム 45	22 Ti チタン 48	23 V バナジウム 51	24 Cr クロム 52	25 Mn マンガン 55	26 Fe 鉄 56	27 Co コバルト 59	28 Ni ニッケル 59	29 Cu 銅 63.5	30 Zn 亜鉛 65.4	31 Ga ガリウム 70	32 Ge ゲルマニウム 73	33 As ヒ素 75	34 Se セレン 79	35 Br 臭素 80	36 Kr クリプトン 84
5	37 Rb ルビジウム 85.5	38 Sr ストロンチウム 88	39 Y イットリウム 89	40 Zr ジルコニウム 91	41 Nb ニオブ 93	42 Mo モリブデン 96	43 Tc テクネチウム (99)	44 Ru ルテニウム 101	45 Rh ロジウム 103	46 Pd パラジウム 106	47 Ag 銀 108	48 Cd カドミウム 112	49 In インジウム 115	50 Sn スズ 119	51 Sb アンチモン 122	52 Te テルル 128	53 I ヨウ素 127	54 Xe キセノン 131
6	55 Cs セシウム 133	56 Ba バリウム 137	57~71 ランタノイド	72 Hf ハフニウム 178	73 Ta タンタル 181	74 W タングステン 184	75 Re レニウム 186	76 Os オスミウム 190	77 Ir イリジウム 192	78 Pt 白金 195	79 Au 金 197	80 Hg 水銀 201	81 Tl タリウム 204	82 Pb 鉛 207	83 Bi ビスマス 209	84 Po ポロニウム (210)	85 At アスタチン (210)	86 Rn ラドン (222)
7	87 Fr フランシウム (223)	88 Ra ラジウム (226)	89~103 アクチノイド															
																	ハロゲン元素	貴ガス元素

9 ← 原子番号
F ← 元素記号
フッ素 ← 元素名
19 ← 原子量

□ → 典型元素
■ → 遷移元素

典型と遷移かぁ～

それでは，まとめておきましょう。

ザ・まとめ
典型元素の原子がイオン化すると，貴ガス型電子配置になる!!
あくまでも典型元素の原子の話です!!
遷移元素の原子はそうはいかないぞ!!
ほぇー

問題10　キソ

次の(1)〜(8)の原子がイオン化するときの化学反応式を書け。

(1) Li　(2) Be　(3) O　(4) Mg
(5) Al　(6) Cl　(7) K　(8) H

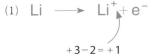

解答でござる

(1) $Li \longrightarrow Li^{+} + e^{-}$

$+3-2=+1$

1個の電子を放出して$_{2}He$と同じ電子配置に!!

(2) $Be \longrightarrow Be^{2+} + 2e^{-}$

$+4-2=+2$

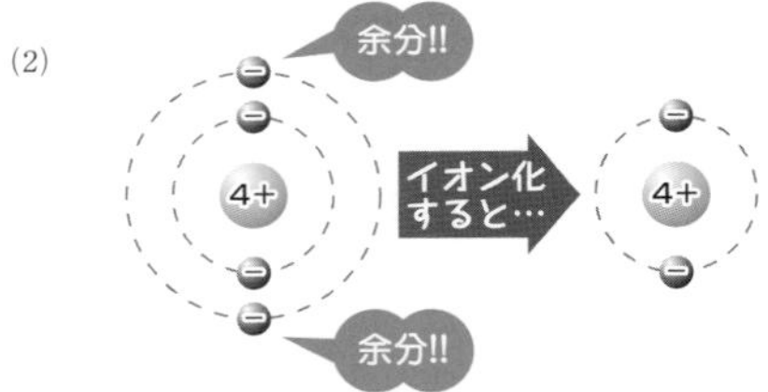

2個の電子を放出して$_{2}He$と同じ電子配置に!!

(3) $O + 2e^{-} \longrightarrow O^{2-}$

$+8-10=-2$

2個の電子を受け取って$_{10}Ne$と同じ電子配置に!!

(4) $Mg \longrightarrow Mg^{2+} + 2e^{-}$

$+12-10=+2$

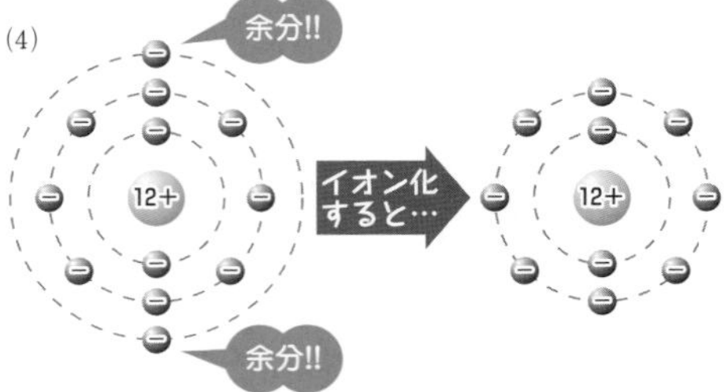

2個の電子を放出して$_{10}Ne$と同じ電子配置に!!

(5)　$Al \longrightarrow Al^{3+} + 3e^-$

$+13-10=+3$

(6)　$Cl + e^- \longrightarrow Cl^-$

$+17-18=-1$

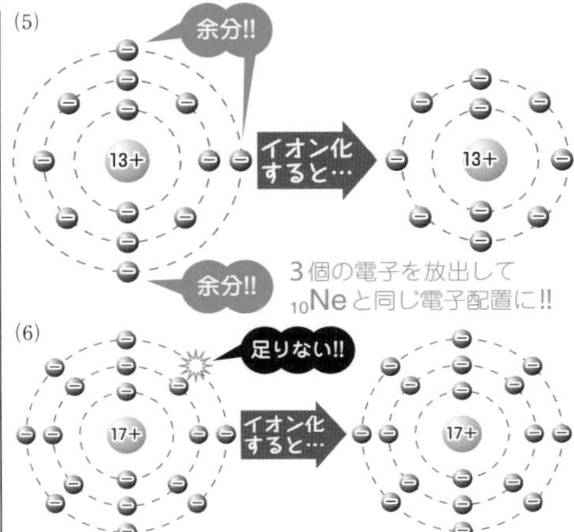

1個の電子を受け取って$_{18}$Arと同じ電子配置に!!

(7)　$K \longrightarrow K^+ + e^-$

$+19-18=+1$

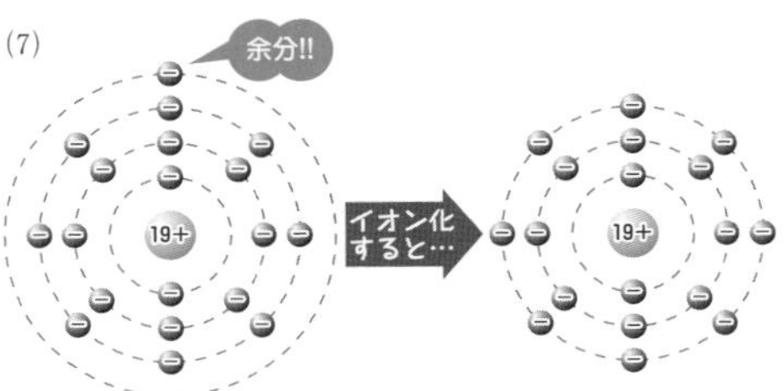

1個の電子を放出して$_{18}$Arと同じ電子配置に!!

(8)　$H \longrightarrow H^+ + e^-$

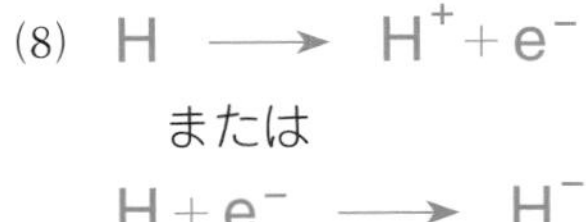

または

$H + e^- \longrightarrow H^-$

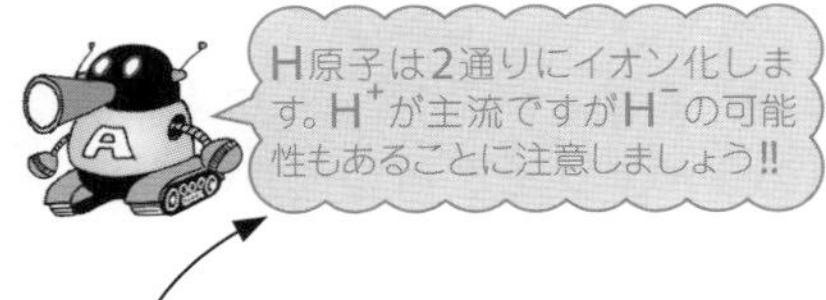

H原子は2通りにイオン化します。H$^+$が主流ですがH$^-$の可能性もあることに注意しましょう!!

H$^-$はLiH（水素化リチウム）やNaH（水素化ナトリウム）の結晶の中に存在するのだよ。

ん!?

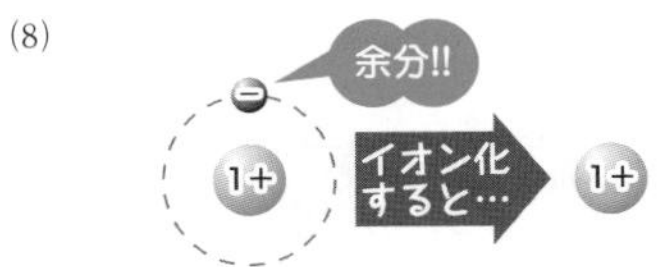

電子がなくなり原子核だけになってしまう。

1個の電子を受け取って$_2$Heと同じ電子配置に!!

RUB OUT 2 イオンたちの名前のつけ方

Na^+のような陽イオンの場合は，Naがナトリウムであることから，そのまんまナトリウムイオンと呼びます。Cl^-のような陰イオンの場合は，Clが塩素であることから，塩化物イオンと「○化物イオン」ってな呼び方をします。

陽イオン

イオン式	イオンの名称
H^+	**水素イオン**
Li^+	**リチウムイオン**
Be^{2+}	**ベリリウムイオン**
Na^+	**ナトリウムイオン**
Mg^{2+}	**マグネシウムイオン**
Al^{3+}	**アルミニウムイオン**
K^+	**カリウムイオン**
Ca^{2+}	**カルシウムイオン**

陰イオン

イオン式	イオンの名称
O^{2-}	**酸化物イオン**
F^-	**フッ化物イオン**
S^{2-}	**硫化物イオン**
Cl^-	**塩化物イオン**
H^-	**水素化物イオン**

p.49参照!! H^-はマイナーですが…

Oは酸素だから酸化物
Fはフッ素だからフッ化物
Sは硫黄だから硫化物

RUB OUT 3 イオンの価数について

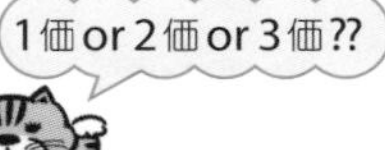

イオンの電荷を表す数を，イオンの**価数**といいます。例えば，Li^+は1価の陽イオン，Mg^{2+}は2価の陽イオン，Al^{3+}は3価の陽イオン，Cl^-は1価の陰イオン，O^{2-}は2価の陰イオンです。

RUB OUT 4　多原子イオンについて

今のうちに
知っておいた
方が得だぞ!!

2個以上の原子が結合した原子団が電子のやりとりをしてイオン化した陽イオンや陰イオンを多原子イオンと呼びます。この代表例を次の表にあげておきます。多原子イオンについては，名称，価数ともに理屈ぬきで覚えておきましょう。赤いシートの登場だぁーっ!!

え!?

イオンの名称	イオン式
アンモニウムイオン	NH_4^+
水酸化物イオン	OH^-
硝酸イオン	NO_3^-
硫酸イオン	SO_4^{2-}

イオンの名称	イオン式
炭酸イオン	CO_3^{2-}
リン酸イオン	PO_4^{3-}
酢酸イオン	CH_3COO^-
炭酸水素イオン	HCO_3^-
硫酸水素イオン	HSO_4^-

今のうちに覚えておかなきゃ!!

プロフィール

桃太郎（伝説を呼ぶ鬼才!!）

性格が穏やかなモカブラウンのシマシマ猫，おなじみ**オムちゃん**の飼い猫です。品種はスコティッシュフォールドです。

OMU

Theme 6 名コンビ!! イオン化エネルギー＆電子親和力

RUB OUT 1 イオン化エネルギーとは??

原子から電子１個を取り去って１価の陽イオンにするために要するエネルギーを**イオン化エネルギー**と呼びます。つまり，このエネルギーが小さいことは，たやすく陽イオンになることを意味し，このエネルギーが大きいことは，苦労して陽イオンになることを意味します。

とゆーことは…

イオン化エネルギーが小さいほど，その原子は陽イオンになりやすい!!

逆に…

イオン化エネルギーが大きいほど，その原子は陽イオンになりにくい!!

ちなみに，このイオン化エネルギーは，図のように周期的に変化しまーす。

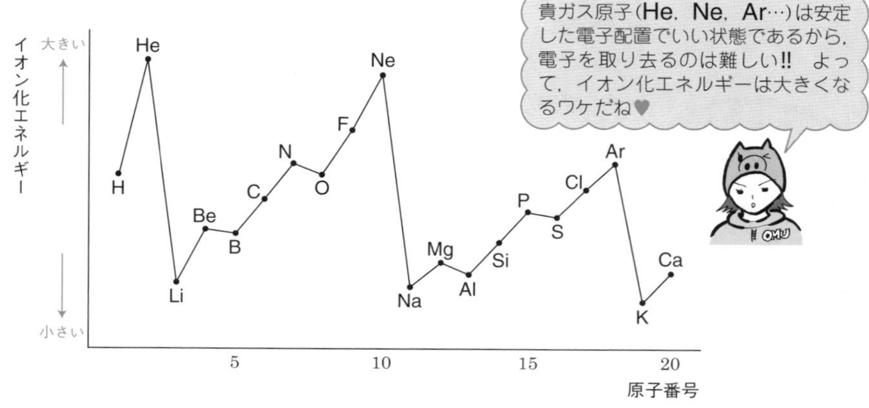

RUB OUT 2 電子親和力(でんししんわりょく)って!?

原子が電子1個を受け入れて，1価の陰イオンになるときに**放出する**エネルギーを**電子親和力**と呼びます。

なぜ!? 放出か!? 今これを理解するのは難しい!! とりあえず覚えろ!!

簡単にいってしまうと，電子親和力とは電子を取り入れるパワーのようなもんです。

とゆーことは…

ん!?

電子親和力が大きいほど，その原子は陰イオンになりやすい!!

逆に…

電子親和力が小さいほど，その原子は陰イオンになりにくい!!

今回も同様で，貴ガス原子(He，Ne，Ar…)は安定した電子配置であるから，まったく電子を受け入れる気がありません。よって，貴ガスの電子親和力はめちゃくちゃ小さくなります。

問題11 キソ

次の(ア)～(オ)の記述の中で，誤っているものを選べ。

(ア) イオン化エネルギーが大きい原子ほど，陽イオンになりやすい。

(イ) 電子親和力が大きい原子ほど，陰イオンになりやすい。

(ウ) 貴ガス原子は，イオン化エネルギー，電子親和力ともに大きい。

(エ) Na，Cl，Arの3つの原子をイオン化エネルギーが大きい順に並べると，Ar，Cl，Naとなる。

(オ) Na，Cl，Ar の3つの原子を電子親和力が大きい順に並べると，Ar，Cl，Naとなる。

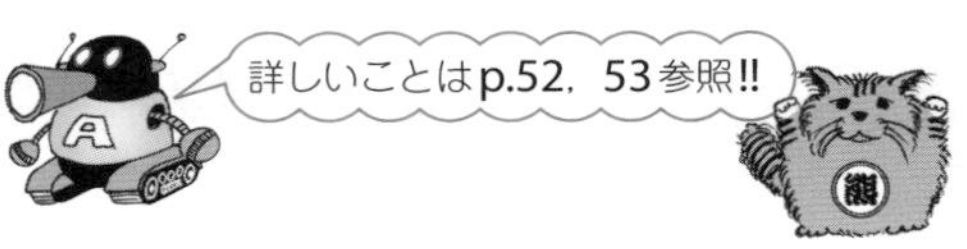

ポイントはこれだ〜っ!!

陽イオンになりやすい!!

→ **イオン化エネルギー㊛**

陰イオンになりやすい!!

→ **電子親和力㊌**

さらに…

希ガス原子のイオン化エネルギーは非常に大きく，電子親和力は非常に小さい!! 陽イオンにも陰イオンにもなりにくいので…

(ア) **誤り**です!!

イオン化エネルギーが**小さい**原子ほど，陽イオンになりやすい。

(イ) **正しい**!!

(ウ) **誤り**です!!

貴ガス原子はイオン化エネルギーが大きく，電子親和力が**小さい**!!

(エ) **正しい!!** イオン化エネルギーが大きいということは，陽イオンになりにくいということです。

Na → Na^+になることから，陽イオンになりやすい!! つまり，イオン化エネルギーは**小さい**ことになる。

Cl → Cl^-になることから，陽イオンになるなんてとんでもない話です よって，イオン化エネルギーは**大きい**ことになる。

貴ガスにはかなわない…

Ar → 貴ガス原子です!! 安定した電子配置であるため，イオン化しにくい。よって，イオン化エネルギーは**非常に大きい!!**

よって，イオン化エネルギーが大きい順は…

Ar, Cl, Na となります。

なるほど!

(オ) **誤り!!** 電子親和力が大きいということは，陰イオンになりやすいということです。

Na → Na^+になることから，陰イオンになるなんてとんでもない話です よって，電子親和力は**小さい**ことになる。

貴ガスよりは大きい!!

Cl → Cl^-になることから，陰イオンになりやすい証拠!! つまり，電子親和力は**大きい**ことにな～る。

Ar → 貴ガス原子です!! 安定した電子配置であるため，イオン化しにくい。よって，電子親和力は**非常に小さい!!**

よって，電子親和力が大きい順は…

Cl, Na, Ar となります。

なるへそ!

(ア)，(ウ)，(オ)

Theme 7 電子式に慣れましょう!!

電子式??

例をいくつかあげて**電子式**の書き方を示します。

核じゃないぞ!!

例1 原子番号9のF(フッ素)の場合

内側からK殻，L殻，M殻，…
電子で く る む と覚える

Fは陽子数**9**　　電子数**9**

K殻	L殻
2個	7個

ほぅー

ド真ん中(原子核)にある**プラスの電気**をもつ粒子

外側にある**マイナスの電気**をもつ粒子

Fの電子配置

今回はL殻です!!

9+　K殻　L殻

最外殻の電子(価電子)に注目して…

Fの電子式

:F̤̈·

注 必ず4方向に2個ずつペアにして書くべし!! ·F̤̈: や :F̤̈: などと書いてもOK!!

例2 原子番号6のC(炭素)の場合

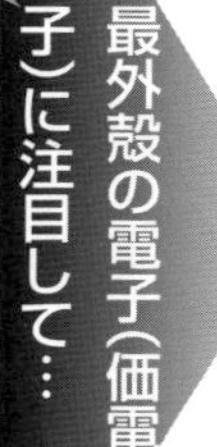

原子番号＝陽子数＝電子数

Cは陽子数**6**　　電子数**6**

K殻	L殻
2個	4個

Cの電子配置

今回もL殻です!!

6+

最外殻の電子(価電子)に注目して…

Cの電子式

·Ċ̣·

注 C̈: や ·C̈· などと書いたらダメ!! なるべくバラバラにすべし!!

例3
原子番号**16**の**S**（硫黄）の場合

Sは陽子数**16**　　電子数**16**

K殻	L殻	M殻
2個	8個	6個

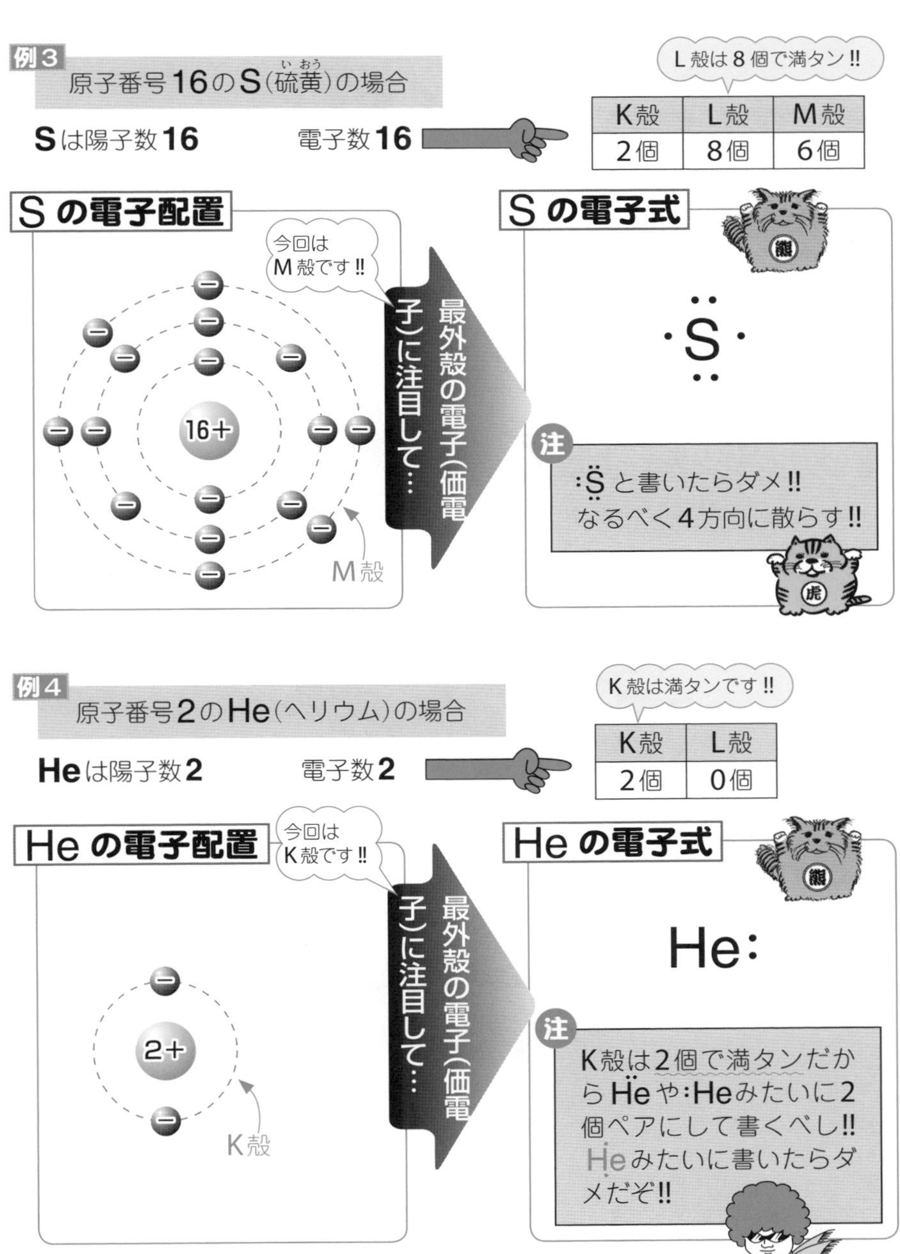

L殻は8個で満タン!!
Sの電子配置
今回は
M殻です!!
16+
M殻
最外殻の電子(価電子)に注目して…
Sの電子式
·S·（上下に2個ずつ）
注
:S̤ と書いたらダメ!!
なるべく4方向に散らす!!
K殻は満タンです!!
Heの電子配置
今回は
K殻です!!
2+
K殻
最外殻の電子(価電子)に注目して…
Heの電子式
He:
注
K殻は2個で満タンだから He や :He みたいに2個ペアにして書くべし!!
He みたいに書いたらダメだぞ!!

例4
原子番号**2**の**He**（ヘリウム）の場合

Heは陽子数**2**　　電子数**2**

K殻	L殻
2個	0個

ちょっと練習してみましょう♥

問題 12 キソのキソ

次の各原子の電子式を書け。

(1) H　(2) He　(3) Li　(4) Be　(5) B
(6) C　(7) N　(8) O　(9) F　(10) Ne
(11) Na　(12) Mg　(13) Al　(14) Si　(15) P
(16) S　(17) Cl　(18) Ar　(19) K　(20) Ca

ダイナミックポイント!!

そーだったのかぁーっ!!

これは，原子番号 1 ～ 20 までが順番どおりに登場しています。

1	2	3	4	5	6	7	8	9	10	11	12	13	14	15	16	17	18	19	20
H	He	Li	Be	B	C	N	O	F	Ne	Na	Mg	Al	Si	P	S	Cl	Ar	K	Ca
水	兵	リー	べ	ぼ	く		の	フ	ネ	なな	まが	り	シッ	プ	ス	クラ	ー	ク	か

電子配置をまとめると…

原子番号	1	2	3	4	5	6	7	8	9	10	11	12	13	14	15	16	17	18	19	20
元素記号	H	He	Li	Be	B	C	N	O	F	Ne	Na	Mg	Al	Si	P	S	Cl	Ar	K	Ca
K殻	1	2	2	2	2	2	2	2	2	2	2	2	2	2	2	2	2	2	2	2
L殻			1	2	3	4	5	6	7	8	8	8	8	8	8	8	8	8	8	8
M殻											1	2	3	4	5	6	7	8	8	8
N殻																			1	2

最外殻の電子に注目して…

赤い数字です!!

いろいろと複雑な事情がありまして，M殻は 18 個で満タンですが，8 個まで入った段階で次の N 殻へ…

1	2	3	4	5	6	7	8	9	10	11	12	13	14	15	16	17	18	19	20
H·	He:	Li·	Ḅ̇e	·Ḃ·	·Ċ̣·	·Ṇ̈·	·Ö̤·	:F̤̈·	:N̤̈e:	Na·	Ṃ̇g	·Ȧl·	·Ṩi·	·P̣̈·	·S̤̈·	:C̤̈l·	:Ä̤r:	K·	Ċ̣a

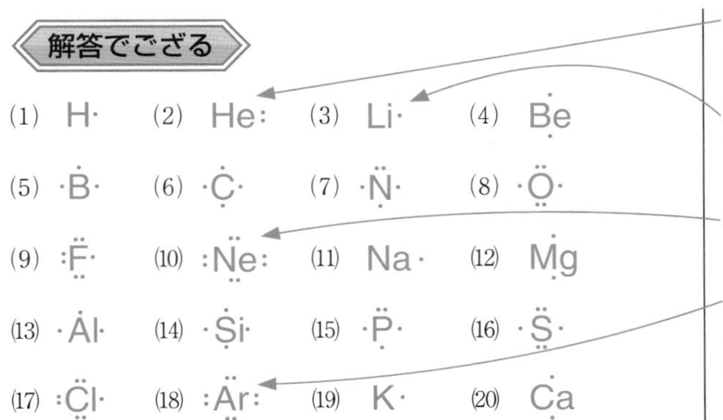

Heとしないように!!
p.57参照!!

別にLiや·LiなどとしてもOKでーす。

内側から２番目!!
L殻が満タン!!

内側から３番目!!
M殻は，18個まで入るのだが，8個でいったん満タンにして考える。
このあたりから電子の入り方が複雑になります。
まぁ，覚えてくださいよ。

ここで，覚えてほしい用語があります!!

例えば…

これ!!

この電子のように，ペア(対)になっていない，ひとりぼっちの電子を**不対電子**と申します。

もっと例をあげると，次の赤い電子はすべて**不対電子**でっせ。

　　Na·　　

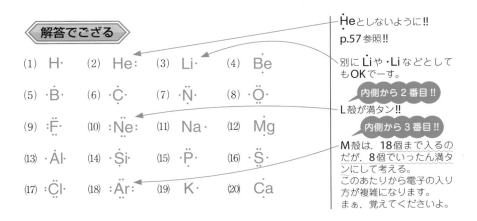

問題13　**キソのキソ**

次の各原子の不対電子の個数を答えよ。

(1) N　(2) Al　(3) Si　(4) S　(5) Ar　(6) K

解答でござる

(1) 3個　(2) 3個　(3) 4個
(4) 2個　(5) 0個　(6) 1個

(1) ·N· →3個
(2) ·Al· →3個
(3) ·Si· →4個
(4) ·S· →2個
(5) :Ar:　全部対!!
(6) K· →1個

Theme 8 イオン結合と共有結合のお話

RUB OUT 1 イオン結合

原子間の化学結合には，大きく分けて，**イオン結合**，**共有結合**，**金属結合**の**3種**がありまーす。

で!! あくまでも**原子間**の結合の話ですよ!! 分子間じゃあ，ありませんよ!!

H_2O（水）を例にしましょう!!

H_2Oは2つのH原子と1つのO原子が**原子間**で結合しています。で!! H_2Oの分子どうしも**分子間**でつながっていて，温度や圧力によって，氷（固体），水（液体），水蒸気（気体）と変化します。

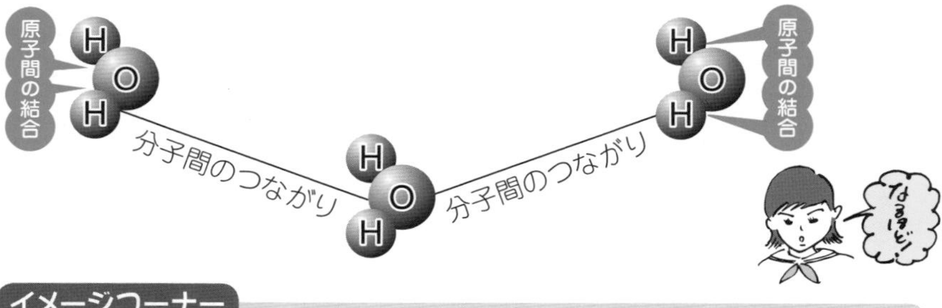

イメージコーナー

人間内で首と胴体がつながっている!! いわば，これが**原子間の結合**のようなものです。

友情
人間どうしが友情で結ばれている。いわば，これが**分子間のつながり**のようなものです。

で!! 今回話題にしているのは，**原子間の結合**のひとつ，

イオン結合 についてです!!

3種あるよ!!

3種??

イオン結合について学ぶ前に**イオン化**のお話の復習をしておく必要があります。そこで!! 次の**例1**と**例2**を…

例 1 **Naのイオン化**

Naがイオン化すると…

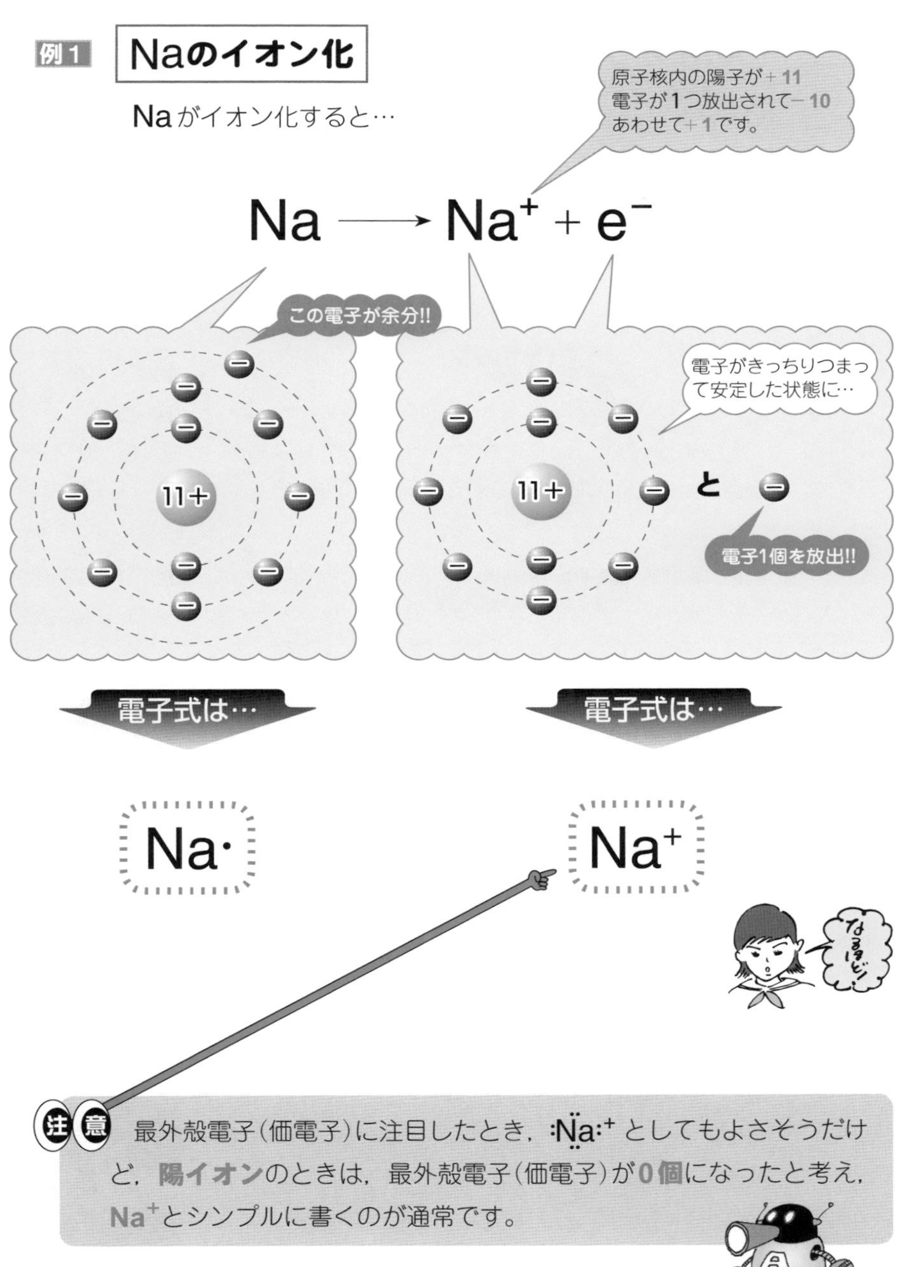
原子核内の陽子が＋11
電子が1つ放出されて−10
あわせて＋1です。
Na ⟶ Na⁺ + e⁻
この電子が余分!!
11+
電子がきっちりつまって安定した状態に…
と
電子1個を放出!!
電子式は…
電子式は…
Na·
Na⁺
なるほど!

注意 最外殻電子（価電子）に注目したとき，$:\ddot{\underset{..}{Na}}:^{+}$ としてもよさそうだけど，**陽イオン**のときは，最外殻電子（価電子）が**0個**になったと考え，**Na^{+}**とシンプルに書くのが通常です。

例2 **Oのイオン化**

Oがイオン化すると…

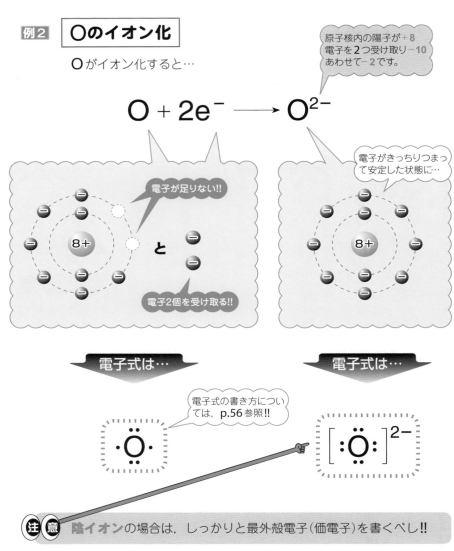

原子核内の陽子が＋8
電子を2つ受け取り－10
あわせて－2です。

$$O + 2e^- \longrightarrow O^{2-}$$

電子が足りない!!

8+

と

電子2個を受け取る!!

電子がきっちりつまって安定した状態に…

8+

電子式は…

電子式は…

電子式の書き方については，p.56参照!!

$\cdot\ddot{\underset{\cdot\cdot}{O}}\cdot$

$\left[:\ddot{\underset{\cdot\cdot}{O}}:\right]^{2-}$

注意 **陰イオン**の場合は，しっかりと最外殻電子(価電子)を書くべし!!

では，基本的なところから練習しましょう!!

問題 14　キソのキソ

次の各原子がイオン化するときの反応式を，電子を e^- として示せ。

(1) H　(2) Li　(3) Be　(4) O
(5) F　(6) Na　(7) Mg　(8) Al
(9) S　(10) Cl　(11) K　(12) Ca

ダイナミックポイント!!

周期表の短いバージョン（短周期表）です!!

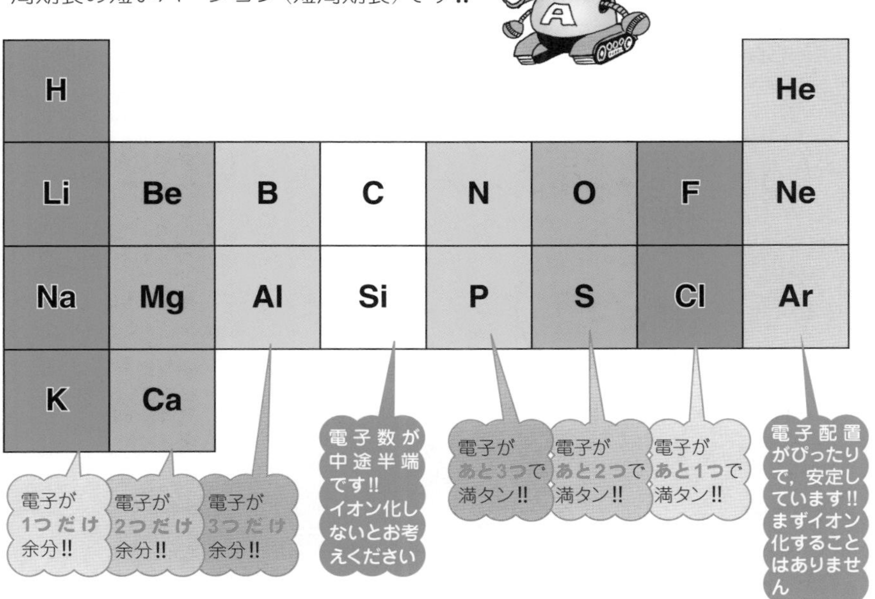

「原子がどのグループ（族）に属するか？」でイオン化のシステムが変わる!!

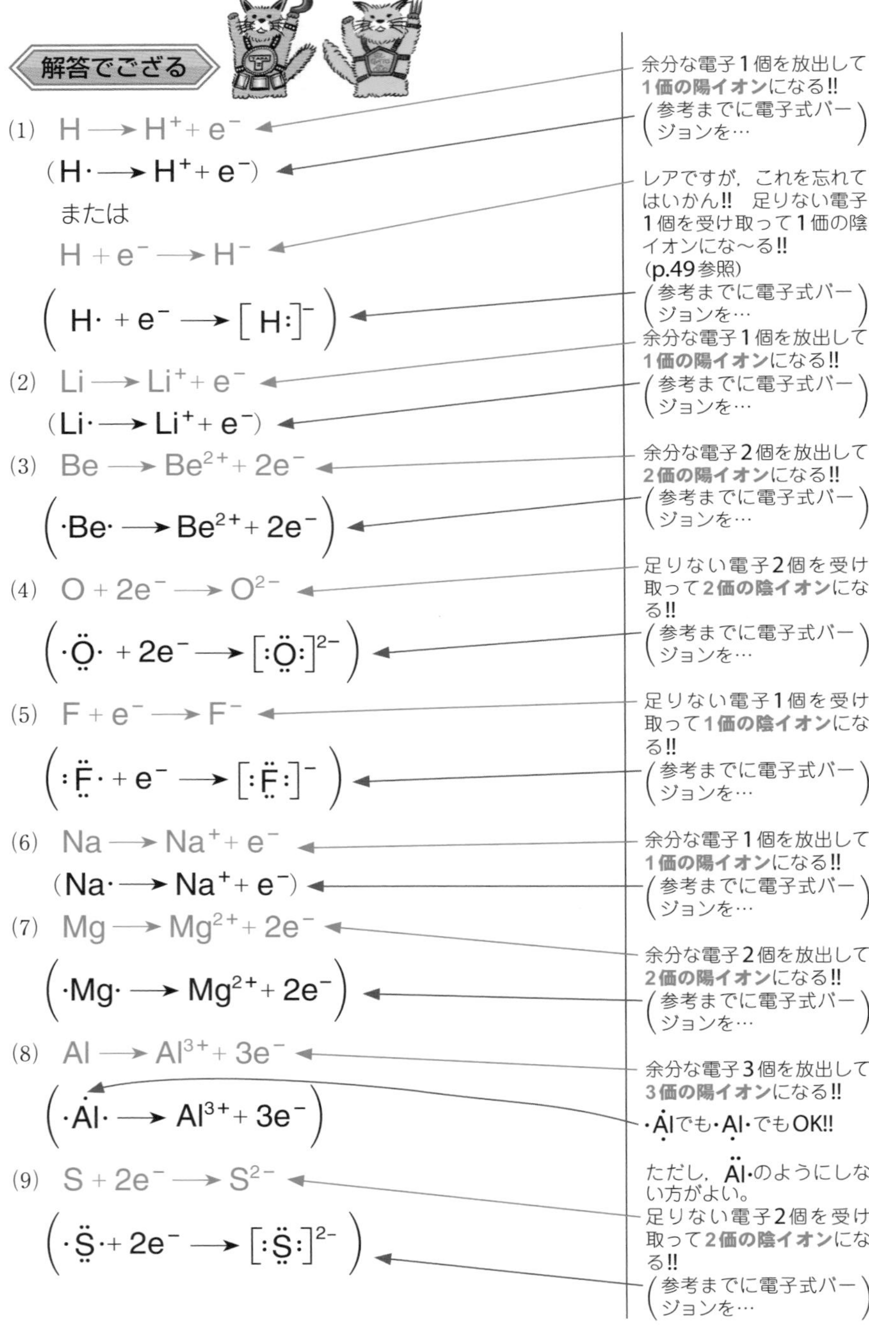
解答でござる
(1) H → H⁺ + e⁻
(H· → H⁺ + e⁻)
または
H + e⁻ → H⁻
(H· + e⁻ → [H:]⁻)
(2) Li → Li⁺ + e⁻
(Li· → Li⁺ + e⁻)
(3) Be → Be²⁺ + 2e⁻
(·Be· → Be²⁺ + 2e⁻)
(4) O + 2e⁻ → O²⁻
(·Ö· + 2e⁻ → [:Ö:]²⁻)
(5) F + e⁻ → F⁻
(:F̤̈· + e⁻ → [:F̤̈:]⁻)
(6) Na → Na⁺ + e⁻
(Na· → Na⁺ + e⁻)
(7) Mg → Mg²⁺ + 2e⁻
(·Mg· → Mg²⁺ + 2e⁻)
(8) Al → Al³⁺ + 3e⁻
(·Ȧl· → Al³⁺ + 3e⁻)
(9) S + 2e⁻ → S²⁻
(·S̤̈· + 2e⁻ → [:S̤̈:]²⁻)
余分な電子1個を放出して1価の陽イオンになる!!
(参考までに電子式バージョンを…)
レアですが，これを忘れてはいかん!! 足りない電子1個を受け取って1価の陰イオンにな〜る!! (p.49参照)
(参考までに電子式バージョンを…)
余分な電子1個を放出して1価の陽イオンになる!!
(参考までに電子式バージョンを…)
余分な電子2個を放出して2価の陽イオンになる!!
(参考までに電子式バージョンを…)
足りない電子2個を受け取って2価の陰イオンになる!!
(参考までに電子式バージョンを…)
足りない電子1個を受け取って1価の陰イオンになる!!
(参考までに電子式バージョンを…)
余分な電子1個を放出して1価の陽イオンになる!!
(参考までに電子式バージョンを…)
余分な電子2個を放出して2価の陽イオンになる!!
(参考までに電子式バージョンを…)
余分な電子3個を放出して3価の陽イオンになる!!
·Al̤でも·Al̤·でもOK!!
ただし，Äl·のようにしない方がよい。
足りない電子2個を受け取って2価の陰イオンになる!!
(参考までに電子式バージョンを…)

(10)　$Cl + e^- \longrightarrow Cl^-$ ← 足りない電子１個を受け取って**１価の陰イオン**になる!!

$\left(:\ddot{\underset{..}{Cl}}\cdot + e^- \longrightarrow \left[:\ddot{\underset{..}{Cl}}: \right]^- \right)$ ← （参考までに電子式バージョンを…）

(11)　$K \longrightarrow K^+ + e^-$ ← 余分な電子１個を放出して**１価の陽イオン**になる!!

$(K\cdot \longrightarrow K^+ + e^-)$ ← （参考までに電子式バージョンを…）

(12)　$Ca \longrightarrow Ca^{2+} + 2e^-$ ← 余分な電子２個を放出して**２価の陽イオン**になる!!

$(\cdot Ca\cdot \longrightarrow Ca^{2+} + 2e^-)$ ← （参考までに電子式バージョンを…）

基礎固めができたところで，本題の**イオン結合**のお話に入ります!!

（プラスとマイナスで引き合う電気のパワーです!!）

イオン結合

イオン化した陽イオンと陰イオンが**静電気力**（せいでんきりょく）（**クーロン力**（りょく））により結合!!　これを**イオン結合**と申します。ちなみに，**金属元素と非金属元素の結合**は，すべてイオン結合によるものです。

例１　**NaClの場合**

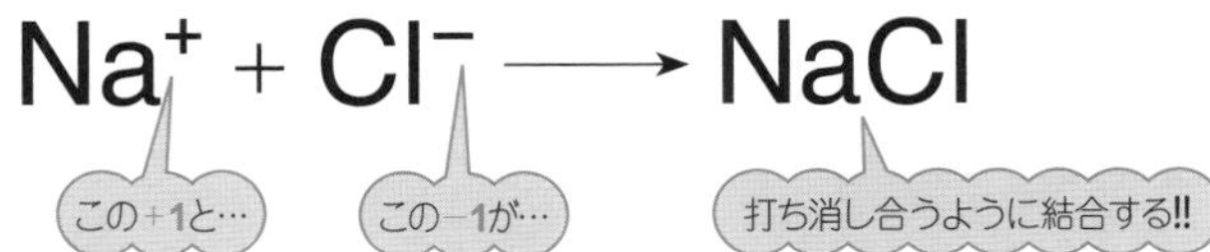

これを電子式で表現すると…

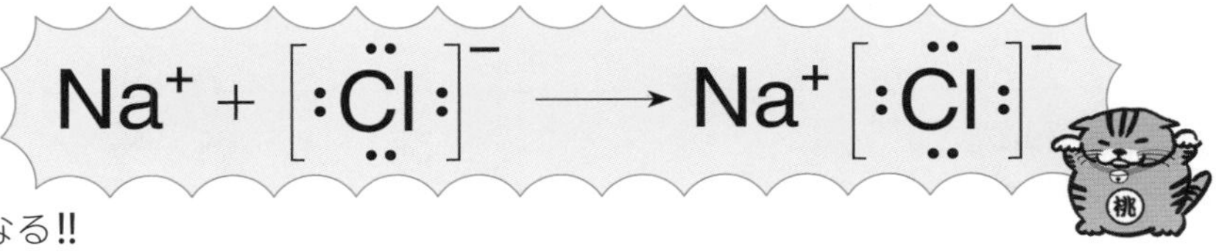

となる!!

例

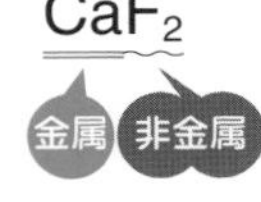

AgCl
金属　非金属

例2 CaF_2の場合

$$Ca^{2+} + 2F^- \longrightarrow CaF_2$$

この+2と…

この−1が2つで−2となり

打ち消し合うように結合する!!

これを電子式で表現すると…

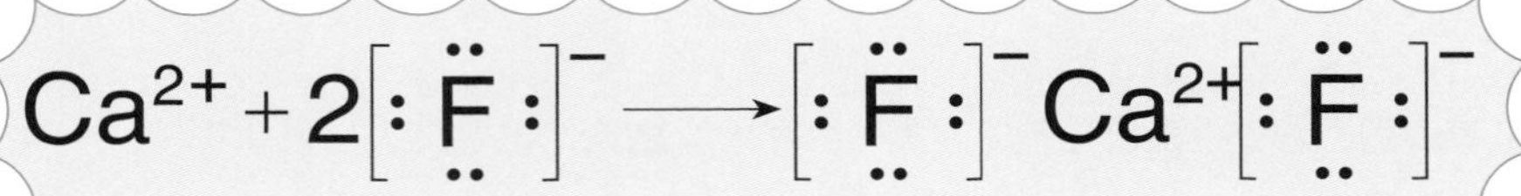

となる!!

注意 Ca^{2+}とF^-が**直接**結合しているワケだから…
Ca^{2+}[:F:]$^-$[:F:]$^-$ などと書いてはいけないぞ!!

F^-とF^-が結合しているみたい

ちょっと練習しましょう!!

問題15 キソ

次の原子の組み合わせで，イオン結合によってできる物質の化学式と電子式を，例のように表せ。

p.65参照!!

例 NaとCl
化学式…NaCl　　電子式…Na^+[:Cl:]$^-$

(1) KとCl　　(2) MgとO
(3) NaとS　　(4) CaとCl

解答でござる

いきなりまいります!!

(1)　$K \longrightarrow K^+ + e^-$

$Cl + e^- \longrightarrow Cl^-$

以上より,

$K^+ + Cl^- \longrightarrow KCl$

化学式…KCl　電子式…$K^+[:\ddot{\underset{..}{Cl}}:]^-$

答えです!!

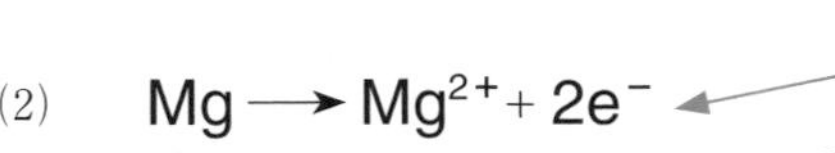

余分な電子1個を放出して**1価の陽イオン**になる。
足りない電子1個を受け取って**1価の陰イオン**になる。
1価どうしなので1：1で結合する。
Cl^-の電子式は$[:\ddot{\underset{..}{Cl}}:]^-$ **問題14** (10)参照!!

(2)　$Mg \longrightarrow Mg^{2+} + 2e^-$

$O + 2e^- \longrightarrow O^{2-}$

以上より,

$Mg^{2+} + O^{2-} \longrightarrow MgO$

化学式…MgO　電子式…$Mg^{2+}[:\ddot{\underset{..}{O}}:]^{2-}$

答えです!!

余分な電子2個を放出して**2価の陽イオン**になる。
足りない電子2個を受け取って**2価の陰イオン**になる。
2価どうしなので1：1で結合する。
O^{2-}の電子式は$[:\ddot{\underset{..}{O}}:]^{2-}$ **問題14** (4)参照!!

(3)　$Na \longrightarrow Na^+ + e^-$

$S + 2e^- \longrightarrow S^{2-}$

以上より,

$2Na^+ + S^{2-} \longrightarrow Na_2S$

化学式…Na_2S　電子式…$Na^+[:\ddot{\underset{..}{S}}:]^{2-}\ Na^+$

答えです!!

余分な電子1個を放出して**1価の陽イオン**になる。
足りない電子2個を受け取って**2価の陰イオン**になる。
$(+1)\times2$ と $(-2)\times1$
つまり，2：1で電気的につり合う!!
くれぐれも
$Na^+Na^+[:\ddot{\underset{..}{S}}:]^{2-}$ などと書かないように!!
p.66参照!!

(4)　$Ca \longrightarrow Ca^{2+} + 2e^-$

$Cl + e^- \longrightarrow Cl^-$

以上より,

$Ca^{2+} + 2Cl^- \longrightarrow CaCl_2$

化学式…$CaCl_2$　電子式…$[:\ddot{\underset{..}{Cl}}:]^-\ Ca^{2+}[:\ddot{\underset{..}{Cl}}:]^-$

答えです!!

余分な電子2個を放出して**2価の陽イオン**になる。
足りない電子1個を受け取って**1価の陰イオン**になる。
$(+2)\times1$ と $(-1)\times2$
つまり，1：2で電気的につり合う!!
くれぐれも
$Ca^{2+}[:\ddot{\underset{..}{Cl}}:]^-[:\ddot{\underset{..}{Cl}}:]^-$
などと書かないように!!
p.66参照!!

お次は，共有結合の登場です！

イオン結合とは違うワケか…

RUB OUT 2 共有結合

共有結合 とは…

原子間で最外殻電子(価電子)を出し合い，**共有**することにより結びつく結合を**共有結合**と申します。ちなみに，**非金属元素どうしの結合**は，すべてこの共有結合によるものです。

例 H_2　O_2　H_2O　CO_2　NH_3　HCl　SO_2　CS_2

非金属どうし　非金属どうし　非金属どうし　非金属どうし　非金属どうし　非金属どうし　非金属どうし　非金属どうし

例1 H_2O の場合

共有するところがミソ

Theme 7 の電子式のお話を思い出していただきたい。

H・ と H・ と ・Ö・ が不対電子を**共有**して結合します。

不対電子　不対電子　不対電子　不対電子

そこで!!

不対電子をお互いに共有するワケだね!!

全員が安定した状況になるためには…

H:O:H

このように電子を共有し合えば，Hは電子2個で満タン!!

Oも電子8個で満タンになります。つまり安定します。

ここで覚えていただきたい名称がありまして…

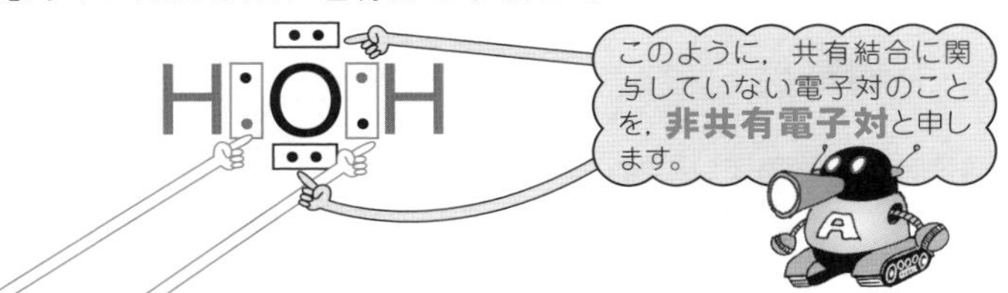

H:Ö:H
このように，共有結合に関与していない電子対のことを，**非共有電子対**と申します。

このように**不対電子**を出し合って，電子が対になっています。この電子対のことを，**共有電子対**と申します。

ほす一

例2　**N_2 の場合**

そこで!!

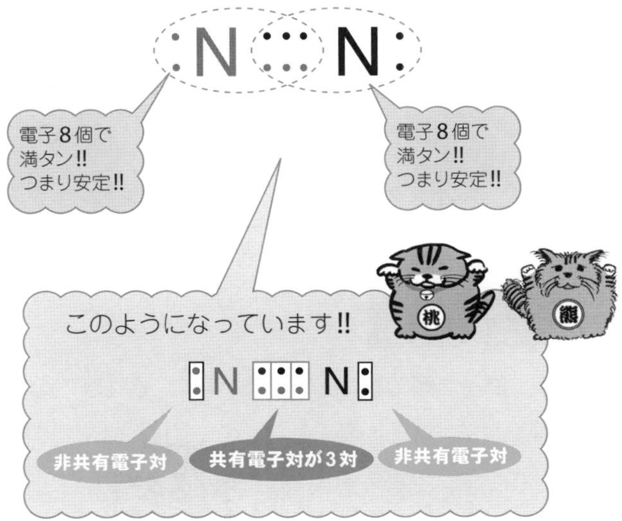

このあたりで**構造式**の書き方も押さえておこう!!

このあたりで大切な大切な構造式の書き方を…

構造式の書き方!!

構造式は，**1つの共有電子対**を**価標**(かひょう)という棒で表現したものです。

例1 の H_2O では…

H—O—H

この棒を**価標**といいます。

例2 の N_2 では…

:N ⋮⋮ N:

共有電子対が3ペア！

構造式にすると…

N≡N

3ペアなので**価標も3本!!**
三重結合といいます!!

では，練習です!!

問題16 キソ

次の分子の電子式と構造式を書け。

(1) 水素 H_2　(2) 塩素 Cl_2　(3) 酸素 O_2
(4) 塩化水素 HCl　(5) 硫化水素 H_2S　(6) アンモニア NH_3
(7) メタン CH_4　(8) 二酸化炭素 CO_2

ダイナミックポイント!!

水素原子(H)は，電子**2個**で満タン(安定する)。それ以外の原子は電子**8個**で満タン(安定する)。

もちろん!! 最外殻電子のお話ですよ!!

水素だけ**2個**か…

	電子式	構造式
(1)	H:H	H−H
(2)	:C̤̈l:C̤̈l:	Cl−Cl
(3)	Ö̤::Ö̤	O=O（二重結合）
(4)	H:C̤̈l:	H−Cl
(5)	H:S̤̈:H	H−S−H
(6)	H:N̤̈:H H	H−N−H ｜ H
(7)	H H:C̤̈:H H	H ｜ H−C−H ｜ H
(8)	:Ö::C::Ö:	O=C=O（二重結合・二重結合）

(1) 共有電子対
H:H → H−H

(2) 共有電子対
:C̤̈l:C̤̈l: → Cl−Cl

(3) 共有電子対が2対!!
Ö̤::Ö̤ → O=O

(4) 共有電子対
H:C̤̈l: → H−Cl

(5) 共有電子対　共有電子対
H:S̤̈:H → H−S−H

(6)(7) 共有電子対　共有電子対
H
H:C:H
H → H
｜
H−C−H
｜
H

(8) 共有電子対が2対!!　共有電子対が2対!!
:Ö::C::Ö: → O=C=O

質問の角度を変えて…

問題17 キソ

次の分子について，非共有電子対が何対あるかを答えよ。

(1) 水 H_2O　　(2) 塩化水素 HCl

(3) 四塩化炭素 CCl_4　　(4) アンモニア NH_3

(5) 窒素 N_2　　(6) エタン C_2H_6

ダイナミックポイント!!

電子式が書ければバッチリです。前問 問題16 は大丈夫ですかあーっ??
あと，**非共有電子対**とは共有結合に関与していない電子対のことでしたね。

解答でござる

(1) H_2O の電子式は

```
   ..
H :O: H
   ..
```

共有結合に関与していない電子対，つまり**非共有電子対**が**2対**あります。

より，非共有電子対は　2対　…(答)

(2) HCl の電子式は

```
   ..
H :Cl:
   ..
```

共有結合に関与していない電子対，つまり**非共有電子対**が**3対**あります。

より，非共有電子対は　3対　…(答)

(3) CCl_4 の電子式は

```
     ..
    :Cl:
 ..  ..  ..
:Cl: C :Cl:
 ..  ..  ..
    :Cl:
     ..
```

おーっと!!
非共有電子対だらけ!!
12対もあるぞーっ

より，非共有電子対は　12対　…(答)

(4) NH_3 の電子式は

```
   ..
H :N: H
   ..
   H
```

共有結合に関与していない電子対，つまり**非共有電子対**が**1対**あります。

より，非共有電子対は　1対　…(答)

(5)　N_2 の電子式は　:N:::N:

より，非共有電子対は　2対　…（答）

共有結合に関与していない電子対，つまり**非共有電子対**が**2対**あります。

(6)　C_2H_6 の電子式は

```
   H  H
H :C :C :H
   H  H
```

より，非共有電子対は　0対　…（答）

プロフィール

クリスティーヌ

　オムちゃんを救うべく，遠い未来から現れた教育プランナー。見た感じはロボットのようですが，詳細は不明♥

　虎君はクリスティーヌが大好きのようですが，桃君はクリスティーヌが発言すると，迷惑そうです。

最後は金属結合のお話

原子間の結合（**イオン結合**，**共有結合**，**金属結合**）のうちのひとつでしたね。

金属結合

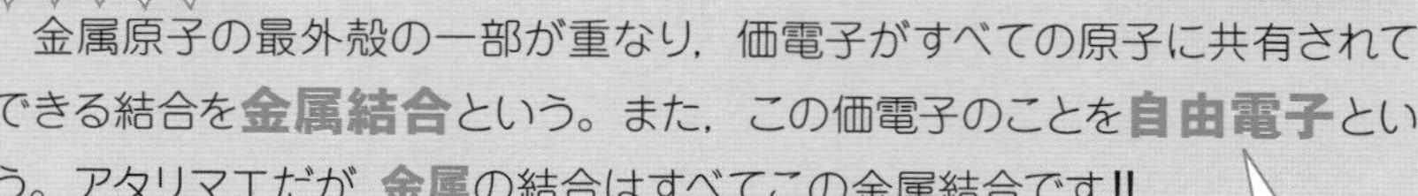

金属原子の最外殻の一部が重なり，価電子がすべての原子に共有されてできる結合を金属結合という。また，この価電子のことを自由電子という。アタリマエだが，金属の結合はすべてこの金属結合です!!
金属中を自由に動き回れる!!

イメージコーナー

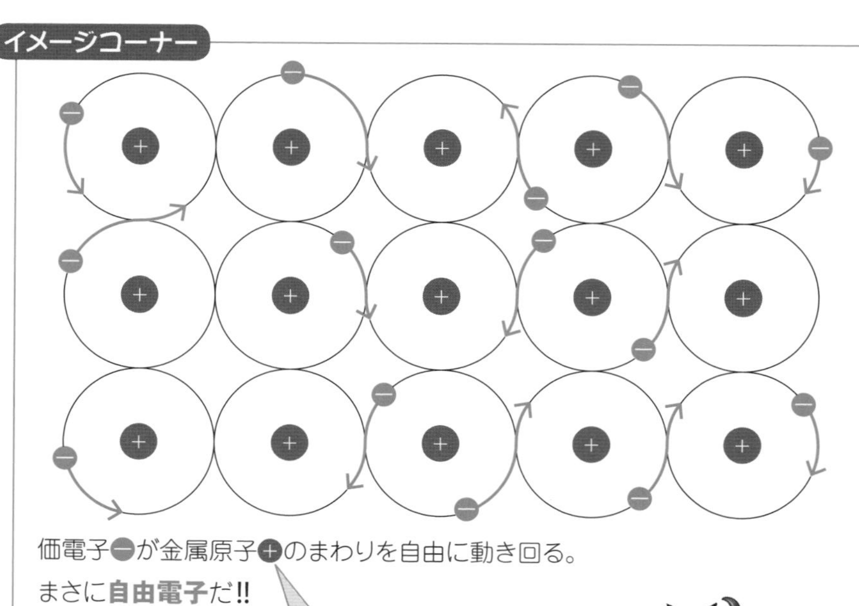

価電子⊖が金属原子⊕のまわりを自由に動き回る。
まさに**自由電子**だ!!

ついでに，これも押さえておいてくれ!!

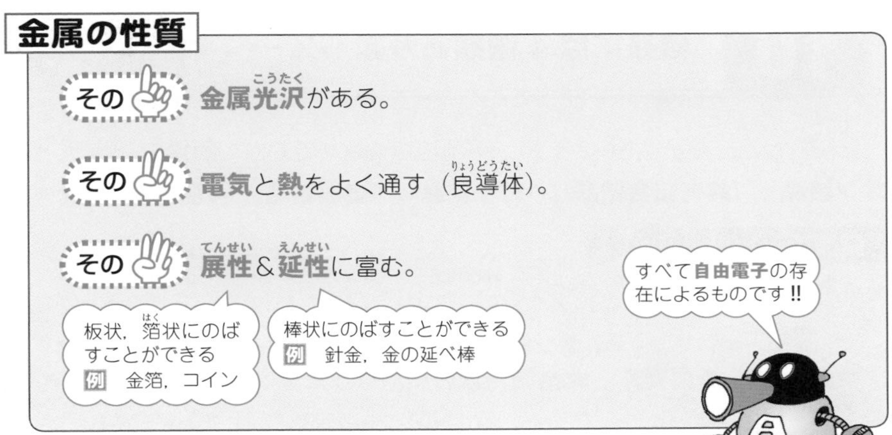

金属の性質
その 金属光沢(こうたく)がある。
その 電気と熱をよく通す（良導体(りょうどうたい)）。
その 展性(てんせい)＆延性(えんせい)に富む。
板状，箔(はく)状にのばすことができる
例 金箔，コイン
棒状にのばすことができる
例 針金，金の延べ棒
すべて自由電子の存在によるものです!!

金属結合については，Theme 10 の 

で再登場します。

そのとき，さらに詳しく学習しましょう♥

プロフィール

虎次郎（不動のセンター!!）

桃太郎よりもひとまわり小さいキャラメル色のシマシマ猫。運動神経抜群のアスリート猫です。しかしやや臆病な性格…。虎次郎も**オムちゃん**の飼い猫です。

Theme 10 結晶には４種類ありまして…

4種類!?

『結晶(けっしょう)』とは，粒子(原子や分子)が規則正しく並んでできた**固体**のことで，**『イオン結晶』**，**『共有結合結晶』**，**『分子結晶』**，**『金属結晶』**の**4種類**があります。

結晶エントリー No.1 イオン結晶

静電気力(クーロン力)による結合です。p.65参照!!

Theme 8 でおなじみの**イオン結合**によってできた結晶を**イオン結晶**と申します。で，**金属元素と非金属元素の結晶**はすべて，このイオン結晶です。

例　NaCl(塩化ナトリウム)，$AgNO_3$(硝酸銀)，$CuSO_4$(硫酸銅)

NH_4Cl(塩化アンモニウム)は，**非金属元素ばかりの結合**ですが，例外的に**イオン結晶**であると考えます。たしかに，NH_4ClのNH_4^+(アンモニウムイオン)の中には，共有結合や配位結合があります。

しかーし!! NH_4^+(アンモニウムイオン)とCl^-(塩化物イオン)の引き合う力(静電気力)による結合，つまり**イオン結合があくまでも主力**となっていると考えます。

ここで，イオン結晶の特徴を押さえておいていただきましょう!!

イオン結晶の生き様

その1 **融点（ゆうてん）が高〜〜い!!**

→ 高温で固体から液体へと変化する。

その2 **融解（ゆうかい）液&水溶液は電気を導く!!**

→ 融解液(融解して液体にしたもの)と，水溶液(水に溶かして水溶液にしたもの)中では，陽イオンと陰イオンに分かれた状態となり，コイツらが電気を導く媒体（ばいたい）となります。

注 固体のままだと電気を通さないぞ!!

追加チェック

(1)　陽イオンと陰イオンが引き合う力の名称は？

(2)　(1)の力によってできる結合の名称は？

(3)　(2)の結合によって構成される結晶の名称は？

(4)　(3)の結晶の融点は高いか？　低いか？

(5)　(3)の結晶は固体のままで電気を通すか？

(6)　(3)の結晶は必ず金属元素と非金属元素で構成されているといえるか？

解答でーす

(1)　静電気力(クーロン力)

(2)　イオン結合

(3)　イオン結晶

(4)　高い!!

(5)　通さない!!

液体にすると通す!!
さらに水溶液も通す!!

(6)　いえない!!

NH_4Clが例外としてある!!

ポイントはしっかり押さえよう!!

共有結合の結晶

Theme 8 でおなじみの**共有結合**によってできた結晶を，**共有結合の結晶**と申します。結晶1個が1つの分子に相当すると考えられるので，**巨大分子**なんて呼んだりします。共有結合結晶はすべて**非金属元素どうしの結晶**です。

同素体である!!

例 C（ダイヤモンド，黒鉛（こくえん）（グラファイト）），Si（ケイ素），SiC（炭化ケイ素），SiO_2（二酸化ケイ素，別名：石英（せきえい））の4つだけ覚えておけば大丈夫!!

C, Si, SiC, SiO_2
くさいし，くさいおー!! おー!!

共有結合の生き様

融点が極めて高い!!

☞ かなり高温でないと固体から液体へと変化しない。

その 2 **電気は通さない!!**

しか〜し!!
黒鉛（グラファイト）は電気を通します!!

同じ炭素（C）でもダイヤモンドはダメ!!

☞ 理由は黒鉛（グラファイト）の構造にありまーす!!

ダイヤモンド

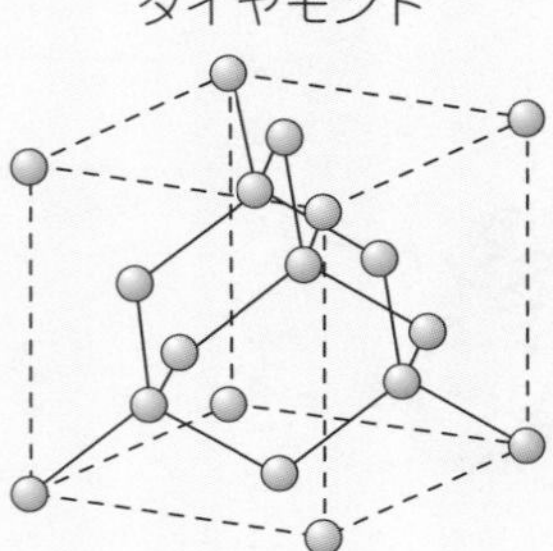

黒鉛（グラファイト）

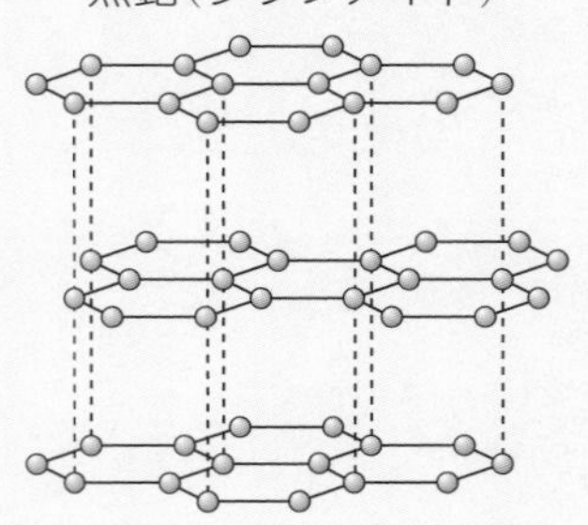

その3

硬い

俺にも崩せねえ…

しか～し!!　黒鉛（グラファイト）だけはもろい!!　壊れやすい!!

またもや!!
黒鉛（グラファイト）かぁ…

これも黒鉛（グラファイト）が層状構造になっていることが原因となっています。層状だから，層に沿ってバラバラにしやすい!!

追加チェック

(1)　共有結合の結晶の例を4つあげよ!!

(2)　共有結合の結晶で電気を通すものを答えよ。

(3)　共有結合の結晶でもろく壊れやすいものの例をあげよ。

(4)　(2)，(3)の原因は何か？

赤いシートでかくしてね♥

解答でーす

(1)　C（ダイヤモンド，黒鉛，グラファイト）
Si（ケイ素）
SiC（炭化ケイ素）
SiO_2（二酸化ケイ素・別名：石英）

(2)　黒鉛（グラファイト）

(3)　黒鉛（グラファイト）

(4)　黒鉛（グラファイト）が**層状構造**となっていること。

まめにチェックしないといけないぞぉ～っ!?

結晶エントリー No. 3

分子結晶

分子は共有結合で構成されています。さらに，その分子どうしの間にも**分子間力（ファンデルワールス力）**がはたらいていて，この分子間力（ファンデルワールス力）によって結合した分子による結晶を，**分子結晶**と申します。

イメージコーナー

CO_2（二酸化炭素）がドライアイス（CO_2の固体バージョン，つまり結晶です!!）に変化するイメージは…

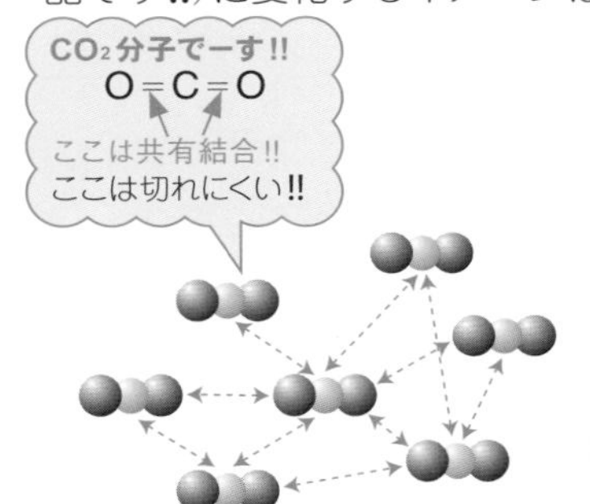

CO₂分子でーす!!
O=C=O
ここは共有結合!!
ここは切れにくい!!

圧力をかけるなどして密集させると…

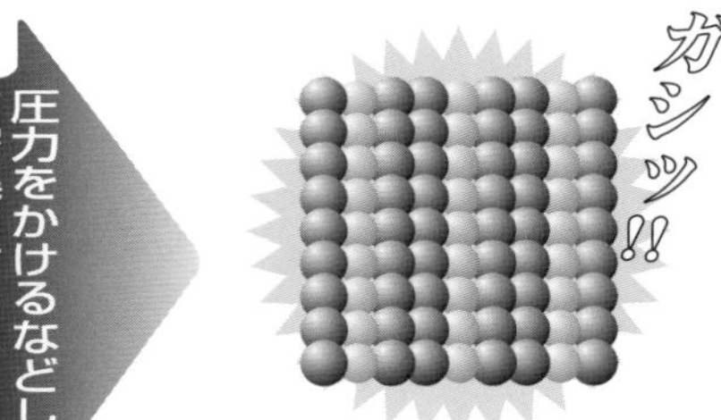

CO_2分子は，お互いに分子間力（ファンデルワールス力）という**弱い力**（←--→）で引き合っています。

分子間力（ファンデルワールス力）により全員集合!! 分子結晶（ドライアイス）になります。

注 実際は，もっと複雑な結晶構造となっています。あくまでもイメージということで…

弱い力も，近づくことにより強い結合力を生み出すのですな…

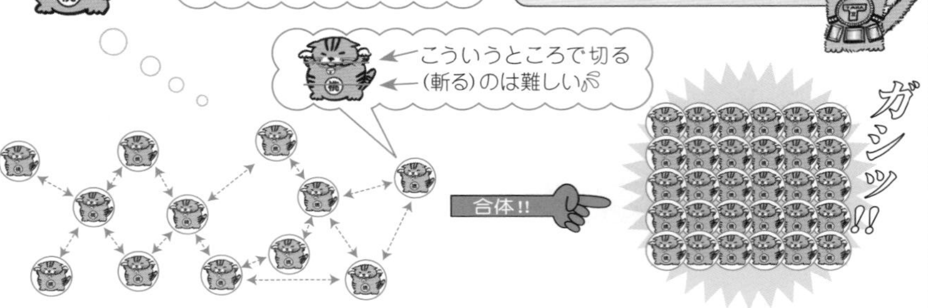

こういうところで切る（斬る）のは難しい
合体!!
ガシッ!!

すべて**非金属元素どうしの結晶**です。**結晶エントリー No. 2 共有結合の結晶**とまぎらわしいので，次のように例を示します。

> **例**　C(く)，Si(さい)，SiC(しりく)，SiO_2(さいおー!!おー!!)の4つ以外の非金属元素ばかりのヤツ
>
> H_2O（水の固体バージョン！　氷です!!），CO_2（二酸化炭素の固体バージョン！　ドライアイス!!）【昇華性あり】，
>
> I_2（ヨウ素）など【昇華性あり】
>
> くさいし，くさい OH! OH!

注　H_2（水素）やO_2（酸素）やN_2（窒素）なども，もちろん分子だし，分子間力（ファンデルワールス力）もしっかりはたらいています。でも，なかなか固体にならず（つうかならない♨），結晶なんて夢のまた夢です。つまり，**分子性物質**というグループには入りますが，**分子結晶**とはいいません。

分子結晶の生き様

その1　融点，沸点(ふってん)は低い!!

☞　低温でバラバラに…。ドライアイス（CO_2），ヨウ素（I_2）のように固体からいきなり気体に（逆に，気体からいきなり固体にも…）変化するもの，つまり**昇華性**を示すものもあ〜る!!

その2　電気を通さない!!

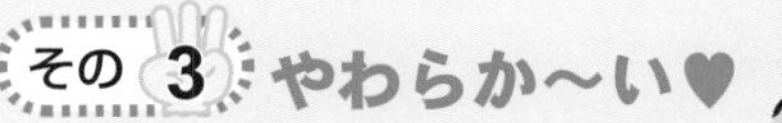

その3　やわらか〜い♥

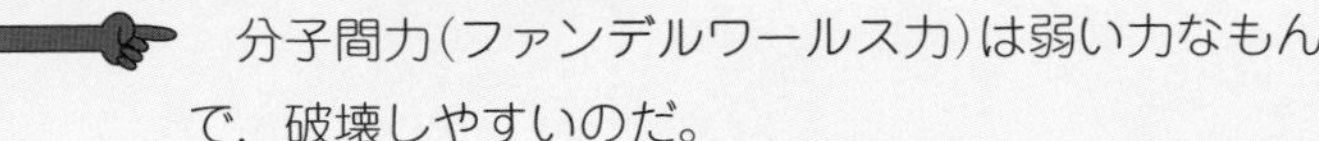

☞　分子間力（ファンデルワールス力）は弱い力なもんで，破壊しやすいのだ。

追加チェック

(1) 次の中から分子結晶を選べ。

(イ) Si (ロ) C (ハ) CO_2
(ニ) SiO_2

(2) 昇華性を示す分子結晶の例を2つあげよ。

(3) 分子結晶で，分子どうしをつないでいる力を何というか？

(4) 分子結晶の融点，沸点は高いか？低いか？

(5) 分子結晶は硬いか？ やわらかいか？

解答でーす

(1) (ハ)のCO_2でーす!!

C, Si, SiC, SiO_2以外
くさいし，くさい おー!! おー!!

(2) CO_2(ドライアイス)とI_2(ヨウ素)

(3) 分子間力(ファンデルワールス力)

(4) 低い!!

(5) やわらかい!!

分子間力(ファンデルワールス力)が弱い力だからです!!

結晶エントリー No. 4

金属結晶

自由電子による結合でしたね!! p.74参照!!

Theme 9 でおなじみの**金属結合**によってできた結晶を**金属結晶**と申します。ズバリ**金属単体**のものばかりです。

1種類の元素記号で表されています

例 Na(ナトリウム)，Ca(カルシウム)，Fe(鉄)，Ni(ニッケル)，Ag(銀)などなど，すべて**金属単体**です。例をあげ出したらキリがな〜い

金属結晶の生き様

特徴がねえなあ…

その1　融点はさまざま…。

→ Hg(水銀)なんて常温で液体です!!

その2　電気 & 熱の良導体!!

→ 自由電子のおかげです♥

変形させやすいわけね

その3　展性(てんせい) & 延性(えんせい)に富む!!

→ これも自由電子による結合のおかげです♥

追加チェック

(1)　金属結合とは，何による結合か？

(2)　金属結合で構成された結晶を何というか？

(3)　(2)の結晶は何の良導体か？

(4)　(2)の結晶といえば，どんな性質に富んでいるか？

(5)　(2)の結晶の融点は高いか？　低いか？

解答でーす

(1)　自由電子

(2)　金属結晶

(3)　電気と熱

(4)　展性と延性

(5)　さまざまです…(高いものもあれば，低いものもある)

追加チェック

(6)　電気と熱をよく通す金属の1位と2位を答えよ。

(7)　2種類以上の金属を溶かし合わせる，あるいは，金属に非金属を溶かし込んだものを何と呼ぶか？

——(7)の例をいくつか覚えよう‼——

(8)　航空機やトランクに用いられる**ジュラルミン**の主成分となる金属は何か？

(9)　建造物や器具類に用いられる**ステンレス**の主成分となる金属は，何と何か？

(10)　銅像に用いられる青銅の主成分は，銅と何か？

解答でーす

(6)　1位は銀(Ag)，
2位は銅(Cu)

(7)　合金

合金にすることにより，もとの金属にない，すぐれた性質をもたすことができる‼

(8)　アルミニウム(Al)

(9)　鉄(Fe)とクロム(Cr)

(10)　スズ(Sn)

Theme 11 分子の極性のお話

まず，この用語を押さえておこう!!

原子間の結合で原子が**共有電子対を引きつける強さ**を数値化したものを**電気陰性度**と申します。

覚えよう!

電気陰性度は，周期表で，18族(貴ガス)を除いて**右上ほど大きく左下ほど小さい**!!

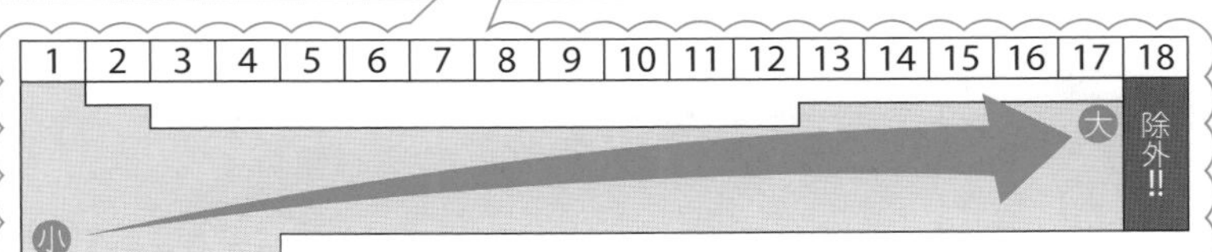

そこで!!

電気陰性度が大きい Best4 は覚えておこう!!

では，今からが本題です。

異なる元素の原子間の結合では，**電気陰性度の大きい側に共有電子対が引っ張られ**，結合に**電荷のかたより**が生じる。この電荷のかたよりを**極性**（きょくせい）と申します。

引っ張るぜ♪

極性分子 なるものが存在してしまいます。

分子全体として電荷のかたよりをもつ分子です。

よく出る代表選手が**3タイプ**あるので覚えておいてください!!

タイプ1　折れ線形のH_2O（水），H_2S（硫化水素）

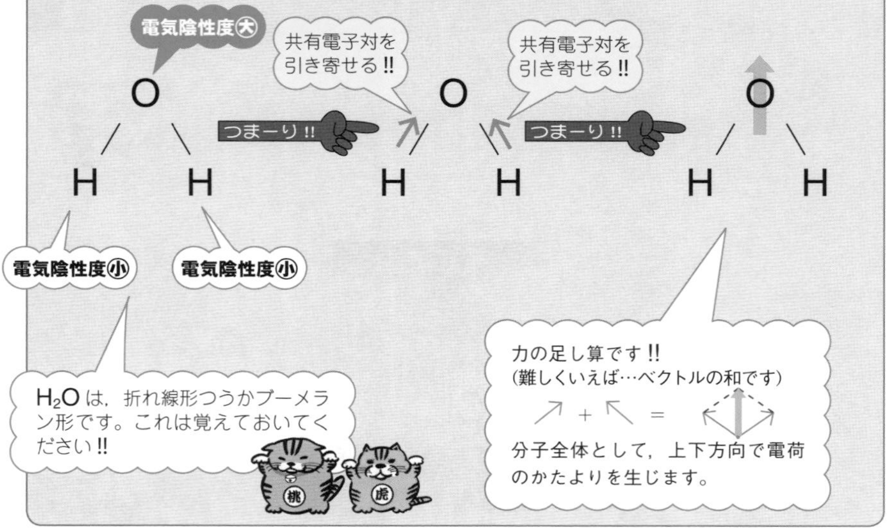

電気陰性度㊅

共有電子対を引き寄せる!!

共有電子対を引き寄せる!!

O / \ H H　つまーり!!　O / \ H H　つまーり!!　O / \ H H

電気陰性度㊀

電気陰性度㊀

H_2Oは，折れ線形つうかブーメラン形です。これは覚えておいてください!!

力の足し算です!!
（難しくいえば…ベクトルの和です）

↗ + ↖ =

分子全体として，上下方向で電荷のかたよりを生じます。

タイプ2 三角錐形のNH_3（アンモニア）

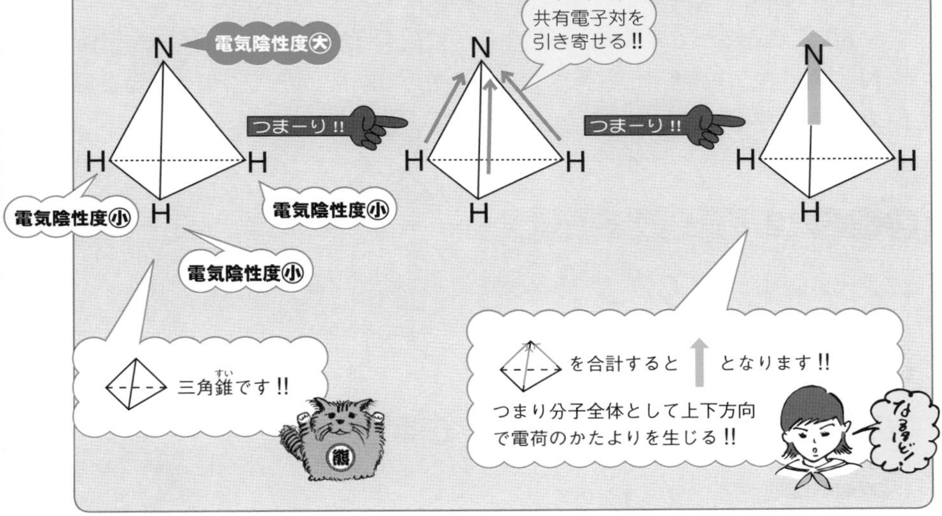

N 電気陰性度㊅

H H H

電気陰性度㊗ 電気陰性度㊗ 電気陰性度㊗

つまーり!!

共有電子対を引き寄せる!!

つまーり!!

三角錐（すい）です!!

を合計すると となります!!

つまり分子全体として上下方向で電荷のかたよりを生じる!!

なるほど!

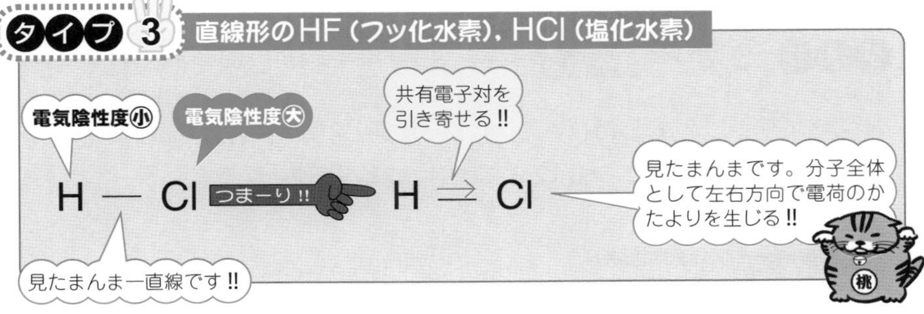
タイプ3 直線形のHF（フッ化水素），HCl（塩化水素）
電気陰性度㊗
電気陰性度㊅
共有電子対を
引き寄せる!!
H — Cl
つまーり!!
H ⇀ Cl
見たまんまです。分子全体
として左右方向で電荷のか
たよりを生じる!!
見たまんま一直線です!!

注 HFの場合も同様で，HClのClがFに置き換わっただけのお話です。ClとFは同族（ともに17族）でしたね。性質が似ていて当然です!!

この世に，男に対して女がいるように，極性分子に対して…

無極性分子

なるものも存在いたします。

今度は無極性か…

これもよく出るタイプが**3タイプ**あります。

タイプ1 単体の分子

H_2, N_2, O_2, Cl_2などの単体分子は**電気陰性度が同じ原子どうし**が結合しているワケですから，当然電荷のかたよりがありません。また，He, Ne, Arなどの単原子分子も，なおさらそうです!! よって，単体の分子は**無極性分子**です!!

これってアタリマエの話だよねえ!!

タイプ2 対称性のある直線形

代表例としては，CO_2（二酸化炭素）がある。

電気陰性度大
電気陰性度大
O＝C＝O
電気陰性度小
つまーり!!
共有電子対を引き寄せる!!
共有電子対を引き寄せる!!
O＝C＝O
←と→がつり合って相殺されてしまう。つまり，無極性分子。

タイプ3 正四面体形

代表例としては，CH_4（メタン），CCl_4（四塩化炭素）がある。いずれも化学式が$C▲_4$で表され，Cを中心とした**正四面体形**である。

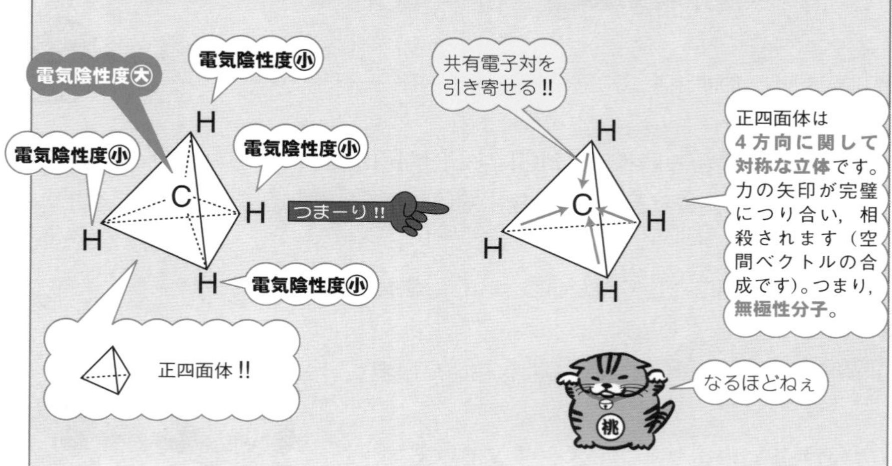
電気陰性度大
電気陰性度小
電気陰性度小
電気陰性度小
電気陰性度小
C
H
H
H
H
つまーり!!
正四面体!!
共有電子対を引き寄せる!!
正四面体は4方向に関して対称な立体です。力の矢印が完璧につり合い，相殺されます（空間ベクトルの合成です）。つまり，無極性分子。
なるほどねぇ

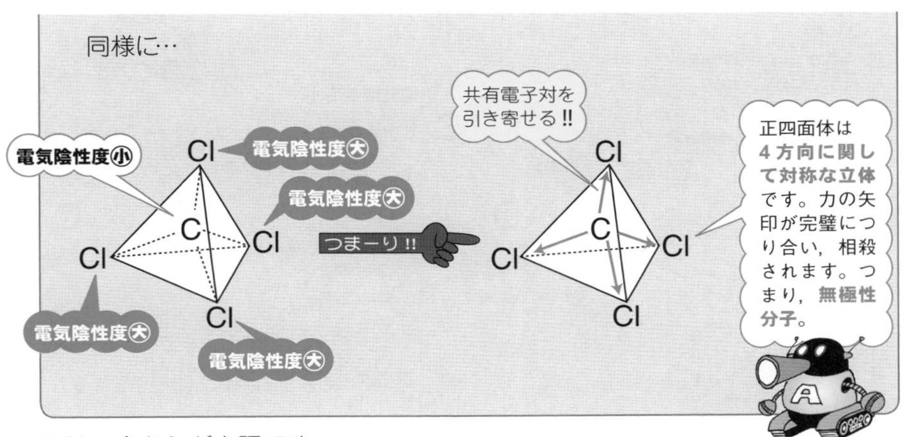
同様に…
電気陰性度小
Cl
電気陰性度大
電気陰性度大
C
Cl
Cl
Cl
電気陰性度大
電気陰性度大
つまーり!!
共有電子対を
引き寄せる!!
Cl
C
Cl
Cl
Cl
正四面体は
4方向に関して対称な立体
です。力の矢
印が完璧につり合い，相殺
されます。つまり，無極性
分子。

では，今からが本題です。

問題18　**標準**

次の(1)〜(12)の分子について正しく説明しているものを，あとの(ア)〜(カ)より選べ。

(1) O_2	(2) H_2O	(3) NH_3	(4) CO_2
(5) CH_4	(6) SO_2	(7) H_2	(8) H_2S
(9) CCl_4	(10) Ar	(11) SiH_4	(12) Ne

(ア)　直線形の無極性分子
(イ)　直線形の極性分子
(ウ)　折れ線形の極性分子
(エ)　三角錐形の極性分子
(オ)　正四面体形の無極性分子
(カ)　(ア)〜(オ)のいずれでもない無極性分子

ダイナミックポイント!!

この中に新顔が!!　そーです。(6)の SO_2 （二酸化硫黄）です。

コイツは特別なヤツなので，ライバルに差をつける武器として，今覚え込んでしまってください。

SO_2 って，じつは**折れ線形**の**極性分子**なんです。

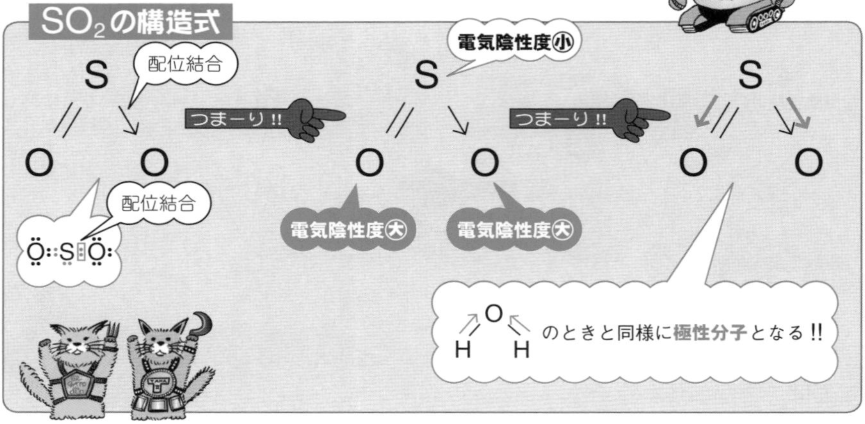

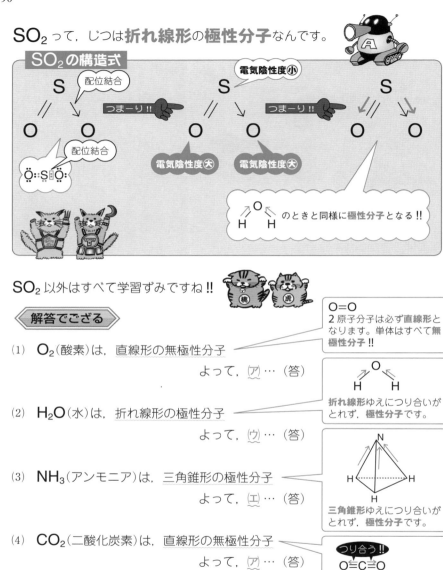

SO_2 の構造式
S
配位結合
O O
配位結合
Ö::S:Ö:
つまーり!!
電気陰性度小
S
O O
電気陰性度大
電気陰性度大
つまーり!!
S
O O
O
H H
のときと同様に極性分子となる!!

SO_2 以外はすべて学習ずみですね!!

解答でござる

(1)　O_2（酸素）は，直線形の無極性分子

O=O
2 原子分子は必ず**直線形**となります。単体はすべて**無極性分子**!!

よって，(ア)…（答）

(2)　H_2O（水）は，折れ線形の極性分子

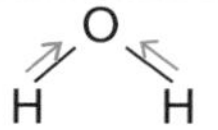

O
H H

折れ線形ゆえにつり合いがとれず，**極性分子**です。

よって，(ウ)…（答）

(3)　NH_3（アンモニア）は，三角錐形の極性分子

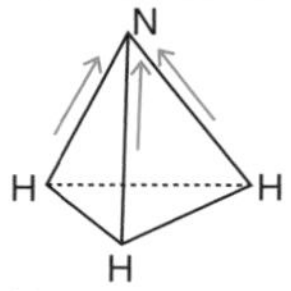

N
H H
H

三角錐形ゆえにつり合いがとれず，**極性分子**です。

よって，(エ)…（答）

(4)　CO_2（二酸化炭素）は，直線形の無極性分子

つり合う!!
O=C=O

よって，(ア)…（答）

(5)　CH_4（メタン）は，正四面体形の無極性分子

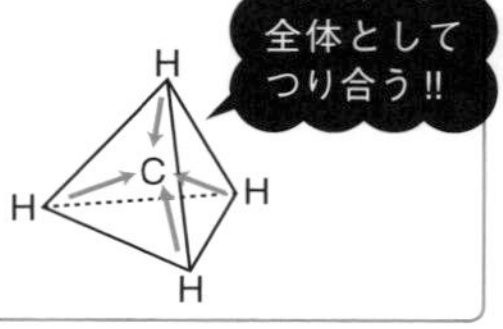

全体として
つり合う!!
H
C
H H
H

よって，(オ)…（答）

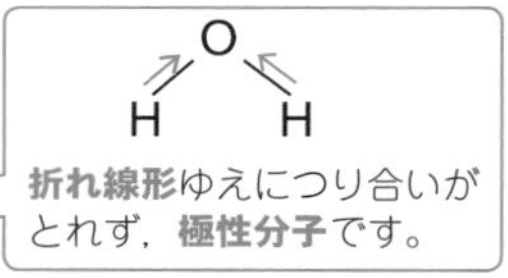

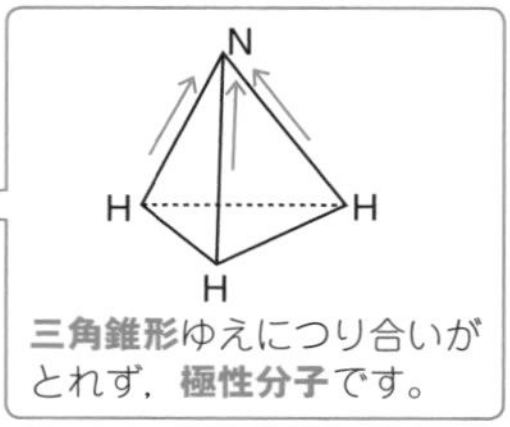

(6)　SO_2(二酸化硫黄)は，折れ線形の極性分子

O⇐S⇒O（配位結合）
折れ線形ゆえにつり合いがとれず，**極性分子**です。

よって，(ウ)…(答)

(7)　H_2(水素)は直線形の無極性分子

H−H
2原子分子は必ず**直線形**となります。単体はすべて**無極性分子**です。

よって，(ア)…(答)

(8)　H_2S(硫化水素)は，折れ線形の極性分子

H−S−H は H−O−H の仲間です。**O** と **S** は同族で性質が似ていますからね!!

よって，(ウ)…(答)

(9)　CCl_4(四塩化炭素)は，正四面体形の無極性分子

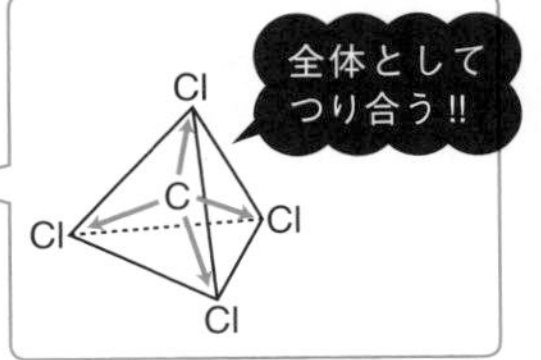

よって，(オ)…(答)

(10)　Ar(アルゴン)は1個の原子のままの単原子分子，つまり無極性分子です!!

分子が希ガス(**He**，**Ne**，**Ar** など)原子**1**個からなるものを，単原子分子と呼びます。単原子では図形をつくれません。
直線とか折れ線とか…

よって，(カ)…(答)

(11)　SiH_4(シラン)は，正四面体形の無極性分子です。

SiH_4（正四面体）は CH_4（正四面体）の応用バージョンです!!
ポイントは，**C** と **Si** が同族であることです!!

よって，(オ)…(答)

(12)　Ne(ネオン)は，単原子分子つまり無極性分子!!

(10)と同様です!!

よって，(カ)…(答)

Theme 12 発展コーナー 水素結合ってよく聞くけど…

水素結合って何??

なにかと水素原子がからむので，この名前がつきました。

Theme 11 で学習した極性分子のお話からの発展とお考えください!!

電気陰性度が激しく大きいF, O, N原子と，隣接した他の分子中のH原子との間に生じる静電気的な結合を，**水素結合**と申します。

といっても，イオン結合の静電気力とは違うぞ～!!

水素結合は，，原子と隣りの分子中の原子の静電気的な結合!!

そこで…

水着姿が　本(ふぉん)　気で　エッチ

水素結合

例1 HF（フッ化水素）の場合

電気陰性度小　電気陰性度大

H－F　つまり…　H$\overset{\rightarrow}{-}$F　つまり…　$\overset{\delta+}{\text{H}}$－$\overset{\delta-}{\text{F}}$

共有電子対がF側に引き寄せられる。電子は負の電荷なので…

負の電荷δ－（デルタマイナスと呼んで!!）がF側にかたより，その分正の電荷δ＋（デルタプラスと呼んで!!）がH側にできる。

よって!!

$\overset{\delta+}{\text{H}}$－$\overset{\delta-}{\text{F}}$…………$\overset{\delta+}{\text{H}}$－$\overset{\delta-}{\text{F}}$…………$\overset{\delta+}{\text{H}}$－$\overset{\delta-}{\text{F}}$

プラスの電荷とマイナスの電荷が引っ張り合って結合!!　これが**水素結合**です!!

例2 H_2O の場合

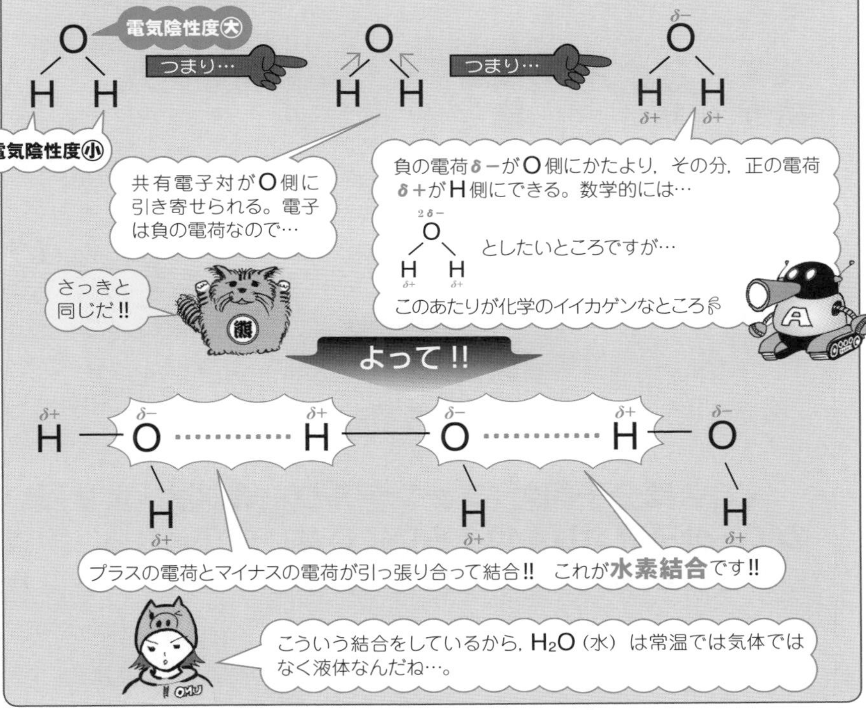

O（電気陰性度㊅）、H H（電気陰性度㊈）　つまり…　つまり…

共有電子対がO側に引き寄せられる。電子は負の電荷なので…

負の電荷 $\delta-$ がO側にかたより，その分，正の電荷 $\delta+$ がH側にできる。数学的には…

（O に $2\delta-$、H に $\delta+$）としたいところですが…

このあたりが化学のイイカゲンなところ

さっきと同じだ!!

よって!!

$\overset{\delta+}{H}$ — $\overset{\delta-}{O}$ ………… $\overset{\delta+}{H}$ — $\overset{\delta-}{O}$ ………… $\overset{\delta+}{H}$ — $\overset{\delta-}{O}$（各Oに $\overset{}{H}^{\delta+}$ が結合）

プラスの電荷とマイナスの電荷が引っ張り合って結合!!　これが**水素結合**です!!

こういう結合をしているから，H_2O（水）は常温では気体ではなく液体なんだね…。

ここで!!　水素結合についての補足事項を…

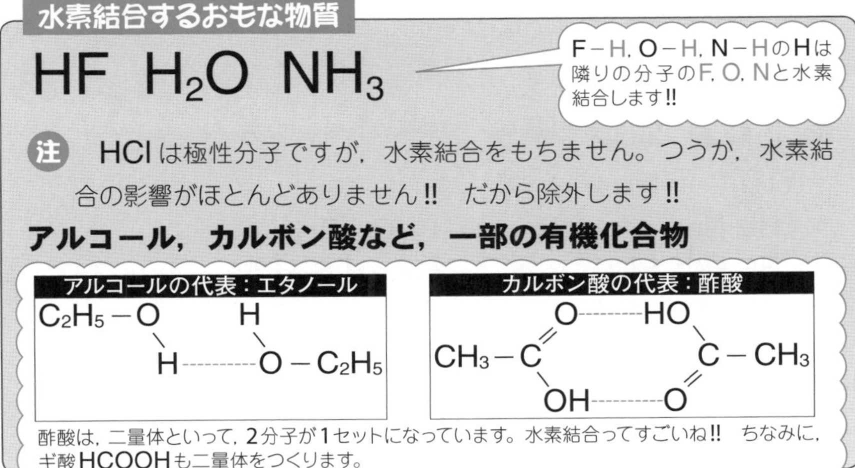

水素結合するおもな物質
HF　H2O　NH3
F－H，O－H，N－HのHは隣りの分子のF，O，Nと水素結合します!!
注　HClは極性分子ですが，水素結合をもちません。つうか，水素結合の影響がほとんどありません!!　だから除外します!!
アルコール，カルボン酸など，一部の有機化合物
アルコールの代表：エタノール
C2H5－O　H　H……O－C2H5
カルボン酸の代表：酢酸
O……HO　CH3－C　C－CH3　OH……O
酢酸は，二量体といって，2分子が1セットになっています。水素結合ってすごいね!!　ちなみに，ギ酸HCOOHも二量体をつくります。

水素結合の威力

ぶっちゃけ，それほど強いワケではありません

共有結合 ＞ イオン結合 ＞ 金属結合 ≫ 水素結合 ＞ 分子間力（ファンデルワールス力）

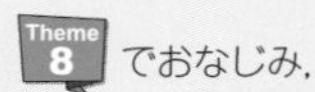

Theme 8 でおなじみ，最強です!!
越えられない壁…
分子間力よりは強いです!! ここがポイント!!

注 この順位はあくまでも一般論!! 物質によっては例外も当然ありますよ!!

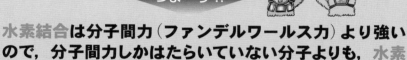

つまーり!!

水素結合は分子間力（ファンデルワールス力）より強いので，分子間力しかはたらいていない分子よりも，水素結合をしている分子の方が融点，沸点が高くなります!!

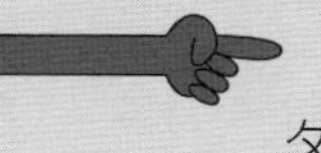

あくまでも，分子を構成している物質の話ですよ!!
ダイヤモンド（共有結合結晶），塩化ナトリウム（イオン結晶），鉄（金属結晶）などよりも，融点，沸点が高くなるはずがないです。

問題19 標準

次の(1)～(6)の物質を，沸点が高い順に並べよ。

(1) He, Ne, Ar　(2) F_2, Cl_2, Br_2
(3) HF, HCl, HBr　(4) H_2O, H_2S, H_2Se
(5) NH_3, PH_3, AsH_3　(6) CH_4, C_2H_6, C_3H_8

ダイナミックポイント!!

(1)〜(5)は，すべて同族元素で比較できるようにしてあります。

周期＼族	1	2	3	4	5	6	7	8	9	10	11	12	13	14	15	16	17	18
1	H																	He
2															N	O	F	Ne
3															P	S	Cl	Ar
4															As	Se	Br	Kr
⋮															⋮	⋮	⋮	⋮
															(5)	(4)	(2)(3)	(1)

(6)はすべて有機化合物のアルカンです。　化学式はC_nH_{2n+2}

つまり，(1)〜(5)同様，似た構造をもった集団とお考えください。

そこで!!　ポイントが2つ!!

HF, H_2O, NH_3など

水素結合を分子間でするものがあれば，無条件で**沸点が高い**と考えてください!!

似た構造をもつ物質どうしでは，
分子量が大きいものほど**沸点が高い**
☞ 分子量が大きいと分子間力も大きくなる!!

このあたりを押さえて…

解答でござる

(1) 分子量は，He < Ne < Ar

よって，沸点が高い順は…

Ar，Ne，He …（答）

(2) 分子量は，$F_2 < Cl_2 < Br_2$

よって，沸点が高い順は…

Br_2，Cl_2，F_2 …（答）

(3) HF は分子間で水素結合をします。

さらに，分子量は，HCl < HBr

よって，沸点が高い順は…

HF，HBr，HCl …（答）

(4) H_2O は分子間で水素結合をします。

さらに，分子量は，$H_2S < H_2Se$

よって，沸点が高い順は…

H_2O，H_2Se，H_2S …（答）

(5) NH_3 は分子間で水素結合をします。

さらに，分子量は，$PH_3 < AsH_3$

よって，沸点が高い順は…

NH_3，AsH_3，PH_3 …（答）

(6) 分子量は，$CH_4 < C_2H_6 < C_3H_8$

よって，沸点が高い順は…

C_3H_8，C_2H_6，CH_4 …（答）

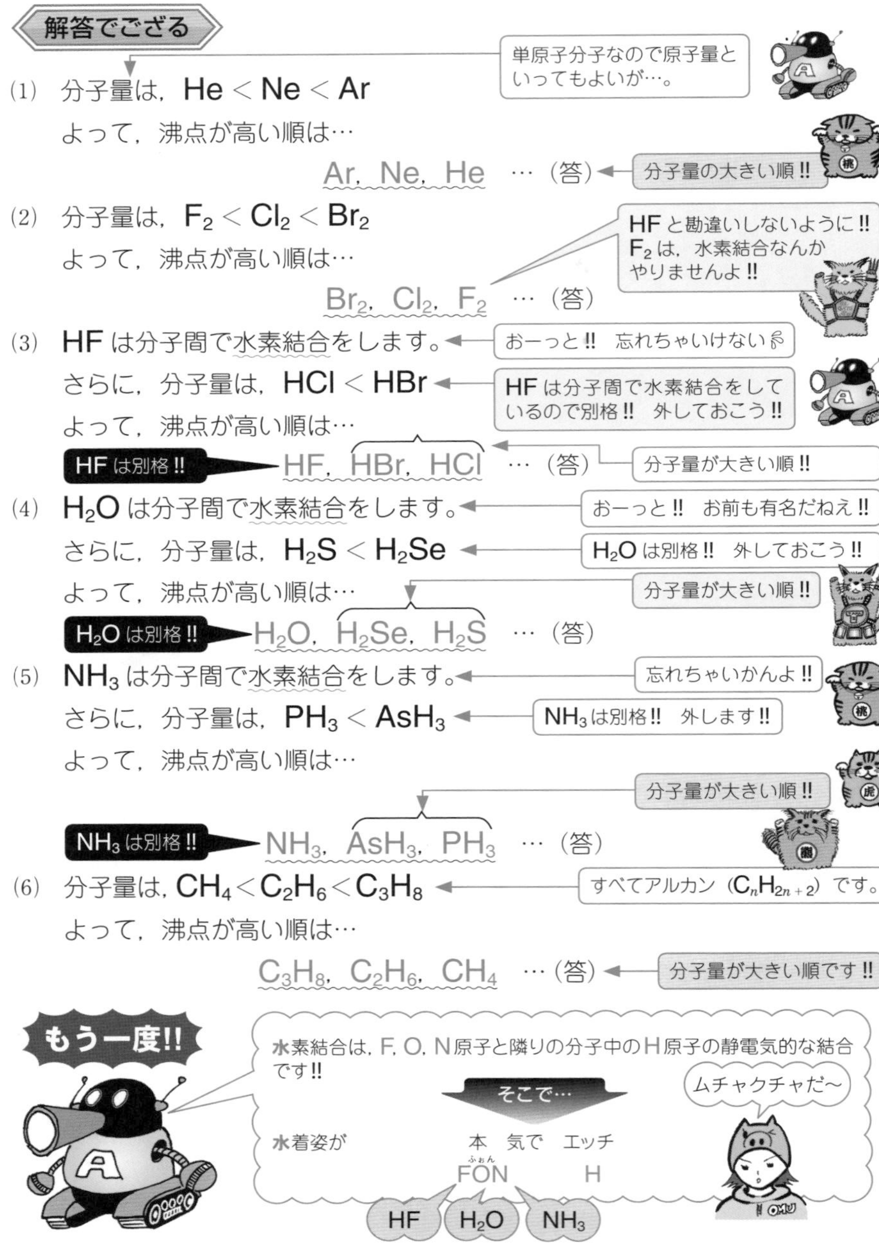

単原子分子なので原子量といってもよいが…。
分子量の大きい順!!
HF と勘違いしないように!! F_2 は，水素結合なんかやりませんよ!!
おーっと!! 忘れちゃいけない
HF は分子間で水素結合をしているので別格!! 外しておこう!!
HF は別格!!
分子量が大きい順!!
おーっと!! お前も有名だねえ!!
H_2O は別格!! 外しておこう!!
分子量が大きい順!!
H_2O は別格!!
忘れちゃいかんよ!!
NH_3 は別格!! 外します!!
分子量が大きい順!!
NH_3 は別格!!
すべてアルカン（C_nH_{2n+2}）です。
分子量が大きい順です!!
もう一度!!
水素結合は，F，O，N 原子と隣りの分子中の H 原子の静電気的な結合です!!
そこで…
水着姿が 本気で エッチ
FON H
HF
H_2O
NH_3
ムチャクチャだ～

物質量（モル数）と化学反応式の巻

Theme 13 原子量，分子量，そして式量

RUB OUT 1 原子量とは…??

各元素の原子の質量（重さ）の大小を表した数値を**原子量**と申します。原子量は質量数12の炭素原子^{12}Cの質量を**12**と決め，これを基準として他の元素の相対的な質量を表した数値です。

ん!?

とはいうものの…

天然に存在する単体や化合物を構成する元素の多くは，数種類の**同位体**を含んでいます。

塩素を例にすると，質量数35の塩素原子（^{35}Cl）が約75.8％，質量数37の塩素原子（^{37}Cl）が約24.2％存在し，それらの相対質量は，$^{12}C = 12$を基準として，$^{35}Cl \fallingdotseq 35$，$^{37}Cl \fallingdotseq 37$です。

厳密にいうと，
$^{35}Cl = 34.969\cdots$
$^{37}Cl = 36.966\cdots$
ですが，各原子の相対質量は**各原子の質量数に等しい**と考えてOK!!

そこで!!

原子量は，これら同位体の相対質量の平均値と考えます。よって，塩素の原子量は…

$^{35}Cl \fallingdotseq 35$が75.8％，$^{37}Cl \fallingdotseq 37$が24.2％より，

$$35 \times \frac{75.8}{100} + 37 \times \frac{24.2}{100} \fallingdotseq \mathbf{35.5}$$

となりまーす。

え!? 平均値の求め方がわからないって?? やだなぁ…

ちょっと簡単な例を考えましょう!!

＋ － 算数のお時間 × ÷

ある100人のクラスであるテストをしたところ，60点の人が25人，40点の人が75人いました。このクラスの平均点を求めましょう。

$$\text{平均点} = \frac{\text{クラスの合計点}}{\text{クラスの人数}}$$

でしたね。

よって…

$$\text{平均点} = \frac{60\times25+40\times75}{100}$$

（60点が25人　40点が75人）（分子←クラスの合計点，分母←クラスの人数）

$$= 60\times\frac{25}{100}+40\times\frac{75}{100}$$

（60点の人が25%　40点の人が75%）

あえてバラバラにしました!!

先ほど，塩素の原子量を求めたときの式と同じ構造だ!

$$= \textbf{45点}$$

答です!!

この計算が理解できれば，平均値のお話は大丈夫です。

問題20　キソ

ホウ素には，^{10}Bと^{11}Bの同位体が存在する。それぞれの存在率を，^{10}Bが20%，^{11}Bが80%であると仮定したとき，ホウ素の原子量を求めよ。ただし，同位体の相対質量は，その質量数と等しいと考えてよい。

解答でござる

$^{10}B = 10$が20%，$^{11}B = 11$が80%の存在率

であるから，ホウ素の原子量は，

^{10}Bの質量数は10
^{11}Bの質量数は11

$$10\times\frac{20}{100}+11\times\frac{80}{100}$$

平均値の考え方です。＋ － 算数のお時間 × ÷ 参照!!

$= \underline{10.8}$ …（答）

答です!!

RUB OUT 2 分子量とは…??

分子の質量(重さ)の大小を表した数値を**分子量**と呼び，分子を構成する原子の**原子量の総和**で求められます。

> **例** 原子量を H = 1.0，O = 16.0 としたとき，
> 水分子 H_2O の分子量は…
>
> $H_2O = 1.0 \times 2 + 16.0 =$ **18.0** となります。
>
> H = 1.0が2個　　O = 16.0が1個　　分子量です!!

問題21 キソのキソ

次の各分子の分子量を小数第1位まで求めよ。ただし，原子量は，H = 1.00，C = 12.0，N = 14.0，O = 16.0，S = 32.1，Cl = 35.5 とする。

(1) O_2　　(2) CO_2　　(3) NH_3
(4) HCl　　(5) H_2S　　(6) CCl_4

解答でござる

(1) $O_2 = 16.0 \times 2 = 32.0$ ← O = 16.0が2個です。小数第1位までの値で求めるのであるから，32.0とするべし!!

(2) $CO_2 = 12.0 + 16.0 \times 2 = 44.0$ ← C = 12.0が1個，O = 16.0が2個!!

(3) $NH_3 = 14.0 + 1.00 \times 3 = 17.0$ ← N = 14.0が1個，H = 1.00が3個!!

(4) $HCl = 1.00 + 35.5 = 36.5$ ← H = 1.00が1個，Cl = 35.5が1個!!

(5) $H_2S = 1.00 \times 2 + 32.1 = 34.1$ ← H = 1.00が2個，S = 32.1が1個!!

(6) $CCl_4 = 12.0 + 35.5 \times 4 = 154.0$ ← C = 12.0が1個，Cl = 35.5が4個!!

RUB OUT 3　式量と分子量との違い!!

世の中の物質には，**分子をつくらない**ものもあります。

（p.12ですでに解決ずみ!!　塩化ナトリウム（NaCl），硫酸銅（$CuSO_4$）などが例です。）

分子をつくらないものに分子量なんて存在しません!!

そこで!!　分子式のかわりに**組成式**（そせいしき）を用いて，この組成式を構成している原子の**原子量の総和**を**式量**（化学式量）と呼びます。（p.13参照!!）

さらに，NO_3^-やSO_4^{2-}などのイオン式を構成している原子の原子量の総和を**イオンの式量**と呼びます。

問題22　キソのキソ

次の化学式で表される物質またはイオンの式量を小数第1位まで求めよ。ただし，原子量は，H＝1.00，C＝12.0，N＝14.0，O＝16.0，Na＝23.0，Mg＝24.3，S＝32.1，Cl＝35.5，Cu＝63.6，Ag＝107.9とする。

(1)　$MgCl_2$　　(2)　$AgNO_3$　　(3)　$CuSO_4$

(4)　Na^+　　(5)　HCO_3^-　　(6)　NH_4^+

ダイナミックポイント!!

イオンの場合，電子のやりとりがあるので，電子の数が変化してしまっている。しかしながら，電子は原子レベルからすると無視できるほど軽いので，イオンの式量を求める際，原子量をそのまま活用してOK!!

解答でござる

(1)　$MgCl_2 = 24.3 + 35.5 \times 2$ ← 分子量を求めるのと同じ要領です。

$= \underline{95.3}$

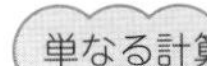

(2)　$AgNO_3 = 107.9 + 14.0 + 16.0 \times 3$

$= \underline{169.9}$

(3) $CuSO_4 = 63.6 + 32.1 + 16.0 \times 4$

$= \underline{159.7}$

Na＝23.0です。
イオン化してNa^+になると電子1個分軽くなりますがこれは無視してよい。電子は軽いからねえ…

(4) $Na^+ = \underline{23.0}$

(5) $HCO_3^- = 1.00 + 12.0 + 16.0 \times 3$

$= \underline{61.0}$

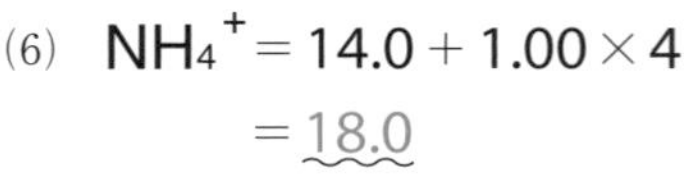

(6) $NH_4^+ = 14.0 + 1.00 \times 4$

$= \underline{18.0}$

プロフィール

玉三郎（食いしん坊!）

虎次郎と仲良しの小型猫。品種は美声で名高いソマリで毛はフサフサ，少し気まぐれな性格ですが気になることはとことん追究する性分です!! 玉三郎も**オムちゃん**の飼い猫です。

モルのお話

RUB OUT 1 1mol(モル)って何個??

「6.02×10²³個」とは,
莫大な個数だなぁ…。

12個を1ダースというように,

$$6.02 \times 10^{23}\text{個} = 1\text{mol}$$ と定義します。

で!! この6.02×10^{23}という数を,**アボガドロ数**と呼びます。

注 1molあたりの個数であるアボガドロ定数の単位は**個/mol**,または「個」が正式な単位として考えられていないので,「個」を省略して**/mol**と表す場合が多い。

RUB OUT 2 1mol集まるとどうなるの??

粒子(原子,分子,イオン,…)が1mol(6.02×10^{23}個)集まったときの質量(重さ)を**モル質量**と呼びます。**で!!** その値はなんと!! **原子量**,**分子量**,**式量**に等しく,単位は**g/mol**となります。

例1 カルシウム原子のモル質量を求めよ!! ただし,原子量はCa＝40.0です。

Ca＝40.0より,Ca原子のモル質量は 40.0(g/mol) です。

例2 水分子のモル質量を求めよ!! ただし,原子量はH＝1.00,O＝16.0です。

H＝1.00,O＝16.0より,$H_2O = 1.00 \times 2 + 16.0 = 18.0$

よって,H_2O分子のモル質量は 18.0(g/mol) です。

例3 塩化ナトリウム(NaCl)のモル質量を求めよ!! ただし,原子量はNa＝23.0,Cl＝35.5です。

Na＝23.0,Cl＝35.5より,NaCl＝23.0＋35.5＝58.5

よって,NaClのモル質量は 58.5(g/mol) です。

注　**例3**の塩化ナトリウム($NaCl$)は，ご存知のとおり分子になりません。このように，分子の存在しない物質については，式量が分子量に相当することから，式量にg/molをつけたものがモル質量となります。

問題23　**キソのキソ**

次の化学式で表される物質のモル質量を求めよ。ただし，原子量は
H＝1.00，C＝12.0，N＝14.0，O＝16.0，Na＝23.0，Al＝27.0，
S＝32.0，Cl＝35.5，Ca＝40.0とする。

(1)　Al　　(2)　O_2　　(3)　$NaOH$

(4)　$CaCO_3$　　(5)　SO_4^{2-}　　(6)　NH_4Cl

ダイナミックポイント!!

モル質量は，**原子量**，**分子量**，**式量**に単位としてg/molをつけたものです。1mol（＝6.02×10^{23}個）分の質量という意味です。

解答でござる

(1)　Al＝27.0　より，
Alのモル質量は，27.0(g/mol)

Al原子が
1mol(6.02×10²³個)分集まる
と27.0gになるという意味。

(2)　O_2＝16.0×2＝32.0　より，
O_2のモル質量は，32.0(g/mol)

O_2分子が
1mol(6.02×10^{23}個)分集まると32.0gになるという意味。

(3)　NaOH＝23.0＋16.0＋1.00＝40.0
NaOHのモル質量は，40.0(g/mol)

NaOHは分子にはなりません。これは式量です。

分子のときと同じように考えます。式量が分子量に相当する!!

(4)　$CaCO_3 = 40.0 + 12.0 + 16.0 \times 3 = 100.0$
$CaCO_3$ のモル質量は，100.0(g/mol)

(5)　$SO_4^{2-} = 32.0 + 16.0 \times 4 = 96.0$
SO_4^{2-} のモル質量は，96.0(g/mol)

イオンの式量です。p.101 参照!!

(6)　$NH_4Cl = 14.0 + 1.00 \times 4 + 35.5 = 53.5$
NH_4Cl のモル質量は，53.5(g/mol)

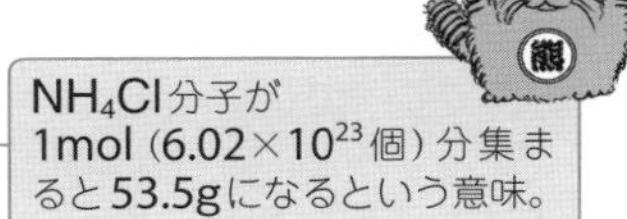

NH_4Cl 分子が
1mol (6.02×10^{23} 個) 分集まると53.5gになるという意味。

RUB OUT 3　モル質量さえ求まれば…

モル質量とは，物質1molあたりの質量(重さ)のことでしたね。これを基準にして，物質2molあたりの質量や物質10molあたりの質量を求めることができます。

では実際にやってみましょう。

問題24　キソ

二酸化炭素 CO_2 について次の各問いに答えよ。ただし，原子量は C = 12.0，O = 16.0 とし，アボガドロ定数は 6.02×10^{23} (/mol) とする。

(1)　CO_2 のモル質量を整数値で求めよ。
(2)　CO_2 の 3mol あたりの質量を整数値で求めよ。
(3)　220g の CO_2 の物質量は何 mol か。整数値で求めよ。
(4)　220g の CO_2 の分子数は何個か。

物質量とはモル数のことです。

ダイナミックポイント!!

$$CO_2 = 12.0 + 16.0 \times 2 = 44.0$$

（CO_2の分子量です!!）

よって，CO_2のモル質量は44.0(g/mol)となります。

これは…

"CO_2分子が1mol(6.02×10^{23}個)集まると44.0gになる"（アボガドロ定数）

という意味です。

これらをふまえて…

解答でござる

(1) $CO_2 = 12.0 + 16.0 \times 2 = 44.0$

よって，CO_2のモル質量は，44(g/mol)

"整数値で求めよ"とあります。問題文をちゃんと読もう!!

(2) $44 \times 3 = 132$(g)

1mol分が44gより3mol分は$44 \times 3 = 132$(g)です。

(3) $220 \div 44 = 5$(mol)

44gごとに1molより，220gの中に44gがいくつあるかを考えればOK!!

(4) (3)より，CO_2 220gは5molであるから，

$6.02 \times 10^{23} \times 5 = 30.1 \times 10^{23}$

$= 3.01 \times 10^{24}$(個)

1molの個数は6.02×10^{23}個。よって，5molの個数は$6.02 \times 10^{23} \times 5$(個)です!!

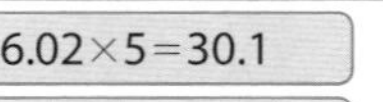

30.1×10^{23}
$= 3.01 \times 10 \times 10^{23}$
$= 3.01 \times 10^{24}$（10×10^{23}）

注 $A \times 10^n$と表現するとき，Aは1以上10未満にするのがふつうです。

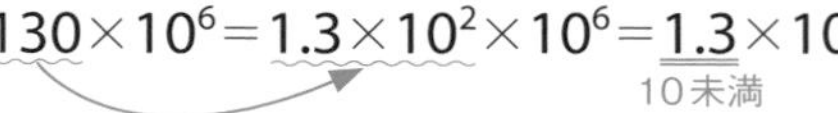

$130 \times 10^6 = 1.3 \times 10^2 \times 10^6 = 1.3 \times 10^8$（1.3：10未満）

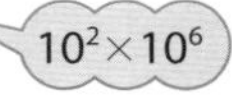

$987 \times 10^{25} = 9.87 \times 10^2 \times 10^{25} = 9.87 \times 10^{27}$（9.87：10未満）

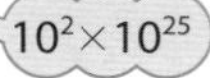

$78.6 \times 10^{43} = 7.86 \times 10 \times 10^{43} = 7.86 \times 10^{44}$（7.86：10未満）（$10 \times 10^{43}$）

気体ってスゴイ!!

不思議な存在…

RUB OUT 1 アボガドロの法則から…

液体と固体はダメ!!

『**気体**は，**種類に関係なく**同温・同圧で**同体積中に同数の分子**を含む。』これを**アボガドロの法則**と申します。

イメージコーナー

同温・同圧で同体積中に**同数の分子**が!!

種類に関係ないところがスゴイ!!　そう思いませんか？

とゆーことは…

逆に，気体分子を同数集めたとき，同温・同圧であれば気体の種類に関係なく同じ体積になるはずである。

そこで!!

次のような事実が…

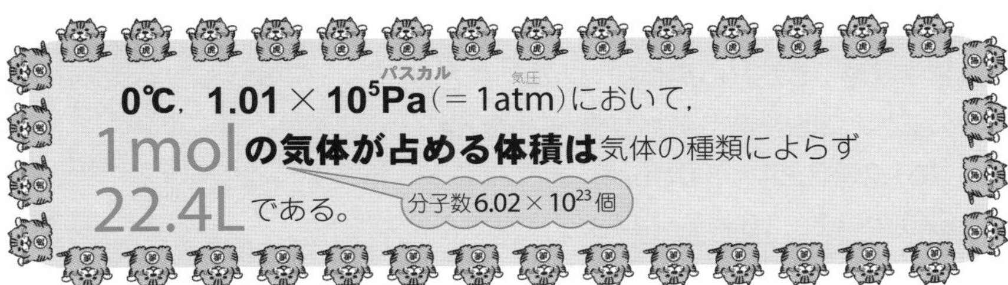

0℃，1.01 × 10⁵Pa（＝1atm）において，

1mol **の気体が占める体積は**気体の種類によらず 22.4L である。

分子数 6.02×10^{23} 個

さらに，温度が0℃，圧力が1.01×10^5Pa（＝1atm）の状態を，**標準状態**と呼びます。

では，問題を通していろいろ考えてみましょう。

標準状態で1molの気体の体積は22.4Lです!!

問題25 キソ

次の各問いに答えよ。ただし，原子量はH＝1.0，C＝12，O＝16，S＝32とする。

(1) 標準状態で8.0gの水素が占める体積を求めよ。

(2) 標準状態で67.2Lの体積を占める二酸化炭素の質量を求めよ。

(3) 標準状態で33.6Lの体積を占める硫化水素の分子数を求めよ。ただし，アボガドロ定数は6.02×10^{23}(/mol)とする。

ダイナミックポイント!!

気体の種類は無関係だよ!!

ポイントはこれだぁーっ!!

標準状態（0℃，1.01×10^5Pa）で1molの気体が占める体積は22.4L

解答でござる

(1) $H_2 = 1.0 \times 2 = 2.0$ ← 水素H_2の分子量です。

つまり，H_2のモル質量は2.0(g/mol) ← H_2 1molの質量は2(g)

よって，H_2 8.0(g)の物質量（モル数）は，

8.0 ÷ 2.0 ＝ 4.0(mol) ← 8(g)の中に2(g)がいくつあるかを考える。

以上から，8(g)の水素が占める体積は，

22.4 × 4.0 ＝ 89.6(L) …（答）

← 1molの体積は22.4(L) よって，4molの体積は，22.4×4(L)です。

(2) 標準状態で67.2(L)の体積を占めることから，

この気体（二酸化炭素）の物質量（モル数）は，

67.2 ÷ 22.4 ＝ 3.0(mol) ← 22.4(L)が1(mol)であるから，67.2(L)の中に22.4(L)がいくつあるかを考える。

$CO_2 = 12 + 16 \times 2 = 44$より，求めるべき質量は， ← CO_2のモル質量は，44(g/mol)

44 × 3.0 ＝ 132(g) …（答） ← CO_2 3(mol)分の質量を求めればOK!!

(3)　標準状態で33.6(L)の体積を占めることから，この気体(硫化水素)の物質量(モル数)は，

$$33.6 \div 22.4 = 1.5 \text{(mol)}$$

22.4(L)ごとに1(mol)
33.6(L)の中に22.4(L)がいくつあるか？がポイント!!

よって，求めるべき分子数は，

$$6.02 \times 10^{23} \times 1.5 = 9.03 \times 10^{23} \text{(個)}$$ …(答)

1(mol)の分子数は，6.02×10^{23}(個)。本問では硫化水素がH_2Sで表されることはどうでもいい!!

別解でござる

ある意味，こちらの解答の方がオススメです。

いちいち物質量(モル数)を考えるより，いきなり比を考えた方が速く解けますよ♥　では，やってみましょう。

(1)　求める体積をx(L)とすると，$H_2 = 1 \times 2 = 2$

$$\overset{g}{2} : \overset{L}{22.4} = \overset{g}{8} : \overset{L}{x}$$

質量(g)：体積(L)を考えています!!

H_2 1molの質量は2(g)

つまり，標準状態でH_2は2(g)で22.4(L)となる。

標準状態で1molの気体の体積は，22.4(L)

$$2x = 22.4 \times 8$$

$$\therefore\ x = 89.6 \text{(L)}$$ …(答)

一般に，
$A : B = C : D$
$\Leftrightarrow A \times D = B \times C$

(2)　$CO_2 = 12 + 16 \times 2 = 44$

CO_2 1molの質量は44(g)

つまり，標準状態でCO_2は44(g)で22.4(L)となる。

標準状態で1molの気体の体積は22.4(L)です。

求める質量をx(g)とすると，

$$\overset{g}{44} : \overset{L}{22.4} = \overset{g}{x} : \overset{L}{67.2}$$

質量(g)：体積(L)を考えていまーす!!

$$22.4 \times x = 44 \times 67.2$$

$$\therefore\ x = 132 \text{(g)}$$ …(答)

一般に，
$A : B = C : D$
$\Leftrightarrow B \times C = A \times D$

(3)　標準状態で1mol(6.02×10^{23}個)の気体が占める体積は22.4(L)である。

いいかえると，標準状態で22.4L中に6.02×10^{23}個の気体分子が存在する。

求める個数をx(個)とすると，

$$\overset{L}{22.4} : \overset{個}{6.02 \times 10^{23}} = \overset{L}{33.6} : \overset{個}{x}$$

体積(L)：個数(個)を考えていまーす!!

$$22.4 \times x = 33.6 \times 6.02 \times 10^{23}$$

$$x = 9.03 \times 10^{23} \text{(個)}$$ …(答)

一般に，
$A : B = C : D$
$\Leftrightarrow A \times D = B \times C$

もう少し考えてみよう!!

問題26 標準

次の各問いに答えよ。ただし，原子量は H = 1.0，C = 12，N = 14，O = 16，S = 32，Cl = 35.5 とする。

(1) 標準状態において，ある気体の密度が 1.96(g/L) であった。このとき，この気体の分子量を整数値で求めよ。

(2) 次の(ア)〜(オ)の気体を同温・同圧での密度が大きい順に並べよ(簡単ないい方をすると…重い気体の順に並べよ)。

(ア) アンモニア NH_3　(イ) オゾン O_3　(ウ) メタン CH_4

(エ) 塩素 Cl_2　(オ) 二酸化硫黄 SO_2

ダイナミックポイント!!

気体の密度を考えるとき，体積 1L あたりの g 数で表現することが通常である。

(1) 1.96(g/L) ➡ 1L あたりの質量(重さ)が 1.96g

標準状態のお話であるから，22.4L あたりの質量が気体 1mol の質量，つまり，モル質量となる。さらに，モル質量は分子量に一致します。

(2) アボガドロの法則により，『気体の種類に関係なく，同温・同圧の気体は同体積中に同数の分子を含む』ことがいえる。

同モル数の分子

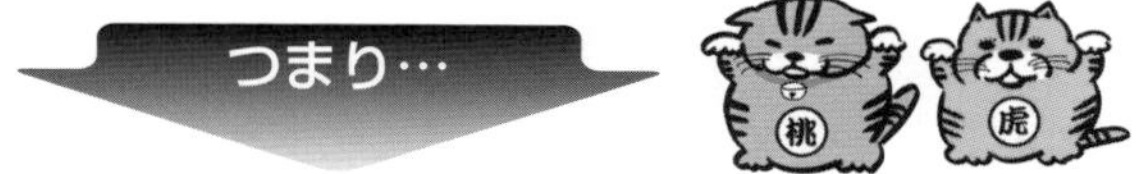

同温・同圧において，同体積の気体の質量(重さ)は，モル数が一定であることから**分子量に比例**する。

同温・同圧において，**気体の密度は分子量に比例**する。

よって，分子量が大きい順に並べれば OK!!

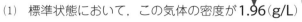

(1)　標準状態において，この気体の密度が1.96(g/L)であることから，この気体のモル質量を求める。

1L あたり 1.96g です。

モル質量＝1mol あたりの質量

$$1.96 \times 22.4 = 43.904$$

$$\fallingdotseq 44\ (\text{g/mol})$$

標準状態において 1mol の気体が占める体積は必ず 22.4L だぞ!! よって 22.4L 分の質量を求めれば OK!!

これが，この気体の**モル質量**です。

よって，この気体の分子量は 44　…（答）

モル質量＝**分子量**です。

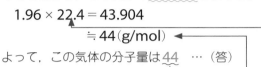

(2)　それぞれの分子量を求めると，

(ア)　$NH_3 = 14 + 1.0 \times 3 = 17$ ← NO.4

(イ)　$O_3 = 16 \times 3 = 48$ ← NO.3

(ウ)　$CH_4 = 12 + 1.0 \times 4 = 16$ ← ビリ!!

(エ)　$Cl_2 = 35.5 \times 2 = 71$ ← NO.1

(オ)　$SO_2 = 32 + 16 \times 2 = 64$ ← NO.2

俺が No1 だ!!

同温・同圧での密度が大きい順に並べると，分子量の順に一致することから，

気体の密度は分子量に比例
詳しくはダイナミックポイント参照!!

(エ)，(オ)，(イ)，(ア)，(ウ)　…（答）

RUB OUT 2 単位の確認でございます

質量(重さ)について…

1kg = 1000g　　1g = 1000mg

体積について…

1L = 1000mL = 1000cm^3 = 1000cc

圧力について…

1.01 × 10^{5}Pa(パスカル) = 1atm(気圧) = 760mmHg(ミリエイチジー)

厳密にいうと，1.013×10^{5}Paです。p.21参照!!

これで，守備範囲が広ーくなりました♥　ではさっそく…。

問題27　標準

次の各問いに答えよ。ただし，原子量はアボガドロ定数を6.0×10^{23}(/mol)として求めよ。

(1)　標準状態で112mLの気体がある。この気体中の分子数を求めよ。

(2)　標準状態で560mLの気体がある。この気体の質量が800mgであったとき，この気体の分子量を求めよ。

(3)　標準状態で分子数3.0 × 10^{20}個の気体が占める体積は何mLか。

ダイナミックポイント!!

3問とも気体の種類に関係なく成立するお話なので具体的な気体の名称は登場しません。あとアボガドロ定数を6.02 × 10^{23}(/mol)でなく，6.0 × 10^{23}(/mol)としてくれているところが，じつにオイシイ♥

確かに…

いちいち物質量(モル数)を求めていては時間がかかります

そこで比を活用することにします(p.108 問題25 の 別解でござる 参照!!)。

ただし，単位に注意しよう!!　標準状態で気体1molの体積は…

$22.4\text{L} = 22.4 \times 1000\text{mL} = 22.4 \times 10^3\text{mL}$

解答へまいります。

1000＝10^3です。こうするとカッコイイ!!

解答でござる

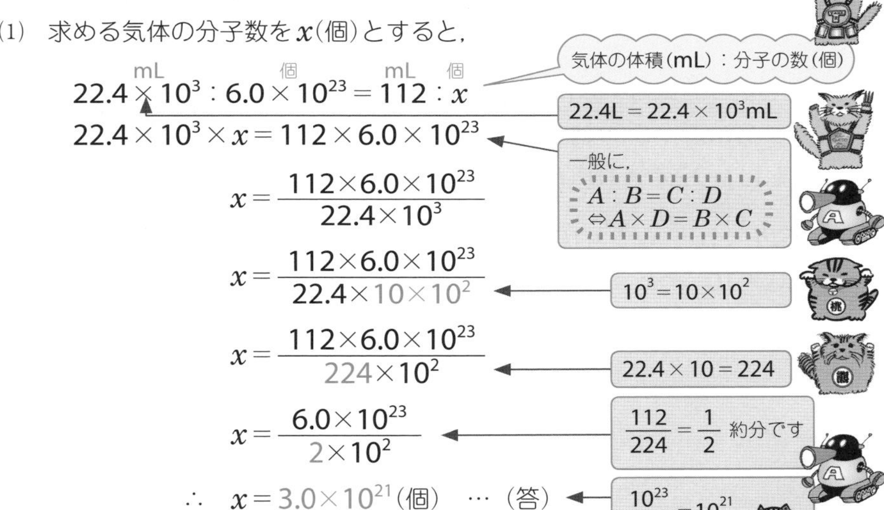

(1)　求める気体の分子数をx(個)とすると，

$$22.4 \times 10^3 : 6.0 \times 10^{23} = 112 : x$$

$$22.4 \times 10^3 \times x = 112 \times 6.0 \times 10^{23}$$

$$x = \frac{112 \times 6.0 \times 10^{23}}{22.4 \times 10^3}$$

$$x = \frac{112 \times 6.0 \times 10^{23}}{22.4 \times 10 \times 10^2}$$

$$x = \frac{112 \times 6.0 \times 10^{23}}{224 \times 10^2}$$

$$x = \frac{6.0 \times 10^{23}}{2 \times 10^2}$$

∴　$x = 3.0 \times 10^{21}$(個)　…(答)

注　3×10^{21}(個)と解答してしまった人もいそうですが，問題文でアボガドロ定数が6.0×10^{23}(/mol)のように6ではなく6.0となっているので，空気を読んで3.0×10^{21}(個)と解答しておいた方が無難ですよ。

(2)　求める気体の分子量をMとすると，1molあたりのこの気体の質量がM(g)ということになる。 ← モル質量のお話です。

$M(\text{g}) = M \times 10^3(\text{mg})$ ← $1\text{g}=1000\text{mg}=10^3\text{mg}$

であるから，

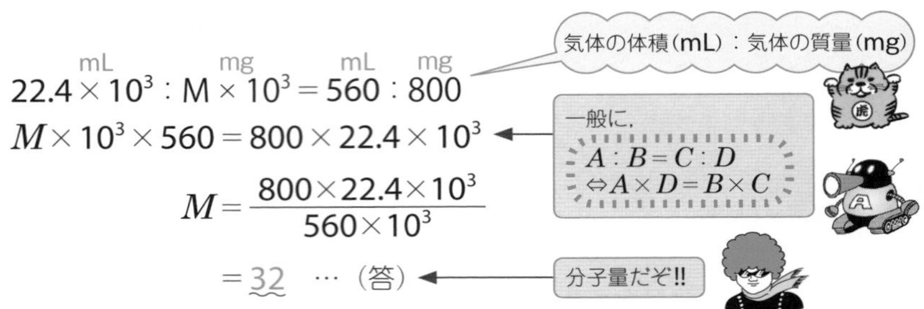
気体の体積(mL)：気体の質量(mg)
一般に，
$A:B=C:D$
$\Leftrightarrow A\times D=B\times C$
分子量だぞ!!
虎

$$\overset{\text{mL}}{22.4\times10^{3}}:\overset{\text{mg}}{M\times10^{3}}=\overset{\text{mL}}{560}:\overset{\text{mg}}{800}$$

$$M\times10^{3}\times560=800\times22.4\times10^{3}$$

$$M=\frac{800\times22.4\times10^{3}}{560\times10^{3}}$$

$$=\underline{32}\quad\cdots\text{（答）}$$

(3)　求める気体の体積をx(mL)とすると，標準状態において，1mol(＝6.0×10^{23}個)の気体の占める体積は22.4(L)＝22.4×10^{3}(mL)であるから，

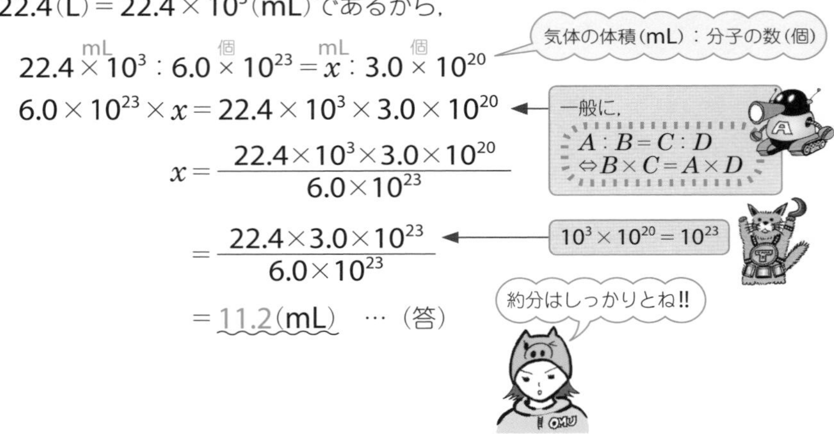
気体の体積(mL)：分子の数(個)
一般に，
$A:B=C:D$
$\Leftrightarrow B\times C=A\times D$
$10^{3}\times10^{20}=10^{23}$
約分はしっかりとね!!

$$\overset{\text{mL}}{22.4\times10^{3}}:\overset{\text{個}}{6.0\times10^{23}}=\overset{\text{mL}}{x}:\overset{\text{個}}{3.0\times10^{20}}$$

$$6.0\times10^{23}\times x=22.4\times10^{3}\times3.0\times10^{20}$$

$$x=\frac{22.4\times10^{3}\times3.0\times10^{20}}{6.0\times10^{23}}$$

$$=\frac{22.4\times3.0\times10^{23}}{6.0\times10^{23}}$$

$$=\underline{11.2\text{(mL)}}\quad\cdots\text{（答）}$$

Theme 16 溶液の濃度のお話

質量パーセント濃度
とモル濃度が登場!!

RUB OUT 1 用語はしっかり押さえよう!!

溶質（ようしつ）　液体に溶けている物質のことです。
例　食塩水の場合，食塩が溶質です。

大切な用語だよ

溶媒（ようばい）　溶質を溶かしている液体のことです。
例　食塩水の場合，水が溶媒です。

溶液　溶媒と溶質により生じた液体混合物のことです。
例　食塩水，アンモニア水，水酸化ナトリウム水溶液

RUB OUT 2 質量パーセント濃度

みなさんがよく知っているパーセント(%)ですよ!!　果汁（かじゅう）60％のオレンジジュースとか，果汁50％のリンゴジュースとか，よく聞くでしょ??

$$\text{質量パーセント濃度} = \frac{\text{溶質の質量}}{\text{溶液の質量}} \times 100(\%)$$

溶液＝溶媒＋溶質

いい方をかえると，溶液100g中に含まれている溶質の質量(g)を表したもので，単位はパーセント(%)で表します。
つうか，こんな表記をすると，ますますわからなくなる人もいるでしょ??　えーっ!!　と感じた人は，上の2行は無視してね!!

では，中学校の復習も兼ねて…

問題28 キソ

次の各問いに答えよ。

(1)　10gの塩化ナトリウムを40gの水に溶かした水溶液の質量パーセント濃度を求めよ。

(2)　8%の水酸化ナトリウム水溶液が500gある。この水溶液中の水酸化ナトリウムの質量を求めよ。

ダイナミックポイント!!

(1)　溶液全体の質量は，40＋10＝50gであることをお忘れなく!!

（40：溶媒!!　10：溶質!!）

(2)　これは簡単!!　この問題ができないアナタは，消費税の計算もできないということになります。

クイズ!!
20000円の買い物をしました。12%の手数料がかかるとして，手数料はいくら??
$20000 \times \frac{12}{100} = 2400$（円）
12%は$\frac{12}{100}$という意味です。

解答でござる

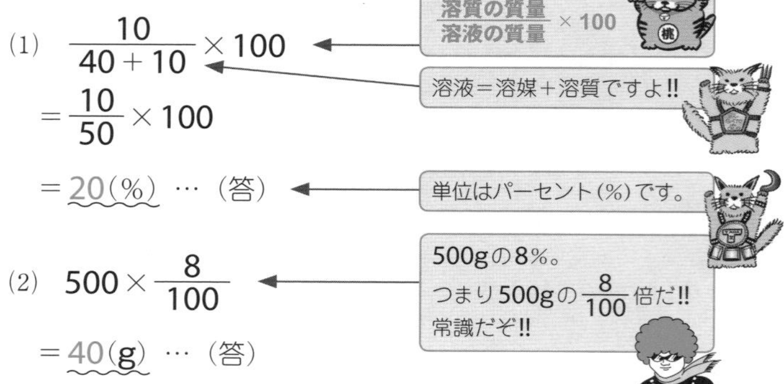

$\frac{溶質の質量}{溶液の質量} \times 100$
溶液＝溶媒＋溶質ですよ!!
単位はパーセント(%)です。
500gの8%。
つまり500gの$\frac{8}{100}$倍だ!!
常識だぞ!!

(1)　$\frac{10}{40+10} \times 100$

$= \frac{10}{50} \times 100$

$= 20$(%) …（答）

(2)　$500 \times \frac{8}{100}$

$= 40$(g) …（答）

RUB OUT 3 モル濃度

モル濃度は大切だよ!!
しっかりマスターしてね。

溶媒じゃないぞ!!

溶液1L中に含まれている溶質の量を物質量(モル数)で表したものを**モル濃度**と申しまして，単位はmol/Lとなっております。

では，問題を通して理解していただきます。

そんなに難しい話じゃないなぁ…

問題29 キソ

次の各問いに答えよ。

(1) **2mol**の水酸化ナトリウムを水に溶かして**5L**としたとき，この水酸化ナトリウム水溶液のモル濃度を求めよ。

(2) **5mol**の塩化ナトリウムを水に溶かして**20L**としたとき，この塩化ナトリウム水溶液のモル濃度を求めよ。

(3) **0.2mol**の硫酸銅を水に溶かして**500mL**としたとき，この硫酸銅水溶液のモル濃度を求めよ。

ダイナミックポイント!!

とにかく，**溶液1L**あたりに**何molの溶質**が溶けているか?? を求めればOKですよ!!

解答でござる

(1) 溶液5L中に溶質が2mol

よって，求めるべきモル濃度は，

$2 \div 5 = \frac{2}{5} = 0.4$(mol/L) …(答)

別解でござる

求めるモル濃度をx(mol/L)として，

$$\overset{\text{L}}{5} : \overset{\text{mol}}{2} = \overset{\text{L}}{1} : \overset{\text{mol}}{x}$$

溶液の体積(L):溶質のモル数(mol)の関係です。

$$5x = 2 \times 1$$

$$\therefore \quad x = \mathbf{0.4 (mol/L)} \quad \cdots \text{(答)}$$

わざわざ比にしなくても…と思いますが…。

(2) 溶液20L中に溶質が5mol

よって，求めるべきモル濃度は，

$$5 \div 20 = \frac{5}{20} = \mathbf{0.25 (mol/L)} \quad \cdots \text{(答)}$$

もともと溶液20Lのお話だから，20で割れば溶液1Lのお話になるね♥

別解でござる

求めるモル濃度をx(mol/L)として，

$$\overset{\text{L}}{20} : \overset{\text{mol}}{5} = \overset{\text{L}}{1} : \overset{\text{mol}}{x}$$

溶液の体積(L):溶質のモル数(mol)の関係です。

$$20x = 5 \times 1$$

$$x = \mathbf{0.25 (mol/L)} \quad \cdots \text{(答)}$$

(3) 溶液500mL(＝0.5L)中に溶質が0.2mol

よって，求めるモル濃度は，

$$0.2 \times 2 = \mathbf{0.4 (mol/L)} \quad \cdots \text{(答)}$$

500mLは0.5Lだから，**2倍**すると1Lになるよ♥

0.2÷0.5でもOK!! つうか，小学校でサボった人には言わない方がよかったかな。

別解でござる

(3)に限って，この

の方がわかりやすいと感じる人も多いと思います。

1L＝1000mLであることに注意して，
求めるモル濃度をx(mol/L)とすると，

$$\overset{\text{mL}}{500} : \overset{\text{mol}}{0.2} = \overset{\text{mL}}{1000} : \overset{\text{mol}}{x}$$

$$500x = 0.2 \times 1000$$

$$\therefore \quad x = \mathbf{0.4 (mol/L)} \quad \cdots \text{(答)}$$

では，本格的にモル濃度のお話を…

問題30　キソ

次の各溶液のモル濃度を求めよ。ただし，原子量は H = 1.0，N = 14，O = 16，Na = 23，S = 32 とする。

(1)　水酸化ナトリウム NaOH 120g を水に溶かして 5.0L とした水酸化ナトリウム水溶液

(2)　硝酸 HNO_3 126g を水に溶かして 8.0L とした希硝酸

(3)　硫酸 H_2SO_4 4.9g を水に溶かして 200mL とした希硫酸

ダイナミックポイント!!

前問 **問題29** を少しだけ難しくしたバージョンです。

(1)は NaOH，(2)は HNO_3，(3)は H_2SO_4 の物質量（モル数）を求めればほぼ解決!!　仕上げは**溶液1L中に何モルの溶質が溶けているか？**　を考えれば，これこそ求めるべき**モル濃度**（mol/L）です。

あと，(2)の希硝酸とか(3)の希硫酸の**希**は，「水でうすめた」という意味でしたね!!　つまり，うすい硝酸水溶液やうすい硫酸水溶液ってことです。

解答でござる

(1)　NaOH = 23 + 16 + 1.0 = 40 ← NaOHの式量です。つまり，1molのNaOHの質量は40g

5.0Lの水酸化ナトリウム水溶液中のNaOHの物質量（モル数）は，

120 ÷ 40 = 3.0（mol） ← 40gごとに1molです。120gの中に40gがいくつあるか？

以上より，この水酸化ナトリウム水溶液のモル濃度は，

$3.0 \div 5.0 = \frac{3.0}{5.0} = 0.60$（mol/L）…（答） ← 5.0L中に3.0molあるから，5.0で割れば1L中の数になる。

(2)　HNO_3 = 1.0 + 14 + 16 × 3 = 63 ← HNO_3の分子量です。つまり，1molのHNO_3の質量は63g

8.0Lの希硝酸中のHNO_3の物質量（モル数）は，

126 ÷ 63 = 2.0（mol） ← 63gごとに1molです。126gの中に63gがいくつあるか？

以上より，この希硝酸のモル濃度は，

$2.0 \div 8.0 = \frac{2.0}{8.0} = 0.25$（mol/L）…（答） ← 8.0L中に2.0molあるから，8.0で割れば1L中の数になる。

(3) $H_2SO_4 = 1.0 \times 2 + 32 + 16 \times 4 = 98$

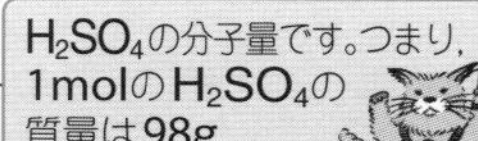

H_2SO_4の分子量です。つまり，1molのH_2SO_4の質量は98g

200mLの希硫酸中のH_2SO_4の物質量（モル数）は，

$$4.9 \div 98 = \frac{4.9}{98} = \frac{49}{980} = \frac{1}{20}\text{(mol)}$$

$\frac{1}{20} = 0.05$ですが，分数のまんまの方が計算がやりやすいよ。

以上より，この希硫酸のモル濃度は，

$$\frac{1}{20} \times \frac{1000}{200} = \frac{1}{4} = 0.25\text{(mol/L)} \quad \cdots \text{（答）}$$

200mLの話を1L＝1000mLの話に変えればよい!!　つまり，$\frac{1000}{200}$＝5倍する!!

別解でござる　計算が苦手な人はこっちで!!

200mLの希硫酸中にH_2SO_4が$\frac{1}{20}$ mol存在していることに注意する。求めるモル濃度をx(mol/L)として，

$$\overset{\text{mL}}{200} : \overset{\text{mol}}{\frac{1}{20}} = \overset{\text{mL}}{1000} : \overset{\text{mol}}{x}$$

1L＝1000mLです。溶液の体積(mL)：溶質のモル数(mol)の関係に注目!!

$$200x = \frac{1}{20} \times 1000$$

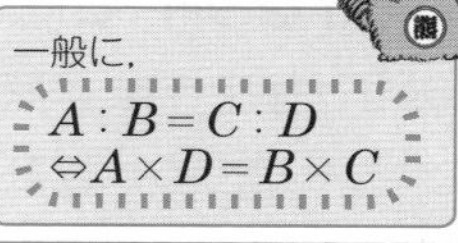
一般に，
$A : B = C : D$
$\Leftrightarrow A \times D = B \times C$

$$x = \frac{1}{20} \times \frac{1000}{200}$$

先ほどと同じ式になります!!

$$\therefore \quad x = 0.25\text{(mol/L)} \quad \cdots \text{（答）}$$

こっちの方がわかりやすい♥

RUB OUT 4　溶液の密度がからんだら…

ここから
が本番だ
ぜ〜っ!!

ご存知のとおり，いろいろな種類の溶液があり，濃度もさまざまです。よって，同じ体積ではかったとしても，溶液によって質量(重さ)がまったく違います。

そこで!!

溶液1mL**あたり**の質量(重さ)が**何gあるか??**　を表した数値を**密度**(みつど)といいます。単位はg/mL(または**g/cm³**)で表されます。

準備問題だぞ!!

ある溶液の密度が**1.28g/mL**であるとき，この溶液**1L**の質量を求めよ。

解答

密度が**1.28g/mL**  **1mL**あたりの質量が**1.28g**

1L＝1000mLより，この溶液**1L**あたりの質量は，

1.28×1000＝1280(g)　答です!!

×1000　1mLで1.28gより，1000mLで1.28×1000g　×1000

てなワケで，次のような問題が登場してしまうんです。

問題31　標準

次の各問いに答えよ。ただし，原子量はH＝1.0，N＝14，O＝16，S＝32とする。

(1)　濃度(質量パーセント濃度)**96％**の濃硫酸の密度は**1.84g/mL**である。この濃硫酸のモル濃度を整数値で求めよ。

(2)　濃度(質量パーセント濃度)**60％**の濃硝酸の密度は**1.38g/mL**である。この濃硝酸のモル濃度を整数値で求めよ。

ダイナミックポイント!!

モル濃度(mol/L)＝溶液1L中の溶質のモル数

つまり，溶液**1L**に注目することからすべてが始まります。
頭の中を整理できるように，**3**つの手順で示しておきました!!

(1) **手順その1 溶液1Lつまり1000mLの質量(重さ)を求める**

この濃硫酸の密度は1.84g/mLであるから，
この濃硫酸**1L**(1000mL)の質量(重さ)は…

$$1.84 \times 1000 = \mathbf{1840}\,(\mathrm{g})$$

1mLあたりの質量が1.84gです

詳しくはp.121 準備問題だぞ!! 参照!!

手順その2 溶液1L中の溶質の質量(重さ)を求める

この濃硫酸の質量パーセント濃度は**96**%であるから，
この濃硫酸**1L**，つまり1840g中のH_2SO_4は，

純硫酸のことです

手順その1で求まりました!!

$$1840 \times \frac{96}{100} = \mathbf{1766.4}\,(\mathrm{g})$$

手順その3 手順その2で求めた溶質の質量を物質量(モル数)に直す

$H_2SO_4 = 1.0 \times 2 + 32 + 16 \times 4 = 98$　より，
H_2SO_4 1766.4(g)の物質量(モル数)は…

$$1766.4 \div 98 = 18.02\cdots$$
$$\fallingdotseq \mathbf{18}\,(\mathrm{mol})$$

H_2SO_4 1molあたりの質量が98gです!!

設問の注文どおり，整数値で表しました!!

以上から…

この濃硫酸1L中に18molのH_2SO_4が溶けていることがわかった!

つまーり!!

この濃硫酸のモル濃度は **18(mol/L)**

なるほどね

答です!!

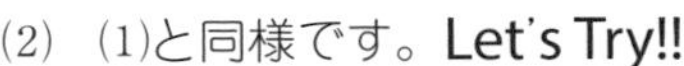

(2)　(1)と同様です。**Let's Try!!**

条件より，この濃硝酸1L（1000mL）あたりの質量は，

$$1.38 \times 1000 = 1380\,(g)$$

となります。

このうちの60％がHNO_3であるから，この濃硝酸1L中のHNO_3の質量は，

$$1380 \times \frac{60}{100}\,(g)$$

となります。

$HNO_3 = 1.0 + 14 + 16 \times 3 = 63$であるから，
この濃硝酸のモル濃度は，

$$1380 \times \frac{60}{100} \times \frac{1}{63}$$

$= 13.14\cdots$
$\fallingdotseq$ 13（mol/L）…（答）

(1)と同様!!
手順その1です。
1mLあたり1.38g
×1000　×1000
1000mLあたり1380g

手順その2でーす!!
手順その1で求めた1380gのうちの60％つまり$\frac{60}{100}$が純粋なHNO_3です。

$1380 \times \frac{60}{100} \div 63$ということです。
もともと**溶液1Lの話でSTART**しているので，1L中に13mol溶けていたことになります。つまりこの値が**そのままモル濃度**に!!

RUB OUT 5　水和水(すいわすい)をもってしまったら…

水和水をもった物質の例には…

硫酸銅（Ⅱ）五水和物　$CuSO_4 \cdot 5H_2O$
硫酸鉄（Ⅱ）七水和物　$FeSO_4 \cdot 7H_2O$
炭酸ナトリウム十水和物　$Na_2CO_3 \cdot 10H_2O$

超有名人!!

右側にへばりついている$5H_2O$や$7H_2O$や$10H_2O$を**水和水**と呼びます。大胆なことをいってしまえば，結晶に紛(まぎ)れ込んでしまった水分のようなものです。

まぁ細かい話はおいといて，濃度がらみの話にまいりましょう。

問題32　標準

次の各問いに答えよ。ただし原子量はH＝1.0，O＝16，S＝32，Cu＝64とする。

(1)　硫酸銅(Ⅱ)五水和物 $CuSO_4 \cdot 5H_2O$ 50gを200gの水に溶かしたとき，この硫酸銅(Ⅱ)水溶液の質量パーセント濃度を整数値で求めよ。

(2)　硫酸銅(Ⅱ)五水和物 $CuSO_4 \cdot 5H_2O$ 100gを水に溶かして5Lとしたとき，この硫酸銅(Ⅱ)水溶液のモル濃度を求めよ。

(3)　硫酸銅(Ⅱ)五水和物 $CuSO_4 \cdot 5H_2O$ 75gを用いて1.5mol/Lの硫酸銅(Ⅱ)水溶液をつくったとき，この水溶液の体積は何mLか。

ダイナミック解説

硫酸銅(Ⅱ)五水和物 $CuSO_4 \cdot 5H_2O$ がよく出題される理由は，計算しやすいことです。それは式量に秘密が!!

$CuSO_4 = 64 + 32 + 16 \times 4 = 160$　すげーっ!!　キリのいい数!!

$5H_2O = 5 \times (1.0 \times 2 + 16) = 5 \times 18 = 90$　すげーっ!!　キリのいい数!!

とゆーワケで…

$CuSO_4 \cdot 5H_2O = 160 + 90 = 250$　冗談でしょ!?　話ができすぎーっ!!

すばらしいでしょ!?　キレイな数字だらけでやる気がわいてくるね♥

(1)　式量の配分が…

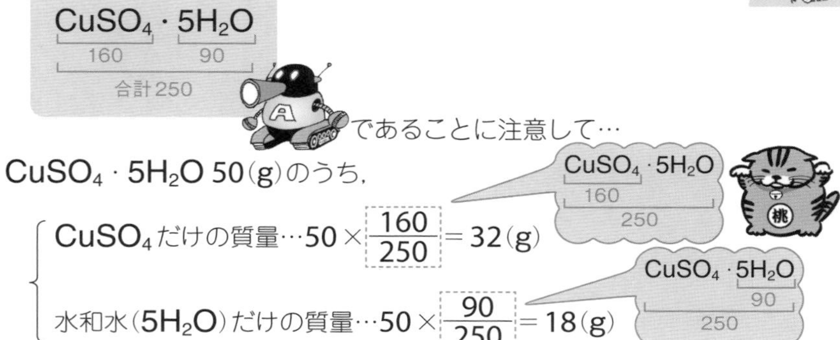

であることに注意して…

$CuSO_4 \cdot 5H_2O$ 50(g)のうち，

$$\begin{cases} CuSO_4\text{だけの質量}\cdots 50 \times \dfrac{160}{250} = 32\text{(g)} \\ \text{水和水}(5H_2O)\text{だけの質量}\cdots 50 \times \dfrac{90}{250} = 18\text{(g)} \end{cases}$$

このとき，水和水の**18 g**は溶媒である水といっしょになってしまいます。
よって，内訳は次のとおり!!

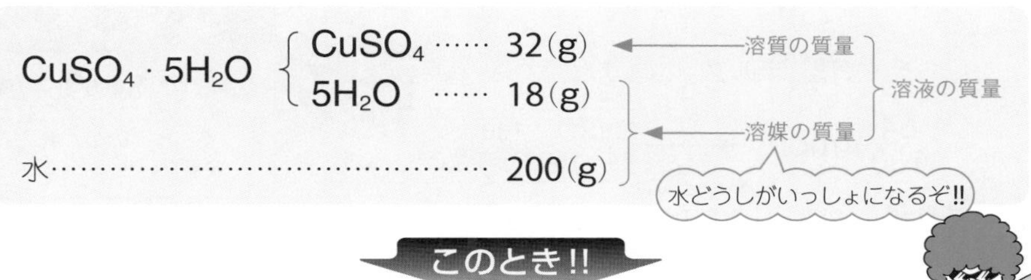

このとき!!

結局のところ，溶液（溶媒＋溶質）の質量は…

$$\underbrace{200}_{\text{水}} + \underbrace{50}_{CuSO_4 \cdot 5H_2O} = 250(\text{g})$$

となります。

つまり，水和水だけの質量18(g)を求めたことはムダだったんです
そりゃ，そーです!!　質量の合計が溶液全体の質量ですからね。

以上から…

求めるべき質量パーセント濃度は…

$$\frac{32}{250} \times 100 = 12.8$$
$$\fallingdotseq 13(\%)$$

溶質の質量／溶液の質量 ×100
小数第1位を四捨五入!!
答です!!

(2), (3)　ポイントは，水和水（$5H_2O$）はどうせ溶媒の水といっしょになってしまうということです!!　これにさえ注意すれば，楽勝ですよ♥
詳しくは解答にて…

(2)　$CuSO_4 \cdot 5H_2O$ 100g中の$CuSO_4$の質量は，

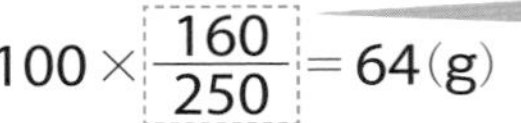

$$100 \times \frac{160}{250} = 64\text{(g)}$$

> $CuSO_4 \cdot 5H_2O$
> 160
> 250
> 全体の$\frac{160}{250}$が$CuSO_4$です。
>
> 注　水和水$5H_2O$は溶媒の水といっしょになってしまうので，考える必要なし!!

これを物質量（モル数）に直すと，

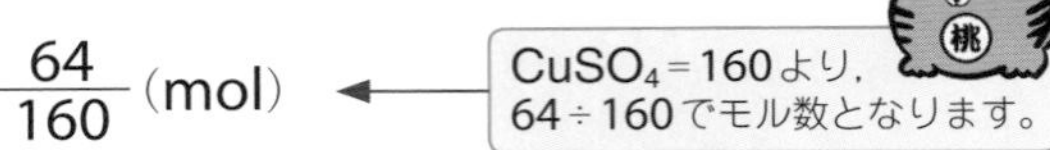

$$\frac{64}{160}\text{(mol)}$$

これが，溶液5（L）中に溶けているから，求めるモル濃度は，

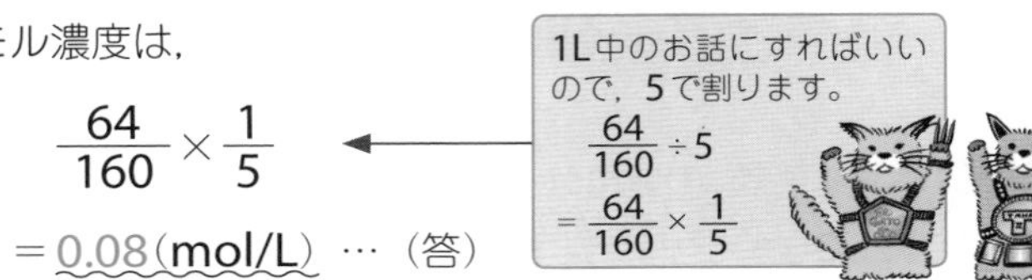

$$\frac{64}{160} \times \frac{1}{5}$$

$$= \underline{0.08\text{(mol/L)}} \cdots \text{(答)}$$

1L中のお話にすればいいので，5で割ります。
$\frac{64}{160} \div 5$
$= \frac{64}{160} \times \frac{1}{5}$

(3)　$CuSO_4 \cdot 5H_2O$ 75g中の$CuSO_4$の質量は，

$$75 \times \frac{160}{250} = 48\text{(g)}$$

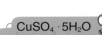

> $CuSO_4 \cdot 5H_2O$
> 160
> 250
> 全体の$\frac{160}{250}$が$CuSO_4$です。
>
> 注　水和水$5H_2O$は溶媒の水といっしょになってしまうので，考える必要なし!!

これを物質量（モル数）に直すと，

$$\frac{48}{160}\text{(mol)}$$

水溶液の体積をx(mL)とすると，モル濃度が$\underline{1.5\text{(mol/L)}}$であるから，

> 溶液1L，つまり1000mL中に溶質が1.5mol溶けている!!

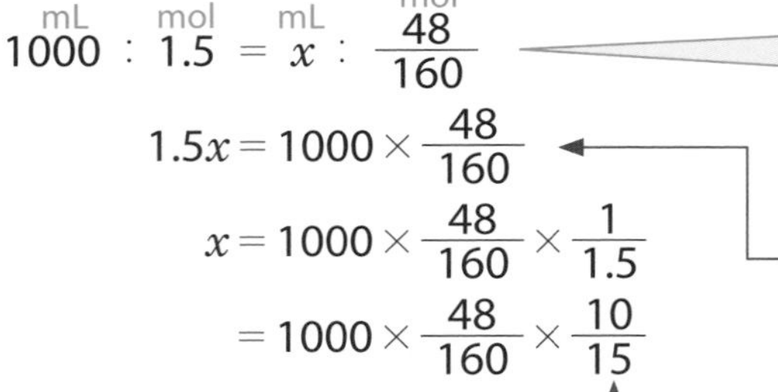

$$\overset{\text{mL}}{1000} : \overset{\text{mol}}{1.5} = \overset{\text{mL}}{x} : \overset{\text{mol}}{\frac{48}{160}}$$

$$1.5x = 1000 \times \frac{48}{160}$$

$$x = 1000 \times \frac{48}{160} \times \frac{1}{1.5}$$

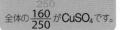

$$= 1000 \times \frac{48}{160} \times \frac{10}{15}$$

$$= \underline{200\text{(mL)}} \cdots \text{(答)}$$

> 溶液の体積(mL)：溶質のモル数(mol)の関係に注目します。

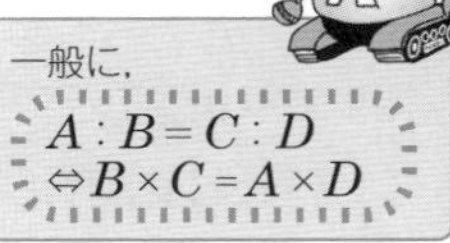

> $\frac{1}{1.5} = \frac{10}{15}$です!!

Theme 17 固体の溶解度のお話 前編

固体の溶解度

一般に，**溶媒 100g** に**最大限溶解することができる溶質の g 数**で表す。

例　ある温度で水 100g に食塩が 23g まで溶解することが可能であるならば ☞ 溶解度 23 ということになる。

さらに，用語を覚えていただきたい…

飽和溶液

溶質が溶解度に達するまで溶解していて，これ以上溶質が溶けることができなくなった溶液を**飽和溶液**（ほうわ）と呼ぶ。

イメージは…**飽和溶液＝満タンの状態**

これ以上溶けないぜ!!

それじゃあ，『固体の溶解度』のキソ固めから…

この『**水 100g に対する**』という断り書きが省略されることもあるので要注意!!

問題 33　キソ

水 100 g に対する塩化カリウム（KCl）の溶解度は，60 ℃で 46，20 ℃で 34 である。このとき，次の各問いに答えよ。

(1)　60 ℃の水200 gを飽和させるために必要な塩化カリウムの質量を求めよ。

(2)　20 ℃の水650 gを飽和させるために必要な塩化カリウムの質量を求めよ。

(3)　60 ℃の塩化カリウム飽和水溶液 730 g に含まれている塩化カリウムの質量を求めよ。

(4)　20 ℃の塩化カリウム飽和水溶液 500 g に含まれている塩化カリウムの質量を求めよ。

ダイナミック解説

これ以上溶かすことのできない満タンの状態!!

全問，**飽和水溶液**のお話であるところがポイントです!!

つまーり!!

本問の場合…

溶解度といえば，水は必ず 100g

60 ℃では ☞ 水の質量：塩化カリウムの質量＝ 100：46
20 ℃では ☞ 水の質量：塩化カリウムの質量＝ 100：34

(1)では…

60℃ でのお話なので，**水の質量：KCl の質量＝ 100：46** を活用!!

水 200g を飽和させるのに必要な KCl の質量をx(g)とすると…

$$\underset{\text{水の質量}}{200} : \underset{\text{KClの質量}}{x} = \underset{\text{水の質量}}{100} : \underset{\text{KClの質量}}{46}$$

$100x = 200 \times 46$ ← 一般に，$A : B = C : D \Leftrightarrow B \times C = A \times D$

$\therefore\ x = 92$ ← $\dfrac{200 \times 46}{100} = 2 \times 46 = 92$

よって，求めるべき塩化カリウムの質量は，

92(g) …(答)

(2)も同様です。Let's Try!!

20℃ で水 650g を飽和させるのに必要な塩化カリウムの質量をx(g)とすると，条件から，

$650 : x = 100 : 34$ ← 水の質量：KCl の質量

$100x = 650 \times 34$ ← 一般に，$A : B = C : D \Leftrightarrow B \times C = A \times D$

$\therefore\ x = 221 \fallingdotseq 220$ ← 溶解度が "34" のように 2 桁で表示されているので解答も有効数字 2 桁にしておいた方が無難だぞ!!

よって，求めるべき塩化カリウムの質量は，

220(g) …(答)

(3)では…

水だけの質量ではなく，**飽和水溶液全体の質量**のお話から始まって

いますね!?　ということは，**飽和水溶液全体**の情報が含まれている式が必要となります。

60℃でのお話だから…

水の質量：KCl の質量＝ 100：46

この式をもとにして…

飽和水溶液の質量：KCl の質量＝ 146：46

塩化カリウム飽和水溶液730gに含まれている塩化カリウムの質量をx(g)とすると…

$$730 : x = 146 : 46$$

730：飽和水溶液の質量　x：塩化カリウムの質量　146：飽和水溶液の質量　46：塩化カリウムの質量

$$146x = 730 \times 46$$

$$\therefore \quad x = 230$$

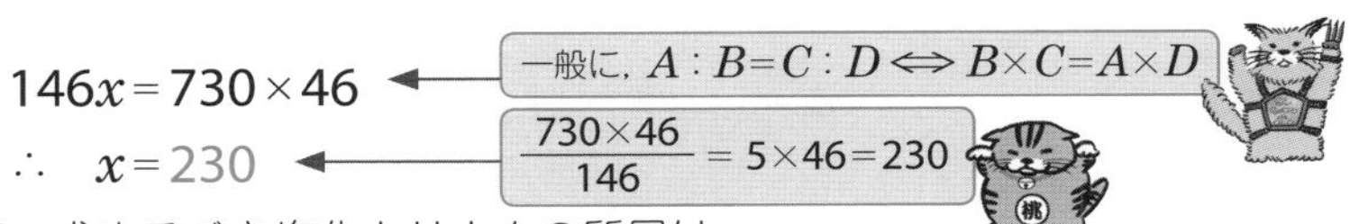

一般に，$A:B=C:D \Leftrightarrow B\times C=A\times D$
$\dfrac{730\times46}{146}=5\times46=230$

よって，求めるべき塩化カリウムの質量は，

230(g) …（答）

ここがポイント
水の質量＋KCl の質量

(4)　20 ℃の塩化カリウム飽和水溶液500 gに含まれている塩化カリウムの質量をx(g)とすると，条件から，

$$500 : x = (100 + 34) : 34$$

飽和水溶液の質量：KClの質量は34(g)

$$500 : x = 134 : 34$$

$$134x = 500 \times 34$$

$$\therefore \quad x \fallingdotseq 130$$

今回は割り切れないぞ!!

$\dfrac{500\times34}{134}=126.86\cdots\fallingdotseq130$

よって，求めるべき塩化カリウムの質量は，

130(g) …（答）

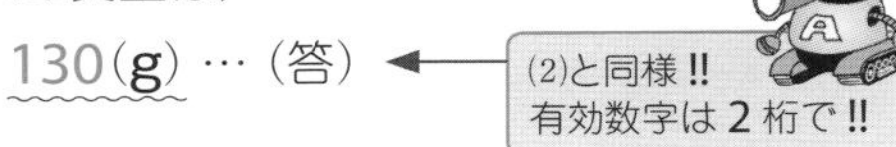

では，本格的にまいりましょう♥

問題34 標準

水100gに対する硝酸カリウム（KNO_3）の溶解度は，80℃で170，20℃で32である。このとき，次の各問いに答えよ。

(1) 80℃の硝酸カリウム飽和水溶液100gを20℃まで冷却すると，何gの硝酸カリウムの結晶が析出するか。

(2) 80℃の硝酸カリウム飽和水溶液を20℃まで冷却すると，50gの硝酸カリウムの結晶が析出した。80℃の飽和水溶液は何gであったか。

(3) 20℃の硝酸カリウム飽和水溶液130gを，温度を20℃に保ったまま，15gの水を蒸発させたとき，何gの硝酸カリウムの結晶が析出するか。

ダイナミック解説

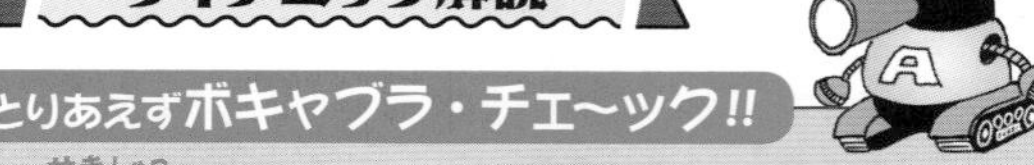

とりあえずボキャブラ・チェ〜ック!!

析出（せきしゅつ） 溶質が溶媒に溶けていることができずに沈殿して出てくること。

結晶（けっしょう） 析出した固体のことをなにかと『結晶』と呼ぶので，問題を解くうえであまり気にしないように!!
『結晶』についての詳しいお話は Theme 10 にて…

ではでは，本題に入っていきましょう!!
まずデータをまとめておきまーす。

温度＼質量	水の質量	硝酸カリウムの質量
80℃	100g	170g
20℃	100g	32g

析出する硝酸カリウムの質量
170 − 32 = **138** (g)

飽和水溶液全体に注目してデータをまとめ直すと…

温度＼質量	飽和水溶液の質量	硝酸カリウムの質量
80℃	100+170 ＝270 (g)	170g
20℃	100+32 ＝132 (g)	32g

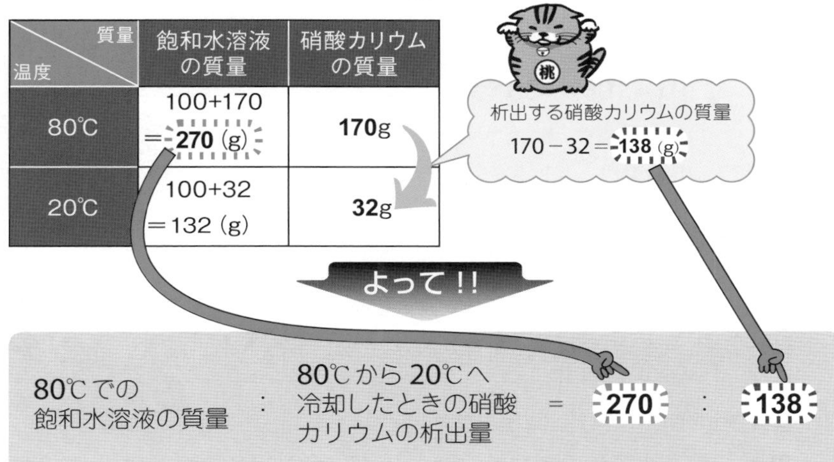

よって!!

80℃での飽和水溶液の質量 ： 80℃から20℃へ冷却したときの硝酸カリウムの析出量 ＝ 270 ： 138

イメージコーナー

これを活用して…

(1)　80℃の飽和水溶液が100gで，20℃まで冷却したときの硝酸カリウムの析出量を知りたいのであるから，この析出量をx(g)として…

イメージコーナー

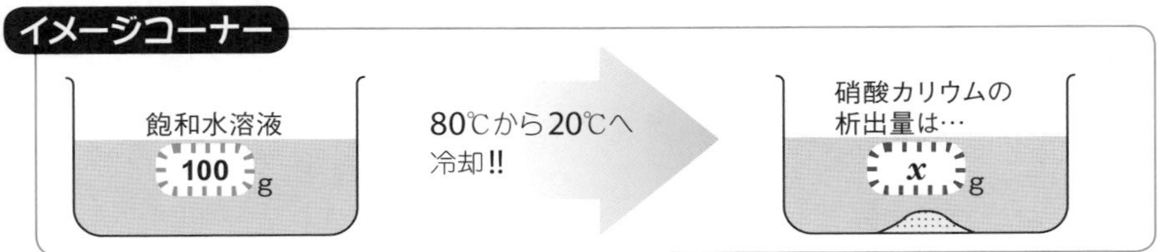

$$100 : x = 270 : 138$$

80℃での飽和水溶液の質量 : 80℃から20℃へ冷却したときの硝酸カリウムの析出量 = 80℃での飽和水溶液の質量 : 80℃から20℃へ冷却したときの硝酸カリウムの析出量

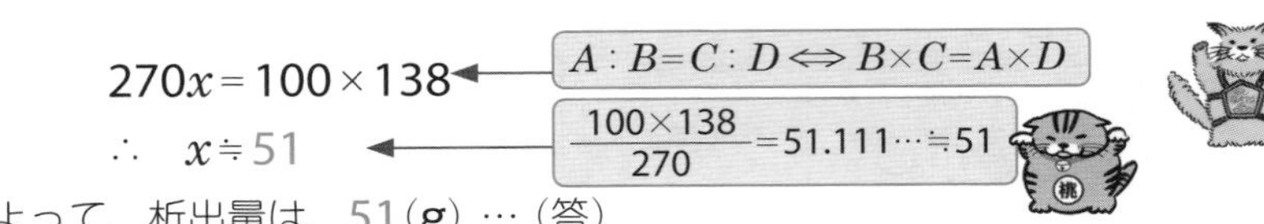

$270x = 100 \times 138$ ← $A : B = C : D \Leftrightarrow B \times C = A \times D$

$\therefore \quad x \fallingdotseq 51$ ← $\dfrac{100 \times 138}{270} = 51.111\cdots \fallingdotseq 51$

よって，析出量は，51(g) … (答)

注意せよ!!

本問では 170（2桁）や 32（2桁）など有効数字が 2 桁であることを匂（にお）わす数値が登場しているので，全問有効数字 2 桁で参ろう!!

(2)　考え方は(1)とまったく同様です。

80℃の飽和水溶液の質量を x(g) として，20℃まで冷却したときの硝酸カリウムの析出量が 50g であるから…

イメージコーナー

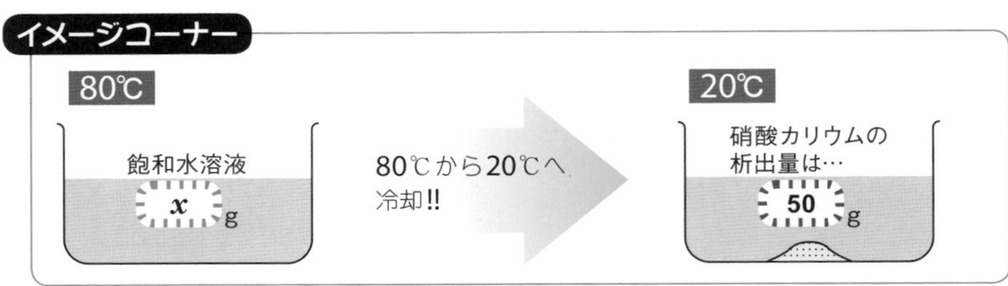

$$x : 50 = 270 : 138$$

80℃での飽和水溶液の質量 : 80℃から20℃へ冷却したときの硝酸カリウムの析出量 = 80℃での飽和水溶液の質量 : 80℃から20℃へ冷却したときの硝酸カリウムの析出量

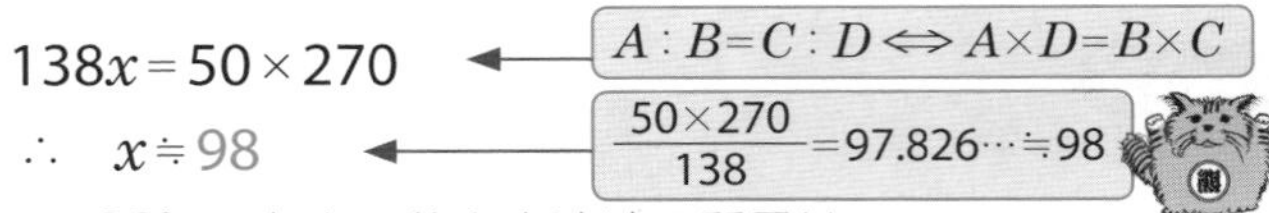

$138x = 50 \times 270$ ← $A : B = C : D \Leftrightarrow A \times D = B \times C$

$\therefore \quad x \fallingdotseq 98$ ← $\dfrac{50 \times 270}{138} = 97.826\cdots \fallingdotseq 98$

よって，80℃のときの飽和水溶液の質量は，

98(g) … (答)

(3)は，ちょっと違ったタイプの問題です。20℃でのお話しか必要ありません。

イメージコーナー

単純に考えてください!!

単純に…??

（蒸発させた水15gに溶けていた硝酸カリウムの質量）＝（析出した硝酸カリウムの質量）

ということです。そりゃそーでしょ!? なくなってしまった水15g中にいたはずの硝酸カリウムが居場所を失って沈殿するだけです。つまり，もとの飽和水溶液中の水の質量や硝酸カリウムの質量は求める必要はないのです!!

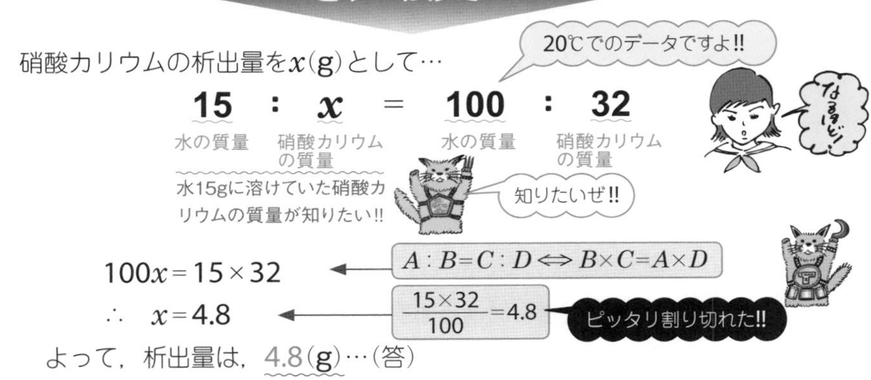

硝酸カリウムの析出量をx(g)として…

$$15 : x = 100 : 32$$

15：水の質量　x：硝酸カリウムの質量　100：水の質量　32：硝酸カリウムの質量

水15gに溶けていた硝酸カリウムの質量が知りたい!!

$100x = 15 \times 32$ ← $A:B=C:D \Leftrightarrow B \times C = A \times D$

$\therefore\ x = 4.8$ ← $\frac{15 \times 32}{100} = 4.8$

よって，析出量は，4.8(g)…(答)

注意せよ!!

本問では，水15gに溶けていたはずの硝酸カリウムの質量を求めればよいので，もとの硝酸カリウム水溶液が130gであったことは，どうでもよい話なのだ。

大切なので，もう一発!!　グラフになっただけですよ。

問題35　標準

右の図は，化合物 A，B，C，D の水に対する溶解度曲線を示している。このとき，次の各問いに答えよ。

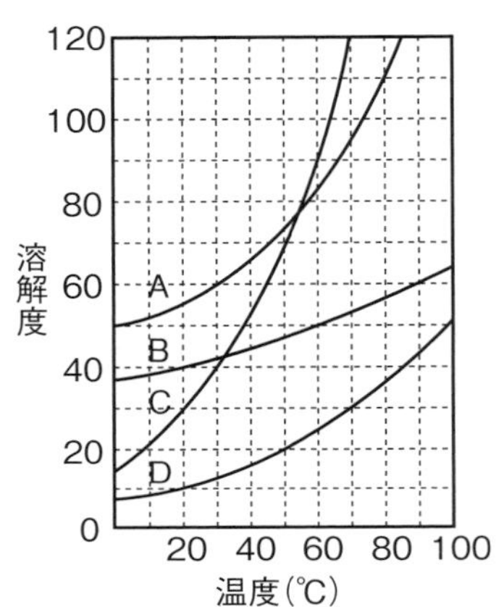

(1)　60℃の化合物 C の飽和水溶液 300g を 20℃まで冷却すると何 g の結晶が析出するか。有効数字 2 桁で求めよ。

(2)　80℃の化合物 A の飽和水溶液を 30℃まで冷却すると 40g の結晶が析出した。80℃の飽和水溶液は何 g であったか。有効数字 2 桁で求めよ。

(3)　70℃の化合物 D の飽和水溶液 300g で，温度を 70℃に保ったまま 20g の水を蒸発させたとき，何 g の結晶が析出するか。有効数字 2 桁で求めよ。

(4)　60℃で水 80g を飽和させるのに必要な化合物の質量が 40g である化合物はどれか。A，B，C，D で答えよ。

ダイナミックポイント!!

この溶解度曲線さえ読み取れれば，前問 問題34 と，方針はまったく同じです。

溶解度曲線とは，各温度における溶解度（水 100g に溶けることのできる溶質の質量）を示したグラフのことです。

では，さっそくまいりましょう!!

解答でござる

(1)

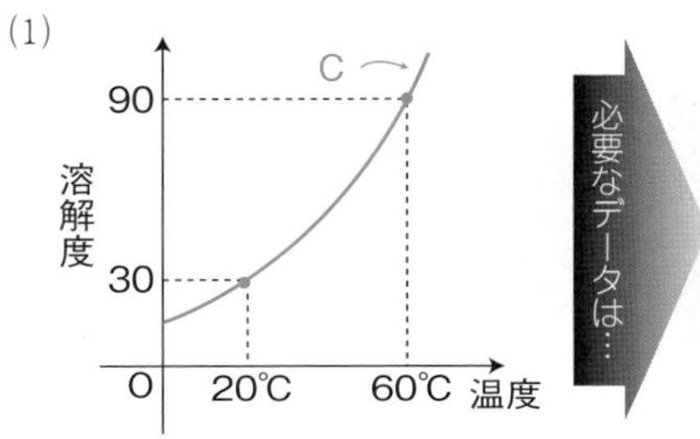

質量 / 温度	水の質量	化合物C の質量
60℃	**100g**	**90g**
20℃	100g	30g

よって!!

60℃での飽和水溶液が 100(水) + 90(化合物C) = **190**(g)のとき，
これを 20℃まで冷却すると化合物 C が **60g** 析出する!!

求めるべき化合物 C の析出量を x(g)として，

$300 : x = 190 : 60$

（60℃での飽和水溶液の質量 : 60℃から20℃へ冷却したときの化合物Cの析出量）

（60℃での飽和水溶液 300g を 20℃まで冷却したときの析出量を知りたい!!）

$190x = 300 \times 60$

$x \fallingdotseq 95$

（$\dfrac{300 \times 60}{190} = 94.73 \cdots \fallingdotseq 95$（2桁）
有効数字は 2 桁です。問題文参照!!）

よって，析出量は，95(g) …（答）

(2)

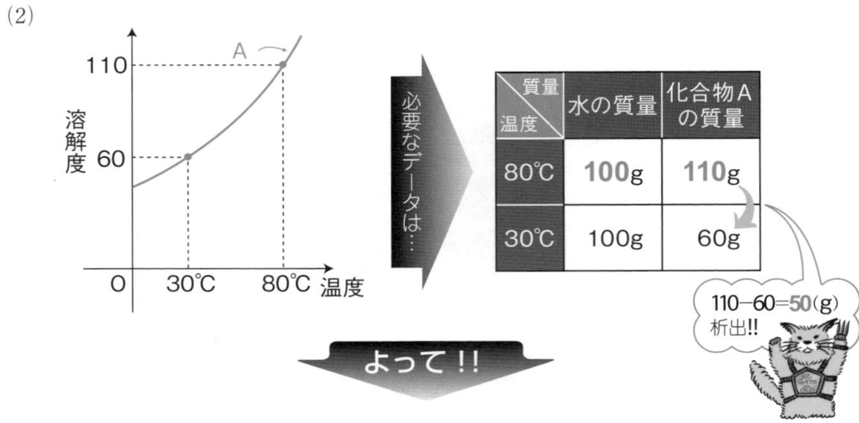

質量 / 温度	水の質量	化合物Aの質量
80℃	**100g**	**110g**
30℃	100g	60g

よって!!

80℃での飽和水溶液が 100（水）+ 110（化合物A）= **210**(g)のとき，これを 30℃まで冷却すると化合物 Aが**50g** 析出する!!

以上より…

求めるべき80℃での化合物Aの飽和水溶液の質量をx(g)とすると，

$x : 40 = 210 : 50$

$50x = 40 \times 210$

$x \fallingdotseq 170$

よって，80℃のときの飽和水溶液の質量は，

170(g) …（答）

80℃での飽和水溶液の質量 : 80℃から30℃へ冷却したときの化合物Aの質量

80℃から30℃へ冷却したとき，化合物Aの析出量が**40g**となるような，80℃での飽和水溶液の質量を求めたい!!

$\dfrac{40 \times 210}{50} = 168 \fallingdotseq 170$（2桁）

有効数字は2桁ですよ!!

(3)

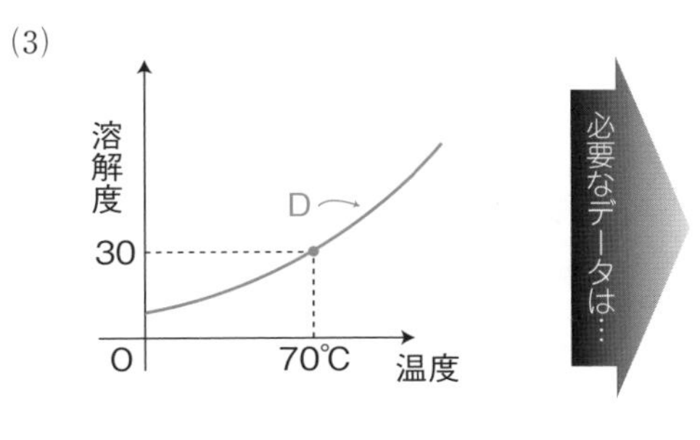

70℃で，水100gを飽和させるために必要な化合物Dの質量は30gです。

よって!!

水20gを蒸発させたワケであるから，この水20gに溶けていた化合物Dの質量がそのまま求めるべき析出量とな〜る!!

ちなみに，飽和水溶液が300gであったことは**どうでもよい話**です。

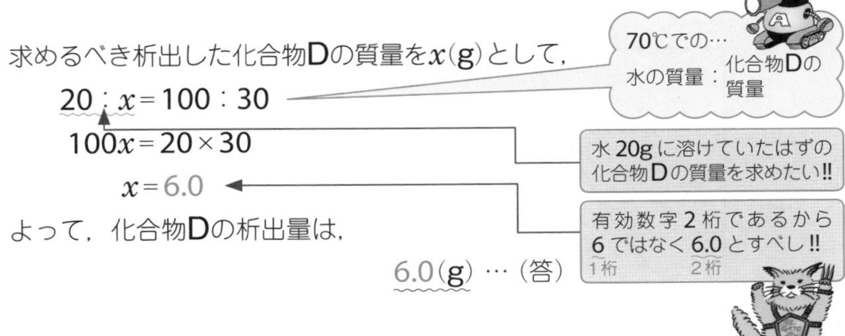

70℃での…
水の質量：化合物Dの質量
水20gに溶けていたはずの化合物Dの質量を求めたい!!
有効数字2桁であるから6ではなく6.0とすべし!!
1桁
2桁

求めるべき析出した化合物Dの質量をx(g)として，

$$20 : x = 100 : 30$$

$$100x = 20 \times 30$$

$$x = 6.0$$

よって，化合物Dの析出量は，

6.0(g) …（答）

(4) **60℃**でのこの物質の溶解度をxとおくと，水**80g**を飽和させるのに必要な化合物の質量が**40g**であることから，

$$100 : x = 80 : 40$$

$$80x = 100 \times 40$$

$$x = 50$$

水の質量：化合物の質量

ご存知だと思いますが，溶解度は水 **100g** に溶けることができる溶質のグラム数
水 100g を飽和させるのに必要な（溶けることができる）化合物の質量が知りたい!!

この値が **60℃**での**溶解度**
つまり，水 **100g** に溶けることができる化合物の質量とな――る!!

つまり，この化合物の**60℃**における溶解度は**50**である。図の溶解度曲線でこの条件をみたす化合物は化合物**B**である。

よって解答は**B**。

B …（答）

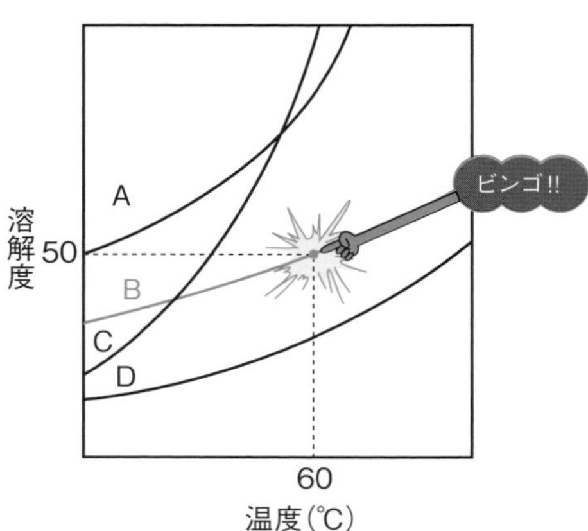

Theme 18 固体の溶解度のお話 後編

水和水を含む結晶のお話です。とりあえず準備問題からまいりましょう♥

問題 36 キソ

次の各問いに答えよ。

(1) 硫酸銅(Ⅱ)五水和物 $CuSO_4 \cdot 5H_2O$ 500g 中に存在する硫酸銅(Ⅱ)無水物 $CuSO_4$ の質量を有効数字2桁で求めよ。ただし，原子量は H = 1.0，O = 16，S = 32，Cu = 64 とする。

(2) 炭酸ナトリウム十水和物 $Na_2CO_3 \cdot 10H_2O$ 800g 中に存在する炭酸ナトリウム無水物 Na_2CO_3 の質量を有効数字2桁で求めよ。ただし，原子量は H = 1.0，C = 12，O = 16，Na = 23 とする。

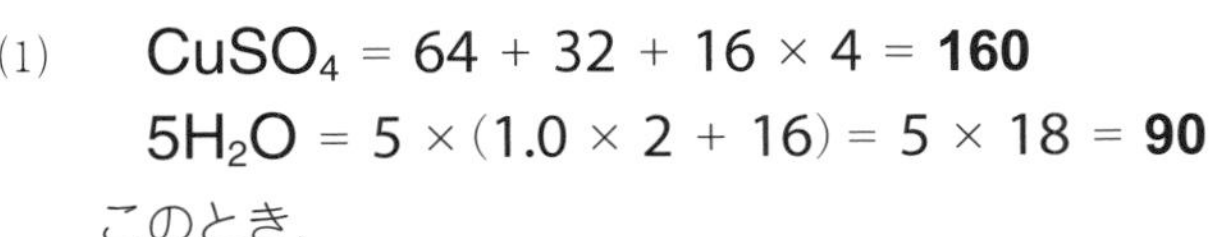

ダイナミック解説

与えられた原子量をしっかり活用しなきゃね!!

(1) $CuSO_4 = 64 + 32 + 16 \times 4 = \mathbf{160}$

$5H_2O = 5 \times (1.0 \times 2 + 16) = 5 \times 18 = \mathbf{90}$

このとき，

$CuSO_4 \cdot 5H_2O = \mathbf{160} + \mathbf{90} = \mathbf{250}$

以上から…

$CuSO_4 \cdot 5H_2O$ が **250**g あれば，この中に $CuSO_4$ が **160**g 存在する

硫酸銅(Ⅱ)五水和物　　硫酸銅(Ⅱ)無水物

水を取り込んで(水和して)結晶を作っている状態　　水和していた H_2O が取れてなくなった状態

つまーり!!

$CuSO_4 \cdot 5H_2O$ の質量の $\dfrac{160}{250}$ が $CuSO_4$ だけの質量!!

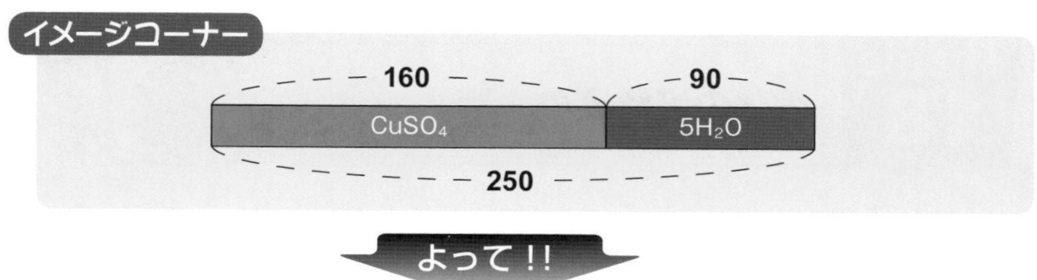

よって!!

$CuSO_4 \cdot 5H_2O$ が 500g あるときの $CuSO_4$ だけの質量は…

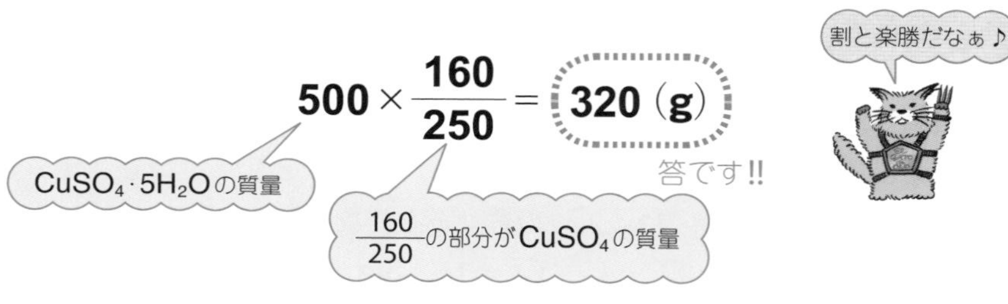

$$500 \times \frac{160}{250} = 320\ (g)$$

有効数字が 2 桁であることを強調すべく
$320 = 3.2 \times 100 = \underset{2\,桁}{3.2} \times 10^2$ のように変形してもよい!!

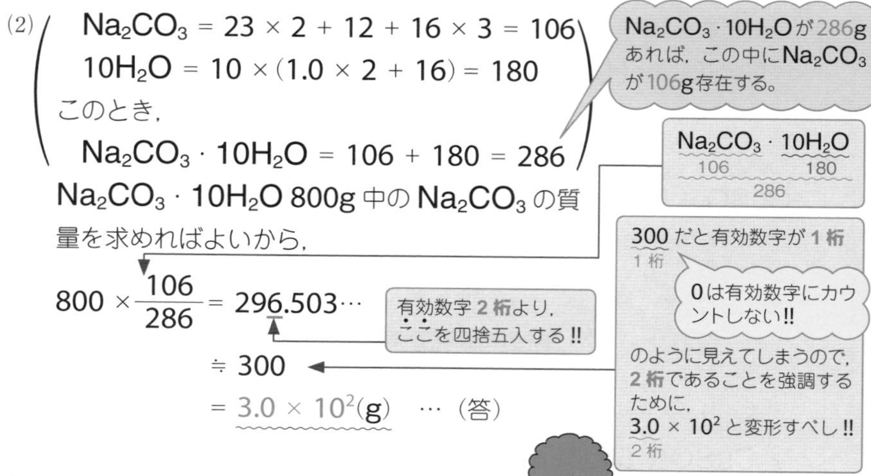

Na2CO3·10H2Oが286gあれば、この中にNa2CO3が106g存在する。
Na2CO3 · 10H2O
106 180
286
300 だと有効数字が 1 桁
1 桁
0は有効数字にカウントしない!!
のように見えてしまうので、2 桁であることを強調するために、3.0 × 10² と変形すべし!!
2 桁
有効数字 2 桁より、ここを四捨五入する!!

(2)
$$\left(\begin{array}{l} Na_2CO_3 = 23 \times 2 + 12 + 16 \times 3 = 106 \\ 10H_2O = 10 \times (1.0 \times 2 + 16) = 180 \\ \text{このとき,} \\ Na_2CO_3 \cdot 10H_2O = 106 + 180 = 286 \end{array}\right)$$

$Na_2CO_3 \cdot 10H_2O$ 800g 中の Na_2CO_3 の質量を求めればよいから,

$$800 \times \frac{106}{286} = 296.503\cdots$$
$$\fallingdotseq 300$$
$$= 3.0 \times 10^2 (g) \quad \cdots (答)$$

さて，このあたりからエンジンをかけますぞ!!

問題37 標準

硫酸銅(Ⅱ)$CuSO_4$ の水 100g に対する溶解度は 30℃ で 25 である。30℃ で水 200g に溶けることができる硫酸銅(Ⅱ)五水和物 $CuSO_4 \cdot 5H_2O$ の結晶の質量を求めよ。ただし，原子量は H = 1.0, O = 16, S = 32, Cu = 64 とする。

ダイナミック解説

とりあえず，求めるべき $CuSO_4 \cdot 5H_2O$ の質量を x(g) としましょう!!
このとき，$CuSO_4$ = **160**，$5H_2O$ = **90** つまり $CuSO_4 \cdot 5H_2O$ = **250** より

64 + 32 + 16 × 4　5 × (1.0 × 2 + 16)　160 + 90

イメージコーナー

160	90
$CuSO_4$	$5H_2O$
250	

$CuSO_4 \cdot 5H_2O$ x (g) のうち…

$CuSO_4$ の質量は… $x \times \dfrac{160}{250}$ (g)

$5H_2O$ の質量は… $x \times \dfrac{90}{250}$ (g)

ここで注意せんといかんのは，水和水 $5H_2O$ のふるまいであ〜る!!

それは…

水和水 $5H_2O$　$x \times \dfrac{90}{250}$ (g) が溶質 $CuSO_4$ を溶かす溶媒の水として活躍するということです!!

ほすー

話をまとめると…

前ページ参照!!

溶質 $CuSO_4$ の質量は… $x \times \dfrac{160}{250}$ (g) …①

溶媒としての水の質量は… $200 + x \times \dfrac{90}{250}$ (g) …②

$CuSO_4$ を溶かす液体

水 200g に水和水 $5H_2O$ の質量が加わる!!

さらに…

水**100g**に対する$CuSO_4$の溶解度が30℃で**25**より…
（→ 水100gを飽和させる$CuSO_4$の質量は30℃で25g）

めいっぱい溶けることができる

$CuSO_4$の質量：溶媒としての水の質量＝25：100 …③
ということになる!!

以上より…

①，②，③から，

（①です!!）（②です!!）

$$x \times \frac{160}{250} : \left(200 + x \times \frac{90}{250}\right) = 25 : 100$$

（$x \times \frac{160}{250}$：$CuSO_4$の質量　$200 + x \times \frac{90}{250}$：溶媒としての水の質量　25：$CuSO_4$の質量　100：溶媒としての水の質量）

これを解けば万事解決です♥　**しかし，もっとよい方針が…**

えーっ!?

本問でも，飽和水溶液全体に注目してみませんか？

そこで…

溶質$CuSO_4$の質量は… → $x \times \frac{160}{250}$（g） …④

飽和水溶液の質量は… → $200 + x$（g） …⑤

水200gに$CuSO_4 \cdot 5H_2O$をx(g)溶かしたもので…

さらに…

水**100g**に対する$CuSO_4$の溶解度が30℃で**25**より，水100gを飽和させる$CuSO_4$の質量は25g，つまり，このときの**飽和水溶液の質量は**，100＋25＝**125**(g）である。

したがって…

溶質 $CuSO_4$ の質量：飽和水溶液の質量＝ 25：125 …⑥

とな～る!!

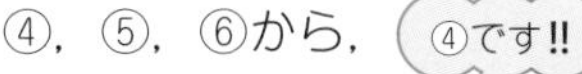

④，⑤，⑥から，

④です!!　⑤です!!

$$x \times \frac{160}{250} : (200 + x) = 25 : 125$$

溶質 $CuSO_4$ の質量　飽和水溶液の質量　溶質 $CuSO_4$ の質量　飽和水溶液の質量

これを解けば OK!!　先ほどの式よりも楽チンですよ♥♥

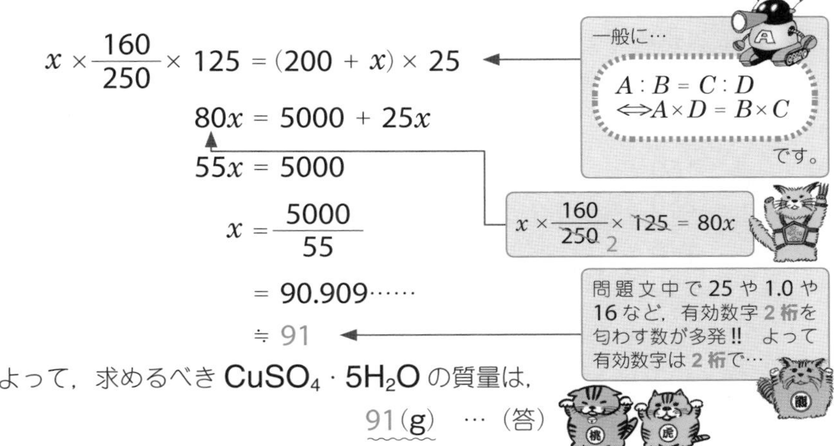

$$x \times \frac{160}{250} \times 125 = (200 + x) \times 25$$

$$80x = 5000 + 25x$$

$$55x = 5000$$

$$x = \frac{5000}{55}$$

$$= 90.909\cdots\cdots$$

$$\fallingdotseq 91$$

一般に…
$A : B = C : D$
$\Leftrightarrow A \times D = B \times C$
です。
$x \times \frac{160}{250} \times 125 = 80x$　2
問題文中で 25 や 1.0 や 16 など，有効数字 2 桁を匂わす数が多発!!　よって有効数字は 2 桁で…

よって，求めるべき $CuSO_4 \cdot 5H_2O$ の質量は，

91(g)　…（答）

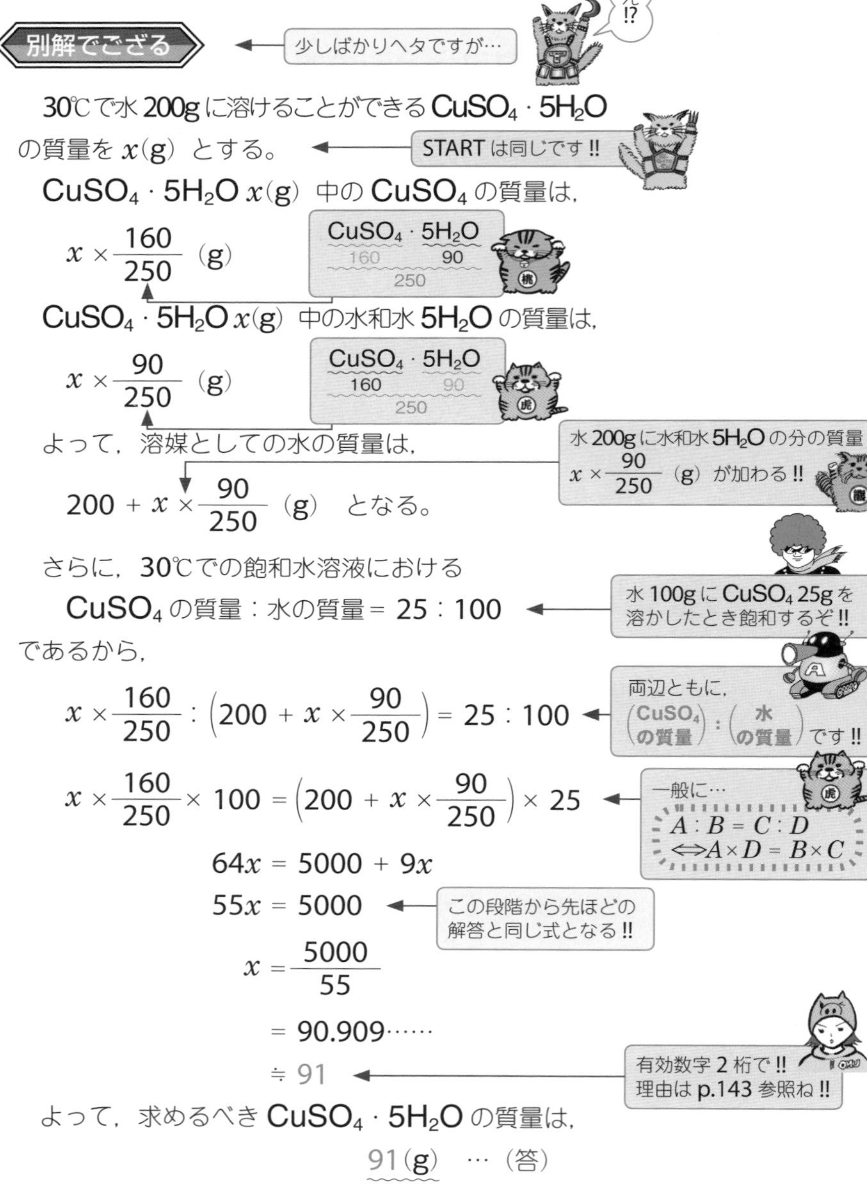

え⁉
少しばかりヘタですが…
START は同じです‼

別解でござる

30℃で水 200g に溶けることができる $CuSO_4 \cdot 5H_2O$ の質量を x(g) とする。

$CuSO_4 \cdot 5H_2O$ x(g) 中の $CuSO_4$ の質量は，

$$x \times \frac{160}{250} \text{ (g)}$$

$CuSO_4 \cdot 5H_2O$ x(g) 中の水和水 $5H_2O$ の質量は，

$$x \times \frac{90}{250} \text{ (g)}$$

よって，溶媒としての水の質量は，

$$200 + x \times \frac{90}{250} \text{ (g)} \quad \text{となる。}$$

水 200g に水和水 $5H_2O$ の分の質量 $x \times \frac{90}{250}$ (g) が加わる‼

さらに，30℃での飽和水溶液における

$CuSO_4$ の質量：水の質量 = 25：100

水 100g に $CuSO_4$ 25g を溶かしたとき飽和するぞ‼

であるから，

$$x \times \frac{160}{250} : \left(200 + x \times \frac{90}{250}\right) = 25 : 100$$

両辺ともに，$\binom{CuSO_4}{\text{の質量}} : \binom{\text{水}}{\text{の質量}}$ です‼

$$x \times \frac{160}{250} \times 100 = \left(200 + x \times \frac{90}{250}\right) \times 25$$

一般に…
$A : B = C : D \Longleftrightarrow A \times D = B \times C$

$$64x = 5000 + 9x$$

$$55x = 5000$$

この段階から先ほどの解答と同じ式となる‼

$$x = \frac{5000}{55}$$

$$= 90.909\cdots\cdots$$

$$\fallingdotseq 91$$

有効数字 2 桁で‼ 理由は p.143 参照ね‼

よって，求めるべき $CuSO_4 \cdot 5H_2O$ の質量は，

91(g) …(答)

似たものを，もう一発!!

問題38 標準

炭酸ナトリウムNa_2CO_3の水100gに対する溶解度は20℃で19である。20℃で2.5molの炭酸ナトリウム十水和物$Na_2CO_3 \cdot 10H_2O$を完全に溶解させて飽和水溶液をつくるのに必要な水の質量を求めよ。ただし，原子量は$H = 1.0$，$C = 12$，$O = 16$，$Na = 23$とする。

ダイナミック解説

まず$Na_2CO_3 = \mathbf{106}$，$10H_2O = \mathbf{180}$，つまり$Na_2CO_3 \cdot 10H_2O = \mathbf{286}$より，

（$23 \times 2 + 12 + 16 \times 3$）（$10 \times (1.0 \times 2 + 16)$）（$106 + 180$）

2.5molの$Na_2CO_3 \cdot 10H_2O$中の

（Na_2CO_3も2.5molある!!）

Na_2CO_3の質量は… → $106 \times 2.5 = \mathbf{265}$ (g)

（$10H_2O$も2.5molある!!）

$10H_2O$の質量は… → $180 \times 2.5 = \mathbf{450}$ (g)

ここで!!

求めるべき必要な水の質量をx (g) とおくと…

（上で求めた値のまんまです!!）

溶質**Na_2CO_3**の質量は… → **265** (g) …①

溶媒としての**水**の質量は… → $x + \mathbf{450}$ (g) …②

（水和水$10H_2O$の450gが溶媒としての水に加わるよ!!）

さらに…

水 **100**g に対する Na_2CO_3 の溶解度が 20℃で 19 より…

（👉 水 100g を飽和させる Na_2CO_3 の質量は 20℃で 19g）

Na_2CO_3 の質量：水の質量＝ 19：100 …③

となりまーす!!

①，②，③から，

（①です!!）（②です!!）

$$265 : (x + 450) = 19 : 100$$

（Na_2CO_3 の質量　水の質量　Na_2CO_3 の質量　水の質量）

注　今回は，水に注目した問題であるので，飽和水溶液全体には注目しません!!

$$(x + 450) \times 19 = 265 \times 100$$
$$19x + 8550 = 26500$$
$$19x = 17950$$
$$x = \frac{17950}{19}$$
$$= 944.73\cdots$$
$$\fallingdotseq 940$$

一般に，
$A : B = C : D \Leftrightarrow B \times C = A \times D$ です。

問題文中で 19，1.0，12 など，2 桁の数字が目立つ!!　よって，有効数字は **2 桁**と考えるべきだぞ!!

よって，求めるべき水の質量は，

940（g）…（答）

$940 = 9.4 \times 10^2$ と答えるとカッコイイよ♥

ここからがクライマックスですぞ!!

問題39　**ちょいムズ**

硫酸銅(Ⅱ) $CuSO_4$ の水 100g に対する溶解度は 20℃で 20，30℃で 25，60℃で 40 である。このとき，次の各問いに答えよ。

ただし，原子量は H = 1.0，O = 16，S = 32，Cu = 64 とする。

(1)　60℃の飽和水溶液 500g を 20℃まで冷却すると何 g の硫酸銅(Ⅱ)五水和物 $CuSO_4 \cdot 5H_2O$ の結晶が析出(せきしゅつ)するか。

(2)　30℃の飽和水溶液 200g を 20℃まで冷却すると何 g の硫酸銅(Ⅱ)五水和物 $CuSO_4 \cdot 5H_2O$ の結晶が析出するか。

ダイナミック解説

(1)を例にして解説しよう!!

本問のように水和物の結晶が析出するタイプの問題は，慣れないうちは困難である。そこで，解法の手順を覚え込んでしまうことをオススメします♥

ここで注意すべきことは，Theme 17 で学習した無水物の結晶が析出する場合と違って，水和物の結晶が析出する際，溶媒としてはたらいていた水を巻き込んで結晶を作り沈殿するため，水の量が一定に保たれず減少してしまう。そこで，Theme 17 のような簡単な解き方ができません!!

えーっ!?

手順その1　高温時での $CuSO_4$ の質量を求めておく!!

本問の場合，60℃での溶質 $CuSO_4$ の質量を求めておけばよい。

60℃での水 100g に対する溶解度は **40** であるから，飽和水溶液 500g 中の $CuSO_4$ の質量を x(g) として，

水 100g に $CuSO_4$ 40g で飽和水溶液 100 + 40 = 140 (g) とな〜る!!

$$x : 500 = 40 : 140$$

x：$CuSO_4$ の質量　500：飽和水溶液の質量　40：$CuSO_4$ の質量　140：飽和水溶液の質量

$$140x = 500 \times 40$$

$$x = \frac{500 \times 40}{140}$$

$$= 142.85\cdots$$

$$\fallingdotseq \mathbf{143}\,(\mathrm{g})$$

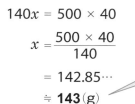

本問も問題文中に2桁の数値が目立つので，有効数字は**2桁**となる。よって，解答の途中で登場する数値は，1桁多めの**3桁**にしておく!!

「x」は手順その1で使用ずみ

手順その2　析出する$CuSO_4 \cdot 5H_2O$をy(g)とし，冷却後（低温時）における状態に注目する。

析出する$CuSO_4 \cdot 5H_2O$の質量をy(g)としましょう!!

このとき，$CuSO_4$ = **160**，$5H_2O$ = **90**，つまり$CuSO_4 \cdot 5H_2O$ = **250**より，

（64 + 32 + 16 × 4）（5 ×（1.0 × 2 + 16））（160 + 90）

析出した$CuSO_4 \cdot 5H_2O$　y(g)のうち…

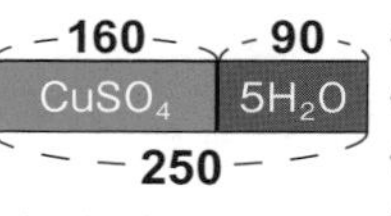

160
90
CuSO4
5H2O
250

析出した**$CuSO_4$**だけに注目した質量は

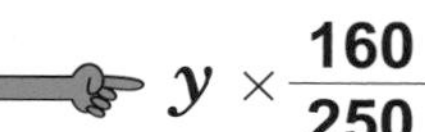

$$y \times \frac{160}{250}\ (\mathrm{g})$$

よって

冷却後つまり20℃において…

手順その1で求めた高温時（60℃）での$CuSO_4$の質量です。

溶質$CuSO_4$の質量は…

$$143 - y \times \frac{160}{250}\ (\mathrm{g}) \quad \cdots①$$

飽和水溶液の質量は…

$$500 - y\ (\mathrm{g}) \quad \cdots②$$

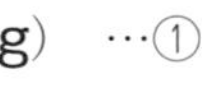

高温時（60℃）での飽和水溶液の質量が500gで，冷却することによりy（g）の結晶が析出したワケだから，こうなる

なっとくじ!

さらに…

20℃において，水 100g に対する $CuSO_4$ の溶解度が 20 より，

（☞水 100g を飽和させる $CuSO_4$ の質量は 20g，つまり飽和水溶液は 120g）

溶けている $CuSO_4$ の質量：飽和水溶液の質量 ＝ 20：120 …③

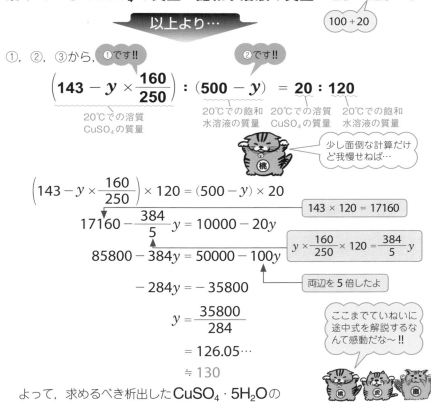

（100＋20）

以上より…

①，②，③から，

$$\left(143 - y \times \frac{160}{250}\right) : (500 - y) = 20 : 120$$

（①です!!）（②です!!）

20℃での溶質 $CuSO_4$ の質量　20℃での飽和水溶液の質量　20℃での溶質 $CuSO_4$ の質量　20℃での飽和水溶液の質量

少し面倒な計算だけど我慢せねば…

$$\left(143 - y \times \frac{160}{250}\right) \times 120 = (500 - y) \times 20$$

$$17160 - \frac{384}{5}y = 10000 - 20y$$

$$85800 - 384y = 50000 - 100y$$

$$-284y = -35800$$

$$y = \frac{35800}{284}$$

$$= 126.05\cdots$$

$$\fallingdotseq 130$$

（$143 \times 120 = 17160$）

（$y \times \frac{160}{250} \times 120 = \frac{384}{5}y$）

（両辺を 5 倍したよ）

ここまでていねいに途中式を解説するなんて感動だな～!!

よって，求めるべき析出した $CuSO_4 \cdot 5H_2O$ の質量は，

130(g)　…（答）

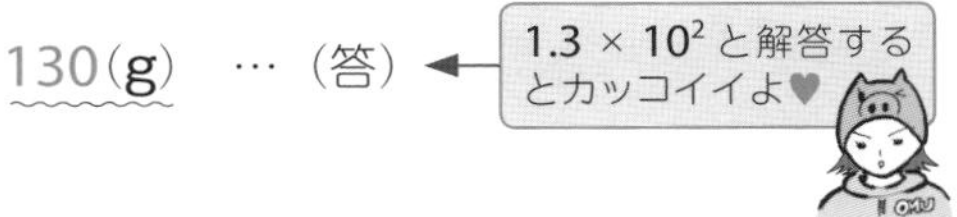

1.3 × 10² と解答するとカッコイイよ♥

(2)　30℃における$CuSO_4$の飽和水溶液200g中の$CuSO_4$の質量をx(g) とすると,

> まず高温時(この場合30℃)での溶質$CuSO_4$の質量を求めておこう!!

$$x : 200 = 25 : (100 + 25)$$
$$x : 200 = 25 : 125$$
$$125x = 200 \times 25$$
$$x = 40 \text{ (g)}$$

> $CuSO_4$の30℃での水100gに対する溶解度が25である。
>
> つまり…
>
> 
>
> 30℃で…
>
> (溶質$CuSO_4$の質量):(飽和水溶液の質量) = 25 : (100 + 25)

この飽和水溶液を20℃に冷却したときに析出する$CuSO_4 \cdot 5H_2O$の質量をy(g) とする。

このとき，$CuSO_4 = 160$，$5H_2O = 90$より，

> (1)と同様です。

20℃における溶質$CuSO_4$の質量は，

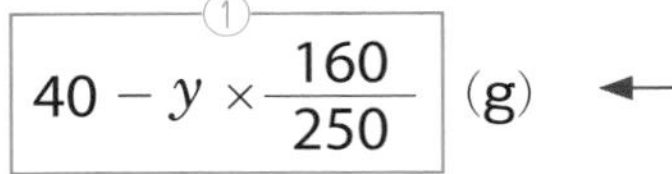

① $40 - y \times \dfrac{160}{250}$ (g)

> $CuSO_4$だけに注目した析出量は，
> $y \times \dfrac{160}{160 + 90} = y \times \dfrac{160}{250}$ (g)
> これが40gからなくなる。

20℃における飽和水溶液の質量は，

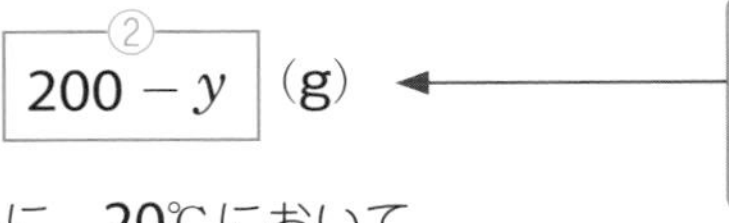

② $200 - y$ (g)

> もとの飽和水溶液200gからy(g) 結晶が析出するから最終的に$200 - y$(g) となる。

さらに，20℃において，

溶質$CuSO_4$の質量：飽和水溶液の質量
$= 20 : (100 + 20)$
$= 20 : 120$

> 20℃における水100gに対する溶解度は20である。
>
> つまり…
>
> 20℃で…
>
> 溶質$CuSO_4$の質量 : 飽和水溶液の質量 = 20 : (100 + 20)

であるから，

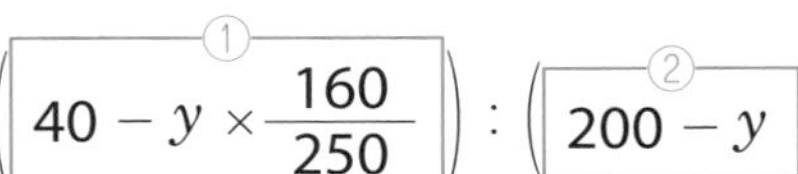

$$\left(40 - y \times \frac{160}{250}\right) : (200 - y) = 20 : 120$$

$$\left(40 - y \times \frac{160}{250}\right) \times 120 = (200 - y) \times 20$$
$$40 \times 120 - y \times \frac{160}{250} \times 120 = 200 \times 20 - y \times 20$$
$$4800 - \frac{384}{5} y = 4000 - 20y$$

$$24000 - 384y = 20000 - 100y$$

$$-284y = -4000$$

何て詳しすぎる解説なんだ!!

$$y = \frac{4000}{284}$$

$$= 14.084\cdots$$

$$\fallingdotseq 14$$

問題文中に登場する数値に2桁であるものが目立つ!! よって有効数字は2桁で!!

よって，求めるべき析出した $CuSO_4 \cdot 5H_2O$ の質量は，

14(g) …（答）

プロフィール

金四郎（実は賢い!!）

桃太郎を兄貴と慕う大型猫。少し乱暴な性格なので虎次郎には嫌われてます。品種はノルウェージャンフォレットキャットで超剛毛!! 夏はかない暑そうです。もちろんオムちゃんの飼い猫です。

Theme 19 化学反応式とそのつくり方

そこからですかぁー!?

RUB OUT 1 そもそも化学反応式とは…？

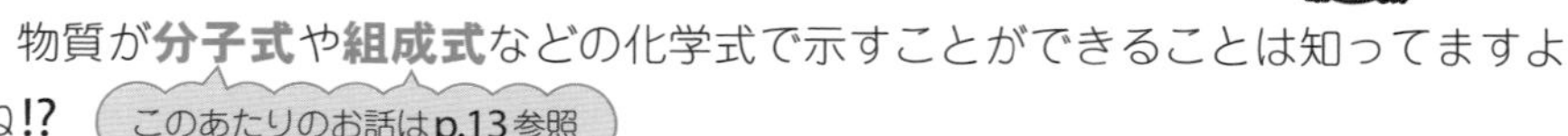

物質が**分子式**や**組成式**などの化学式で示すことができることは知ってますよね!? （このあたりのお話はp.13参照）

で!! 物質が**化学変化**をして，化学式が変化していくようすを式で表したものを**化学反応式**と申します。

例 $2H_2 + O_2 \longrightarrow 2H_2O$

2個の水素分子と1個の酸素分子から2個の水分子ができる

☞ H_2やH_2Oの前にある“2”を**係数**と呼び，とくに，この係数が1のときは省略します。つまり，上の化学反応式でO_2の係数は“1”ということです（数学と同じですよ!!）。反応物質（反応する前の物質）は左辺（左側）に，生成物質（反応によりできあがった物質）は右辺（右側）に書き，両者を矢印（$\longrightarrow$）で結びます。

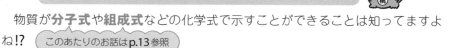

変化には，**化学変化**と**物理変化**があります（p.23参照）。
化学変化 ➡ 物質自体が他の物質に変化する（化学式が変わる!!）。
物理変化 ➡ 物質の状態が変化する（化学式は変わらない!!）。
本テーマでは，化学変化についてのみ扱います。

RUB OUT 2 化学反応式のつくり方

化学反応式において両辺にある各原子の数は等しくならなければいけない!!
これに注意して係数を決めていきます。

では，具体的な化学反応式を通して実際にやってみよう!!

例 エタンC_2H_6を完全燃焼させたときの変化を化学反応式で表せ。

（詳しくは次ページ参照!!）

☞ **完全燃焼**とは，空気中の酸素O_2と反応して二酸化炭素CO_2と水H_2Oができるということです。これから先，よく出てきますから押さえておいてください。

では，化学反応式をつくってみましょう!!

ステップ 1　反応物質を左辺に，生成物質を右辺にとりあえず書く!!

反応物質は…エタンC_2H_6　と　酸素O_2
生成物質は…二酸化炭素CO_2　と　水H_2O

完全燃焼とはO_2と結びついてCO_2とH_2Oができることだよ!!

そこで!!

とりあえず，これらを左辺と右辺に書き込む!!

$$C_2H_6 + O_2 \longrightarrow CO_2 + H_2O$$

まだ係数は書き込んでいません!!

ステップ 2　両辺にある各原子の数が等しくなるように係数を決める!!

あえてコツをいうとすれば，どれか1つの物質の係数を勝手に1と決めてしまう!!

① C_2H_6の係数を**1**とおく!!

② C_2H_6中のCは2個なので，右辺のCO_2の係数は自動的に**2**と決まる。

C_2H_6中のHは6個なので，右辺のH_2Oの係数は自動的に**3**と決まる。

$3H_2O$とすればHは$3 \times 2 = 6$個になれる!!

③ 右辺のOの合計は…

$2CO_2 + 3H_2O$　より，$2 \times 2 + 3 \times 1 = 7$個となります。

これと左辺のOの数が一致するべきだから，左辺のO_2の係数は$\frac{7}{2}$と決まります。

$\frac{7}{2}O_2$とすればOは$\frac{7}{2} \times 2 = 7$個になれる!!

以上から…!!

化学反応式は次のとおり…

$$1C_2H_6 + \frac{7}{2}O_2 \longrightarrow 2CO_2 + 3H_2O$$

最後に③でO_2の係数は$\frac{7}{2}$と決まりました。

①で，C_2H_6の係数は1と決めました!! ふつうはこの"1"を省略します。

②よりCO_2の係数は2，H_2Oの係数は3と決まりました!!

しかしながら，これではカッコ悪い!!

そーです。O_2の係数が$\frac{7}{2}$と分数になっています

分数はNG!!

ステップ3 仕上げです!! すべての係数を簡単な整数にして，見栄えを美しく♥

ステップ2 でできあがった化学反応式の両辺を2倍して…

$$2C_2H_6 + 7O_2 \longrightarrow 4CO_2 + 6H_2O$$

お見事!!

できあがりです!!

これを参考にして，実際に練習してみよう!!

問題40 キソ

次の変化を化学反応式で表せ。

(1) アセチレンC_2H_2を完全燃焼させる。

(2) プロパンC_3H_8を完全燃焼させる。

(3) アルミニウムAlを塩酸HClと反応させると，塩化アルミニウム$AlCl_3$となって溶解し，水素H_2を発生する。

(4) エタノールC_2H_5OHを完全燃焼させる。

ダイナミックポイント!!

(1),(2),(4)は完全燃焼のお話です。酸素O_2と反応して，二酸化炭素CO_2と水H_2Oが生じます。あとは先ほどの ステップ1 ～ ステップ3 の手順で化学反応式をつくりましょう!!

(3)も同様です。問題文中に反応物質と生成物質がすべて書き込まれています。つまり ステップ1 ～ ステップ3 の手順で係数だけつければ万事解決です。

解答でござる

とりあえず反応物質と生成物質を書き込む!!
勝手にC_2H_2の係数を1と決める!!
$2CO_2$とすれば，Cの数は2個
H_2Oの中のHの数は2個
$1H_2O$の"1"は省略します。
Oは$2CO_2$中に，$2 \times 2 = 4$個
H_2O中に1個含み，$4 + 1 = 5$個
両辺の原子数は等しくなりました。
係数に分数が混ざっているとカッコ悪いぞ!!
できあがり!!
とりあえず反応物質と生成物質を書き込む!!
勝手にC_3H_8の係数を1と決める!!
$3CO_2$とすれば，Cの数は3個
コツを掴もうね♥

(1)

ステップ1　$C_2H_2 + O_2 \longrightarrow CO_2 + H_2O$

ステップ2

①　$1C_2H_2 + O_2 \longrightarrow CO_2 + H_2O$

②　左辺でCの個数が2個となるので，
右辺のCO_2の係数は自動的に2
左辺のHの個数が2個となるので，
右辺のH_2Oの係数は自動的に1
と決まる。

$C_2H_2 + O_2 \longrightarrow 2CO_2 + H_2O$

③　右辺でOの個数は，
$2 \times 2 + 1 = 5$(個)となるので，
左辺のO_2の係数は$\frac{5}{2}$と決まる。

以上から…

$C_2H_2 + \frac{5}{2}O_2 \longrightarrow 2CO_2 + H_2O$

ステップ3　両辺を2倍して…

$2C_2H_2 + 5O_2 \longrightarrow 4CO_2 + 2H_2O$

(2)

ステップ1　$C_3H_8 + O_2 \longrightarrow CO_2 + H_2O$

ステップ2

①　$1C_3H_8 + O_2 \longrightarrow CO_2 + H_2O$

②　左辺でCの個数は3個となるので
右辺のCO_2の係数は自動的に3

以上から…

$C_3H_8 + O_2 \longrightarrow 3CO_2 + H_2O$

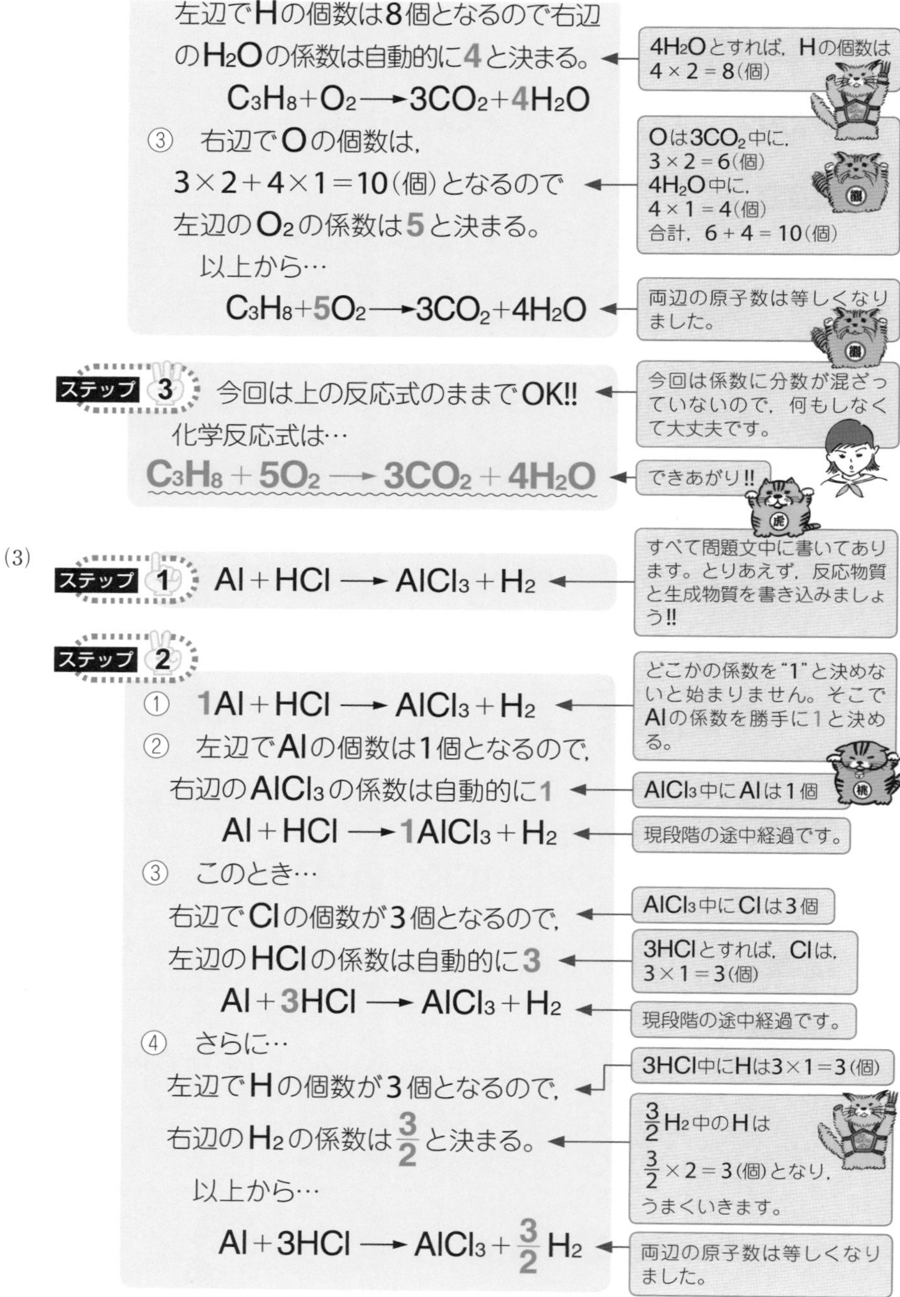

左辺で H の個数は 8 個となるので右辺の H_2O の係数は自動的に 4 と決まる。

$$C_3H_8 + O_2 \longrightarrow 3CO_2 + 4H_2O$$

（$4H_2O$ とすれば，H の個数は $4 \times 2 = 8$(個)）

③　右辺で O の個数は，
$3 \times 2 + 4 \times 1 = 10$(個)となるので
左辺の O_2 の係数は 5 と決まる。

（O は $3CO_2$ 中に，$3 \times 2 = 6$(個)　$4H_2O$ 中に，$4 \times 1 = 4$(個)　合計，$6 + 4 = 10$(個)）

以上から…

$$C_3H_8 + 5O_2 \longrightarrow 3CO_2 + 4H_2O$$

（両辺の原子数は等しくなりました。）

ステップ 3　今回は上の反応式のままで OK!!

（今回は係数に分数が混ざっていないので，何もしなくて大丈夫です。）

化学反応式は…

$$C_3H_8 + 5O_2 \longrightarrow 3CO_2 + 4H_2O$$

（できあがり!!）

(3)

ステップ 1　$Al + HCl \longrightarrow AlCl_3 + H_2$

（すべて問題文中に書いてあります。とりあえず，反応物質と生成物質を書き込みましょう!!）

ステップ 2

①　$1Al + HCl \longrightarrow AlCl_3 + H_2$

（どこかの係数を"1"と決めないと始まりません。そこで Al の係数を勝手に 1 と決める。）

②　左辺で Al の個数は 1 個となるので，
右辺の $AlCl_3$ の係数は自動的に 1

（$AlCl_3$ 中に Al は 1 個）

$$Al + HCl \longrightarrow 1AlCl_3 + H_2$$

（現段階の途中経過です。）

③　このとき…
右辺で Cl の個数が 3 個となるので，

（$AlCl_3$ 中に Cl は 3 個）

左辺の HCl の係数は自動的に 3

（3HCl とすれば，Cl は，$3 \times 1 = 3$(個)）

$$Al + 3HCl \longrightarrow AlCl_3 + H_2$$

（現段階の途中経過です。）

④　さらに…
左辺で H の個数が 3 個となるので，

（3HCl 中に H は $3 \times 1 = 3$(個)）

右辺の H_2 の係数は $\frac{3}{2}$ と決まる。

（$\frac{3}{2}H_2$ 中の H は $\frac{3}{2} \times 2 = 3$(個)となり，うまくいきます。）

以上から…

$$Al + 3HCl \longrightarrow AlCl_3 + \frac{3}{2}H_2$$

（両辺の原子数は等しくなりました。）

ステップ 3　両辺を2倍して…

$$2Al + 6HCl \longrightarrow 2AlCl_3 + 3H_2$$

係数に分数が混ざっています　両辺を2倍にして美しく!!

(4)

ステップ 1　$C_2H_5OH + O_2 \longrightarrow CO_2 + H_2O$

とりあえず，反応物質と生成物質を書き込む!!

ステップ 2

① $1C_2H_5OH + O_2 \longrightarrow CO_2 + H_2O$

勝手に C_2H_5OH の係数を1と決める!!

②　左辺のCの個数が2個となるので，右辺の CO_2 の係数は自動的に2

$2CO_2$ とすれば，Cの数は2個

左辺のHの個数が6個となるので右辺の H_2O の係数は自動的に3

C_2H_5OH より，Hは，$5+1=6$（個）

$3H_2O$ とすれば，Hの数は，$3\times2=6$（個）

$$C_2H_5OH + O_2 \longrightarrow 2CO_2 + 3H_2O$$

③　右辺でOの個数は，$2\times2+3\times1=7$（個）でさらに左辺の C_2H_5OH 中にOが1個あることに注意して，両辺のOの個数の差が，$7-1=6$（個）であるから左辺の O_2 の係数は3と決まる。

Oは $2CO_2$ 中に，$2\times2=4$（個）　$3H_2O$ 中に，$3\times1=3$（個）　右辺のOの数は合計 $4+3=7$（個）

注意せよ!!

以上から…

$$C_2H_5OH + 3O_2 \longrightarrow 2CO_2 + 3H_2O$$

両辺の原子数が等しくなりました!!

ステップ 3　今回も上の反応式のままでOK!!　よって化学反応式は…

$$C_2H_5OH + 3O_2 \longrightarrow 2CO_2 + 3H_2O$$

答です!!

RUB OUT 3　未定係数法（みていけいすうほう）

複雑な化学反応式であるために 問題40 のような簡単な手順で係数を決められない場合，奥の手として，この未定係数法があります。

では，具体的な例をあげて解説しましょう。

例 題

次の化学反応式の係数を決め，化学反応式を完成せよ。

$$Cu + HNO_3 \longrightarrow Cu(NO_3)_2 + NO + H_2O$$

解答 今までのように“暗算に近い”方針だと難しそうでしょ!?
そこで**未定係数法**の開始です!!

数学っぽいなぁ…

ステップ 1 とりあえずすべての係数を文字でおく!!

$$aCu + bHNO_3 \longrightarrow cCu(NO_3)_2 + dNO + eH_2O$$

とおきます!!

ステップ 2 両辺の各原子の数が等しくなることに注目して方程式をたてる。

$$aCu + bHNO_3 \longrightarrow cCu(NO_3)_2 + dNO + eH_2O$$

Cu…a個

H…b個
N…b個
O…$3b$個

Cu…c個
N…$2c$個
O…$6c$個

N…d個
O…d個

H…$2e$個
O…e個

左辺のメンバー　　右辺のメンバー

両辺の各原子の数が等しくなることから，次の方程式が成立する。

Cu について  $a = c$ …①

H について $b = 2e$ …②

N について $b = 2c + d$ …③

O について  $3b = 6c + d + e$ …④

ステップ 3 **ステップ 2** でたてた連立方程式を解く!!

え!?

“解く!!”とはいっても解けません

だって，文字数はa，b，c，d，eの5文字!!　これに対して，方程式は①，②，③，④の4つ!!　方程式が1つ足りません!!

そこで，$a = 1$と決めてしまいましょう。

$a = 1$とすると…

①から，$c=1$ ← $a=c\cdots$①より

これを③，④に代入すると，

$b=2+d\cdots$③′ ← $b=2c+d\cdots$③ （$c=1$）

$3b=6+d+e\cdots$④′ ← $3b=6c+d+e\cdots$④ （$c=1$）

この③′，④′に②を代入すると，

$2e=2+d\cdots$③″ ← $b=2+d\cdots$③′ （$b=2e\cdots$②）

$3\times 2e=6+d+e$ ← $3b=6+d+e\cdots$④′ （$b=2e\cdots$②）

$\therefore\quad d=5e-6\cdots$④″

④″を③″に代入して，

$2e=2+5e-6$ ← $2e=2+d\cdots$③″ （$d=5e-6\cdots$④″）

$4=3e$

$\therefore\quad e=\dfrac{4}{3}$

これを④″に代入して，

$d=5\times\dfrac{4}{3}-6=\dfrac{2}{3}$ ← $d=5e-6\cdots$④″ （$e=\dfrac{4}{3}$）

これを③′に代入して，

$b=2+\dfrac{2}{3}=\dfrac{8}{3}$ ← $b=2+d\cdots$③′ （$d=\dfrac{2}{3}$）

芋づる式に求まるね♪

まとめると…

$$a=1,\ b=\frac{8}{3},\ c=1,\ d=\frac{2}{3},\ e=\frac{4}{3}$$

よって!!

化学反応式は…

$$Cu+\frac{8}{3}HNO_3\longrightarrow Cu(NO_3)_2+\frac{2}{3}NO+\frac{4}{3}H_2O$$

（$a=1$，$b=\frac{8}{3}$，$c=1$，$d=\frac{2}{3}$，$e=\frac{4}{3}$）

分数の係数はキレイさっぱりとね♥

全体を3倍して…

$$3Cu + 8HNO_3 \longrightarrow 3Cu(NO_3)_2 + 2NO + 4H_2O$$

答です!!

今回は**a** = **1**としましたが，別にb = 1やc = 1などとしても同様の結果が得られます。余裕のある人は試してみてはいかが??

……

では，演習コーナーです。

問題41 標準

次の化学反応式の係数を決め，化学反応式を完成せよ。

(1) $NH_4Cl + Ca(OH)_2 \longrightarrow CaCl_2 + H_2O + NH_3$

(2) $MnO_2 + HCl \longrightarrow MnCl_2 + H_2O + Cl_2$

(3) $KMnO_4 + H_2SO_4 + H_2C_2O_4 \longrightarrow MnSO_4 + K_2SO_4 + H_2O + CO_2$

ダイナミック解説

“暗算”で解決できると強がるアナタは，“暗算”で勝手にやってくれ!!
“暗算”できないことを大前提に**未定係数法**で解説するぞ!!

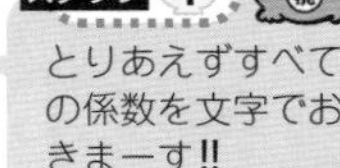

ステップ1 とりあえずすべての係数を文字でおきまーす!!

(1) $aNH_4Cl + bCa(OH)_2 \longrightarrow cCaCl_2 + dH_2O + eNH_3$

とおく。

ステップ2 方程式をたてる!!

各元素の原子について方程式をたてると，

Nについて，　$a = e$　…①

Hについて，　$4a + 2b = 2d + 3e$　…②

Clについて，　$a = 2c$　…③

Caについて，　$b = c$　…④

Oについて，　$2b = d$　…⑤

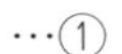

今回は5つの文字に対して5つの式があります。しかし，$a = 1$と決めた方が楽チンなのでこの方針でいきましょう!!
最もややこしい方程式②は確認に使います。

$a=1$とおくと，

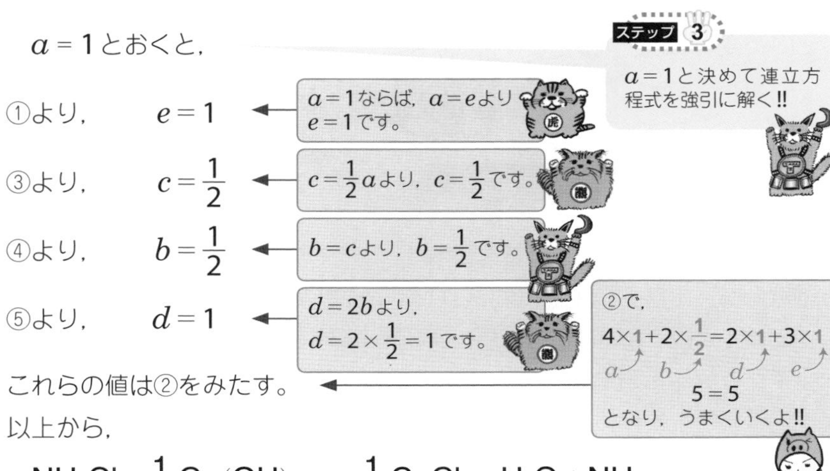

①より，　$e=1$

③より，　$c=\frac{1}{2}$

④より，　$b=\frac{1}{2}$

⑤より，　$d=1$

これらの値は②をみたす。

以上から，

$$NH_4Cl+\frac{1}{2}Ca(OH)_2 \longrightarrow \frac{1}{2}CaCl_2+H_2O+NH_3$$

($a=1$, $b=\frac{1}{2}$, $c=\frac{1}{2}$, $d=1$, $e=1$)

全体を2倍して，　← 係数はキレイに♥

$$2NH_4Cl+Ca(OH)_2 \longrightarrow CaCl_2+2H_2O+2NH_3$$

5つの文字に対して5つの方程式があります!!　“まともに解かなくていいのかよーっ!!”とブーイングが聞こえてきそうなので，真実を語ります。

では，まともに解いてみましょう。

③より，$c=\frac{1}{2}a$…③′　← a以外の文字をaで表してみます。

③′を④に代入して，

$$b=\frac{1}{2}a\cdots④'$$

（$b=c$…④　$c=\frac{1}{2}a$…③′）

④′を⑤に代入して，

$$d=2\times\frac{1}{2}a=a\cdots⑤'$$

（$d=2b$…⑤　$b=\frac{1}{2}a$…④′）

①，④′，⑤′を②に代入して，

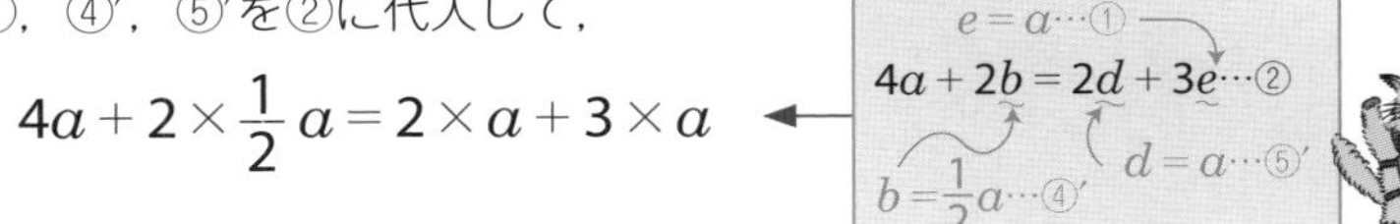

$$4a+2\times\frac{1}{2}a=2\times a+3\times a$$

ところが…

$5a = 5a$

こ，こ，これは…

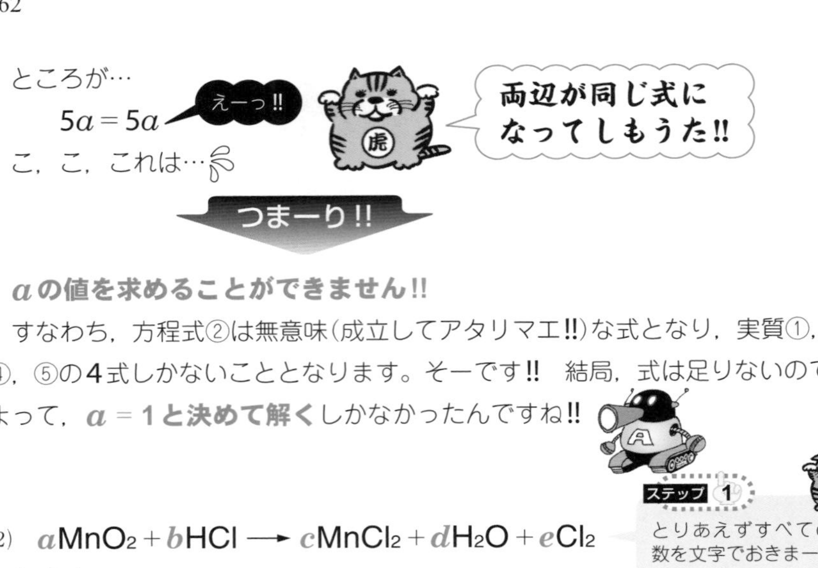

えーっ!!
両辺が同じ式になってしもうた!!
つまーり!!

aの値を求めることができません!!

すなわち，方程式②は無意味(成立してアタリマエ!!)な式となり，実質①，③，④，⑤の4式しかないこととなります。そーです!!　結局，式は足りないのです。よって，**$a = 1$と決めて解く**しかなかったんですね!!

ステップ1　とりあえずすべての係数を文字でおきまーす!!

(2)　$a\mathrm{MnO_2} + b\mathrm{HCl} \longrightarrow c\mathrm{MnCl_2} + d\mathrm{H_2O} + e\mathrm{Cl_2}$

とおく。

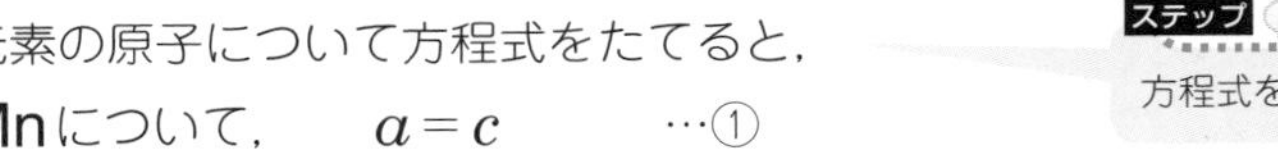

ステップ2　方程式をたてる!!

各元素の原子について方程式をたてると，

Mnについて，　$a = c$　…①

Oについて，　$2a = d$　…②

Hについて，　$b = 2d$　…③

Clについて，　$b = 2c + 2e$…④

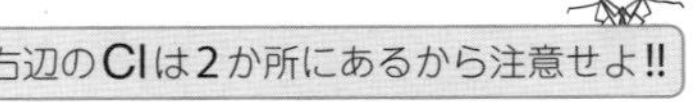

右辺のClは2か所にあるから注意せよ!!

ステップ3　$a = 1$と決めて連立方程式を強引に解く!!

$a = 1$とおくと，

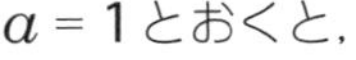

①より，　$c = 1$　（$a = c$…①　$a = 1$）

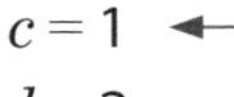

②より，　$d = 2$　（$2a = d$…②　$a = 1$）

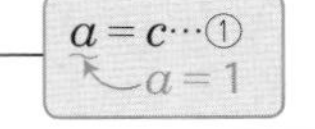

③より，　$b = 2 \times 2 = 4$　（$b = 2d$…③　$d = 2$）

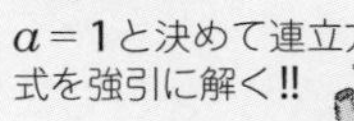

これらを④に代入して，

$4 = 2 \times 1 + 2e$　（$b = 2c + 2e$…④　$b = 4$　$c = 1$）

$\therefore\ e = 1$

以上から，

$\mathrm{MnO_2} + 4\mathrm{HCl} \longrightarrow \mathrm{MnCl_2} + 2\mathrm{H_2O} + \mathrm{Cl_2}$

今回は分数の係数がないのでこのままでOKだよ!!

(3)　$a\mathrm{KMnO_4} + b\mathrm{H_2SO_4} + c\mathrm{H_2C_2O_4}$
$\longrightarrow d\mathrm{MnSO_4} + e\mathrm{K_2SO_4} + f\mathrm{H_2O} + g\mathrm{CO_2}$
とおく。

ステップ1　とりあえずすべての係数を文字でおきまーす!!

各元素の原子について方程式をたてると，

ステップ2　方程式をたてる!!

Kについて，　$a = 2e$　…①

Mnについて，　$a = d$　…②

Oについて，　$4a + 4b + 4c$
$= 4d + 4e + f + 2g$…③

← Oはいろいろな所に散らばっているので要注意!!

Hについて，　$2b + 2c = 2f$
$\therefore\quad b + c = f$　…④

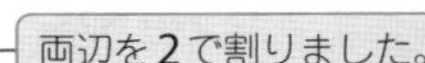

← 両辺を2で割りました。

Sについて，　$b = d + e$　…⑤

Cについて，　$2c = g$　…⑥

ステップ3　$a = 1$と決めて連立方程式を強引に解く!!

$a = 1$とおくと，

①より，　$1 = 2e$　← $a = 2e$…①　（$a = 1$）

$\therefore\quad e = \frac{1}{2}$

②より，　$d = 1$　← $a = d$…②　（$a = 1$）

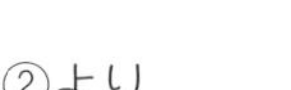

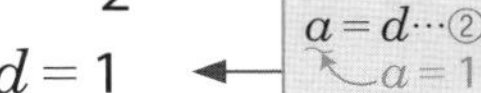

⑤より，　$b = 1 + \frac{1}{2} = \frac{3}{2}$　← $b = d + e$…⑤　（$d = 1$，$e = \frac{1}{2}$）

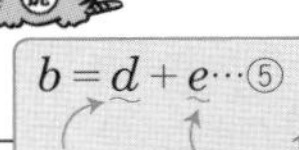

以上を，③，④に代入する。

③より，

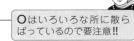

$$4 \times 1 + 4 \times \frac{3}{2} + 4c = 4 \times 1 + 4 \times \frac{1}{2} + f + 2g$$

← $a = 1$，$b = \frac{3}{2}$，$4a + 4b + 4c = 4d + 4e + f + 2g$…③，$d = 1$，$e = \frac{1}{2}$

$$10 + 4c = 6 + f + 2g$$

$$\therefore\quad 4c - f - 2g = -4 \cdots ③'$$

④より，

$$\frac{3}{2} + c = f \cdots ④'$$

← $b + c = f$…④　（$b = \frac{3}{2}$）

④′，⑥を③′に代入して，

$$4c - \left(\frac{3}{2} + c\right) - 2 \times 2c = -4$$

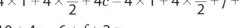

← $4c - f - 2g = -4$…③′　（$g = 2c$…⑥，$f = \frac{3}{2} + c$…④′）

$$\therefore\quad c = \frac{5}{2}$$

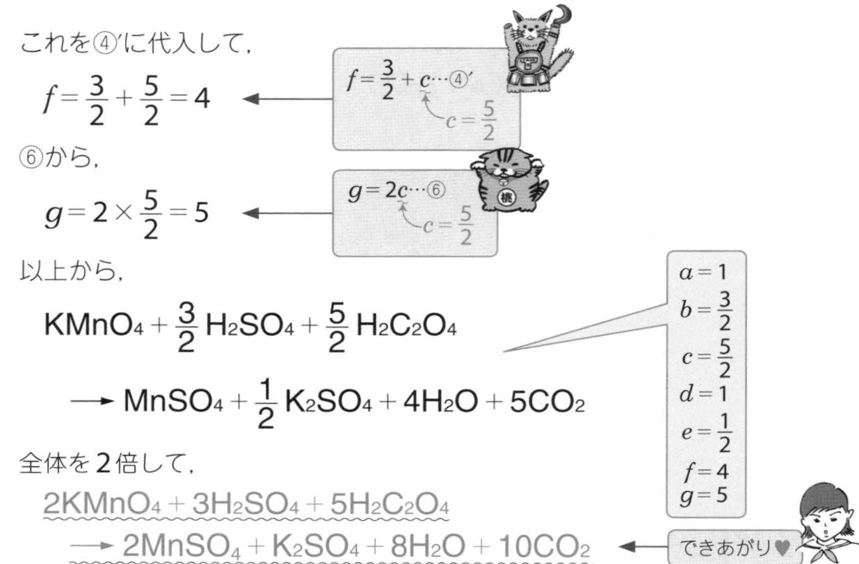

これを④′に代入して，

$$f=\frac{3}{2}+\frac{5}{2}=4$$

⑥から，

$$g=2\times\frac{5}{2}=5$$

以上から，

$$KMnO_4+\frac{3}{2}H_2SO_4+\frac{5}{2}H_2C_2O_4$$

$$\longrightarrow MnSO_4+\frac{1}{2}K_2SO_4+4H_2O+5CO_2$$

全体を2倍して，

$$2KMnO_4+3H_2SO_4+5H_2C_2O_4$$

$$\longrightarrow 2MnSO_4+K_2SO_4+8H_2O+10CO_2$$

RUB OUT 4 イオン反応式って何??

イオン反応式とは，その名のとおり，イオン間での反応に注目した化学反応式のことです(まぁ，そのまんまの話ですが)。

例1 銀イオンAg^+と塩化物イオンCl^-が反応すると，塩化銀$AgCl$の白い沈殿ができる。これをイオン反応式で示すと…

$$Ag^+ + Cl^- \longrightarrow AgCl$$

例2 亜鉛Znに水素イオンH^+を加えると，亜鉛がイオン化してZn^{2+}になり，水素H_2が発生する。

$$Zn+2H^+ \longrightarrow Zn^{2+}+H_2$$

注意 例1と例2でお気づきかもしれませんが，両辺の各原子数が等しいことはさることながら，両辺の**電荷の和も等しい**ことを押さえておいてください!!

例1 では…

（Ag^+）（Cl^-）

左辺の電荷の和は，＋1 − 1 ＝ **0**

右辺の電荷の和は，もともと **0**（AgCl）

→ **両辺の電荷の和は等しい!!**

例2 では…

（H^+）（H^+が2個）

左辺の電荷の和は，＋1 × 2 ＝ ＋**2**

右辺の電荷の和は，＋**2**（Zn^{2+}）

→ **両辺の電荷の和は等しい!!**

プロフィール

熊五郎（インスタで大人気!!）

　オムちゃんの5匹目の飼い猫（ペルシャ猫）です。なかなか一筋縄にいかない厄介な猫です。虎次郎を追いまわし，玉三郎のお尻を噛み，金四郎の顔にも飛びかかります。桃太郎のことは尊敬している様子です。

化学反応式の表す量的関係について

すべての化学反応式において，次の関係が成立します。

化学反応式の 係数比 ＝ 反応物質または生成物質の 物質量（モル）比

では，具体的に説明します。

例　窒素 N_2 と水素 H_2 を合成すると，アンモニア NH_3 が生成します。

これを化学反応式で表すと…

$$N_2 + 3H_2 \longrightarrow 2NH_3$$

となりまーす。

このとき!! 各係数に注目することにより，1個の N_2 と3個の H_2 が反応して2個の NH_3 が生成することがわかります。

$1N_2 + 3H_2 \rightarrow 2NH_3$

N_2 の係数は1　H_2 の係数は3　NH_3 の係数は2

このことにより，次の表の関係が理解できます。

個数の対応例です!!

反応する N_2 の分子数	反応する H_2 の分子数	生成する NH_3 の分子数
1個 **10個** **10000個** **6.02×10^{23} 個** ‖ **1mol**	**3個** **30個** **30000個** **$3 \times 6.02 \times 10^{23}$ 個** ‖ **3mol**	**2個** **20個** **20000個** **$2 \times 6.02 \times 10^{23}$ 個** ‖ **2mol**

この話題をまとめると…

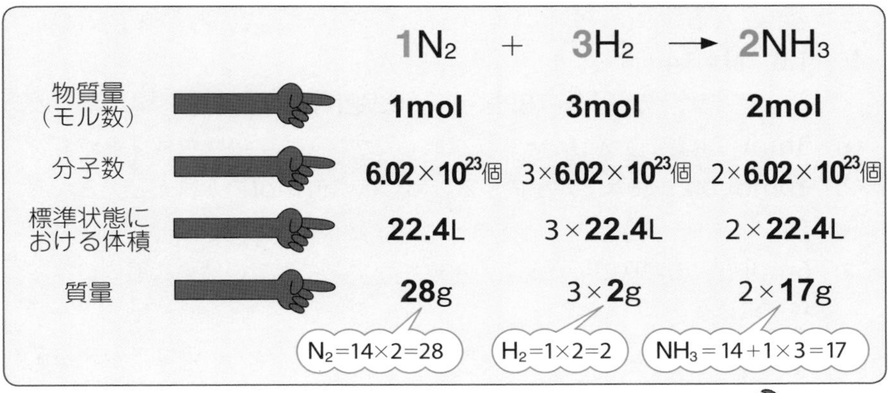

	$1N_2$	+ $3H_2$	→ $2NH_3$
物質量（モル数）	**1mol**	**3mol**	**2mol**
分子数	**6.02×10²³**個	3×**6.02×10²³**個	2×**6.02×10²³**個
標準状態における体積	**22.4**L	3×**22.4**L	2×**22.4**L
質量	**28**g	3×**2**g	2×**17**g
	$N_2=14\times2=28$	$H_2=1\times2=2$	$NH_3=14+1\times3=17$

さらに!!

物質量（モル）比と**分子数比**と**気体の体積比**の3つは係数比に一致することがわかるから…

	$1N_2$	+ $3H_2$	→ $2NH_3$
物質量比（モル比）	**1** :	**3** :	**2**
分子数比	**1** :	**3** :	**2**
同温・同圧における体積比	**1** :	**3** :	**2**

同温・同圧において同じ分子数（同じモル数）の気体分子が占める体積は種類によらず一定です!!　つまり，**標準状態**でなくても**同温・同圧**であれば上の比は成立します。

では，この例を問題にしてしまいます。

問題42 キソ

次の化学反応式について，以下の各問いに答えよ。ただし，原子量は H＝1.0，N＝14 とする。

$$N_2 + 3H_2 \longrightarrow 2NH_3$$

(1) 3molの窒素が反応したとき，生成したアンモニアの物質量を求めよ。

(2) 10molのアンモニアが生成するためには，何molの水素が必要となるか。

(3) 6molの水素が反応したとき，生成したアンモニアの標準状態における体積を求めよ。

(4) 3Lの窒素が反応したとき，同温・同圧で生成したアンモニアの体積を求めよ。

(5) 100Lのアンモニアが生成するためには，同温・同圧で何Lの水素が必要となるか。

(6) 12gの水素が反応したとき，生成したアンモニアの質量を求めよ。

(7) 170gのアンモニアが生成するためには，標準状態で何Lの窒素が必要となるか。

(8) 140gの窒素が反応したとき，生成したアンモニアの分子の個数を求めよ。ただし，アボガドロ定数は 6.0×10^{23} (/mol)とする。

ダイナミック解説

押さえるべきポイントはズバリ!!

物質量(モル)比
気体の体積比 ＝ **係数比**

ただし，同温・同圧においてです。

さらに，加えて…

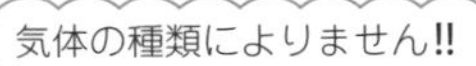

気体の種類によりません!!

標準状態における 1molの気体の体積 ＝ 22.4L

（1mol） ＝ 6.0×10^{23} 個

アボガドロ定数です!!

では，参りましょう!!

(1)　N_2の物質量（モル数）：NH_3の物質量（モル数）＝**1：2**

係数比です!!
$1N_2+3H_2 \longrightarrow 2NH_3$

よって，求めるアンモニアNH_3の物質量をx(mol)とすると，

$$3 : x = 1 : 2$$

N_2の物質量：NH_3の物質量

$$1 \times x = 3 \times 2$$

$$\therefore \quad x = 6\text{(mol)} \quad \cdots（答）$$

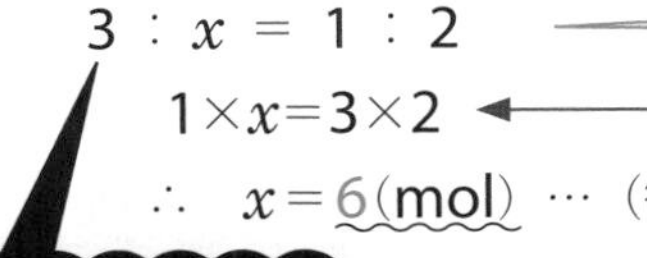

問題文参照!!　反応したN_2は3molです!!

一般に，
$A : B = C : D$
$\Leftrightarrow B \times C = A \times D$

(2)　H_2の物質量（モル数）：NH_3の物質量（モル数）＝**3：2**

係数比です!!
$N_2 + 3H_2 \longrightarrow 2NH_3$

よって，求める水素H_2の物質量をx(mol)とすると，

$$x : 10 = 3 : 2$$

問題文参照!!　生成したNH_3は10molです!!

H_2の物質量：NH_3の物質量

$$2x = 10 \times 3$$

$$\therefore \quad x = 15\text{(mol)} \quad \cdots（答）$$

一般に，
$A : B = C : D$
$\Leftrightarrow A \times D = B \times C$

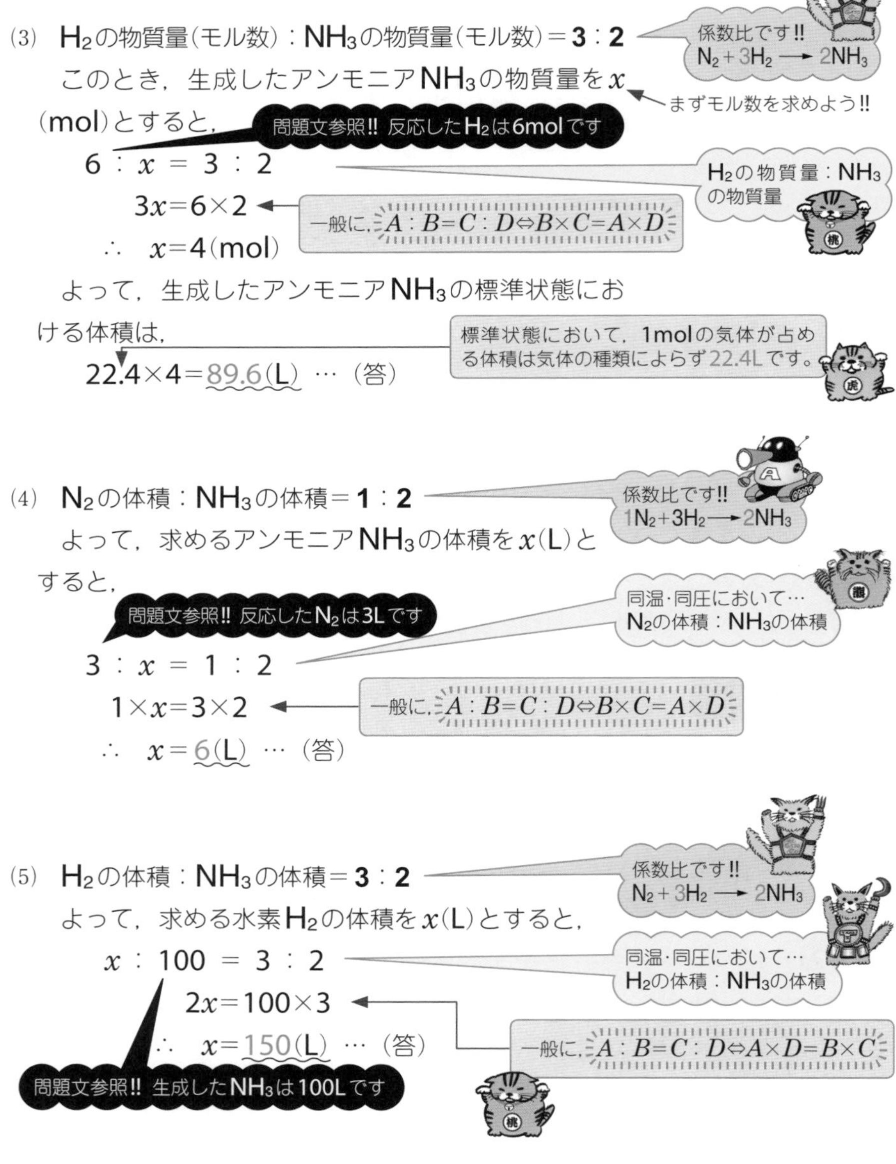
係数比です!!
$N_2 + 3H_2 \longrightarrow 2NH_3$
まずモル数を求めよう!!
問題文参照!! 反応したH_2は6molです
H_2の物質量：NH_3の物質量
一般に，$A:B=C:D \Leftrightarrow B\times C=A\times D$
標準状態において，1molの気体が占める体積は気体の種類によらず22.4Lです。
係数比です!!
$1N_2+3H_2 \longrightarrow 2NH_3$
同温·同圧において…
N_2の体積：NH_3の体積
問題文参照!! 反応したN_2は3Lです
一般に，$A:B=C:D \Leftrightarrow B\times C=A\times D$
係数比です!!
$N_2 + 3H_2 \longrightarrow 2NH_3$
同温·同圧において…
H_2の体積：NH_3の体積
一般に，$A:B=C:D \Leftrightarrow A\times D=B\times C$
問題文参照!! 生成したNH_3は100Lです

(3) H_2の物質量（モル数）：NH_3の物質量（モル数）＝**3：2**

このとき，生成したアンモニアNH_3の物質量をx（mol）とすると，

$6 : x = 3 : 2$

$3x = 6\times 2$

$\therefore\ x = 4$（mol）

よって，生成したアンモニアNH_3の標準状態における体積は，

$22.4\times 4 = 89.6$（L）…（答）

(4) N_2の体積：NH_3の体積＝**1：2**

よって，求めるアンモニアNH_3の体積をx（L）とすると，

$3 : x = 1 : 2$

$1\times x = 3\times 2$

$\therefore\ x = 6$（L）…（答）

(5) H_2の体積：NH_3の体積＝**3：2**

よって，求める水素H_2の体積をx（L）とすると，

$x : 100 = 3 : 2$

$2x = 100\times 3$

$\therefore\ x = 150$（L）…（答）

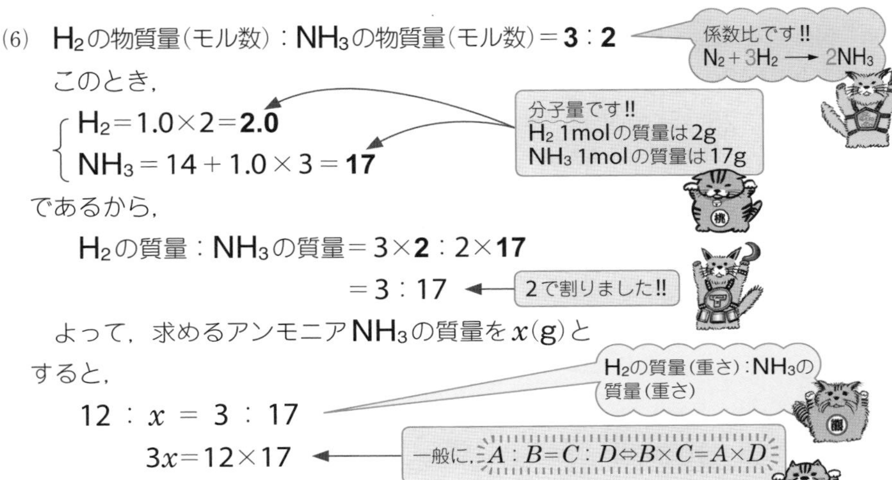

(6)　H_2の物質量(モル数)：NH_3の物質量(モル数)＝**3**：**2**

このとき，

$$\begin{cases} H_2 = 1.0 \times 2 = \mathbf{2.0} \\ NH_3 = 14 + 1.0 \times 3 = \mathbf{17} \end{cases}$$

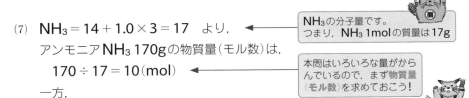

であるから，

$$H_2\text{の質量} : NH_3\text{の質量} = 3 \times \mathbf{2} : 2 \times \mathbf{17}$$
$$= 3 : 17$$

よって，求めるアンモニアNH_3の質量をx(g)とすると，

$$12 : x = 3 : 17$$
$$3x = 12 \times 17$$
$$\therefore\ x = 68\text{(g)}$$ …(答)

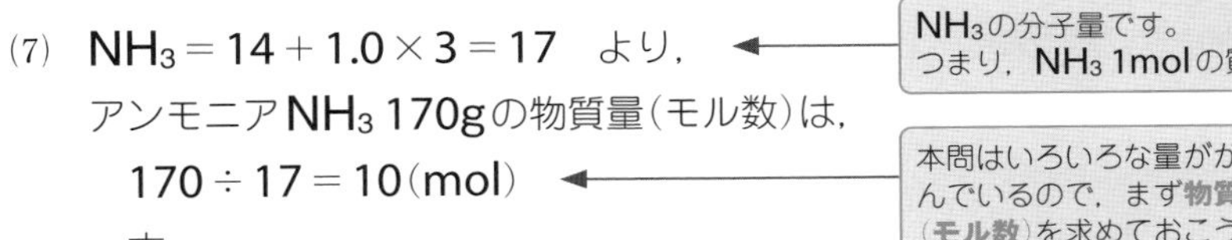

(7)　$NH_3 = 14 + 1.0 \times 3 = 17$　より，

アンモニアNH_3 170gの物質量(モル数)は，

$$170 \div 17 = 10\text{(mol)}$$

一方，

N_2の物質量(モル数)：NH_3の物質量(モル数)＝**1**：**2**

よって，反応した窒素N_2の物質量をx(mol)とすると，

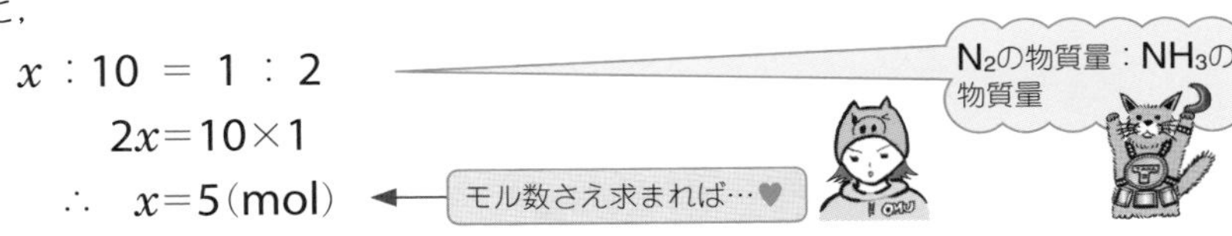

$$x : 10 = 1 : 2$$
$$2x = 10 \times 1$$
$$\therefore\ x = 5\text{(mol)}$$

つまり，反応した窒素N_2の標準状態における体積は，

$$22.4 \times 5 = 112\text{(L)}$$ …(答)

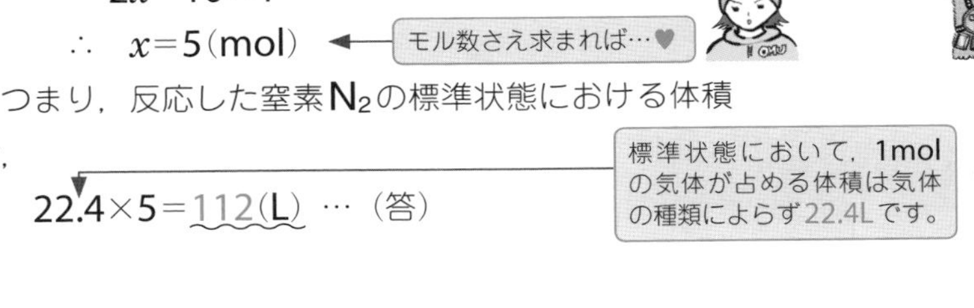

モル数さえ求まれば…♥
標準状態において，1molの気体が占める体積は気体の種類によらず22.4Lです。

(8)　$N_2 = 14 \times 2 = 28$　より，

（分子量です。N_2 1molの質量は28gです。）

窒素N_2 140gの物質量(モル数)は，

$140 \div 28 = 5$(mol)

（本問も，いろいろな量がからんでいるので，まず**物質量(モル数)**を求めておこう!!）

一方，

N_2の物質量(モル数)：NH_3の物質量(モル数)＝**1：2**

（係数比です!! $1N_2 + 3H_2 \longrightarrow 2NH_3$）

よって，生成したアンモニアNH_3の物質量を

x(mol)とすると，

$5 : x = 1 : 2$

（N_2の物質量：NH_3の物質量）

$1 \times x = 5 \times 2$

（一般に，$A : B = C : D \Leftrightarrow B \times C = A \times D$）

∴　$x = 10$(mol)

つまり，生成したアンモニアNH_3の分子数は，

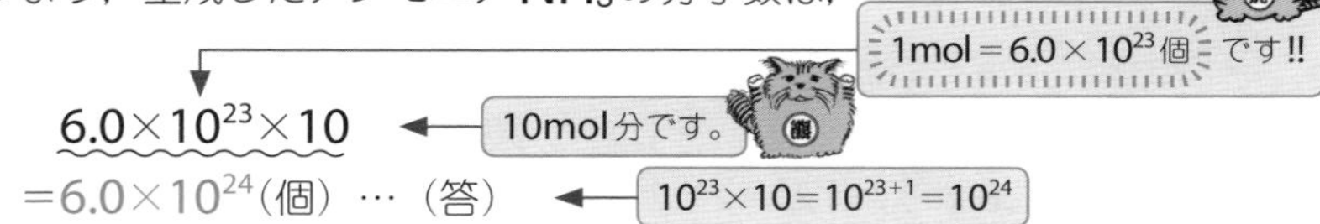

1mol＝6.0×10^23個 です!!
10mol分です。

$6.0 \times 10^{23} \times 10$

$= 6.0 \times 10^{24}$(個)　…（答）

（$10^{23} \times 10 = 10^{23+1} = 10^{24}$）

バンバンいきましょう!!

問題43 標準

標準状態で112Lの体積を占めるエチレンC_2H_4とプロパンC_3H_8の混合気体がある。この混合気体に酸素を加えて完全燃焼させた。この反応において，消費した酸素は672gであった。

このとき，次の各問いに答えよ。ただし，原子量は$H=1.0$，$C=12$，$O=16$とする。

(1) エチレンC_2H_4が完全燃焼したときの化学反応式を書け。

(2) プロパンC_3H_8が完全燃焼したときの化学反応式を書け。

(3) 最初の混合気体中にあったエチレンC_2H_4とプロパンC_3H_8の総物質量(モル数の合計)を，整数値で求めよ。

(4) 消費された酸素の物質量(モル数)を整数値で求めよ。

(5) 最初の混合気体中にあったエチレンC_2H_4の質量は何gか。整数値で求めよ。

(6) 燃焼によって生じた二酸化炭素の体積は，標準状態で何Lか。整数値で求めよ。

(7) 燃焼によって生じた水の質量は何gか。整数値で求めよ。

ダイナミックポイント!!

(1), (2) → p.154の 問題40 参照!! 本問では詳しく解説しませんので，あしからず…

(3), (4) → モル数の基礎が理解できていればできるはず!!

(5), (6), (7) → 主役はこの3問!! 最初の混合気体中のエチレンC_2H_4とプロパンC_3H_8の物質量(モル数)をそれぞれx(mol)，y(mol)とおいてみよう!!

で!! 前問 問題42 のように量的関係を押さえていけば…。

解答でござる

(1) $C_2H_4 + 3O_2 \longrightarrow 2CO_2 + 2H_2O$

(2) $C_3H_8 + 5O_2 \longrightarrow 3CO_2 + 4H_2O$

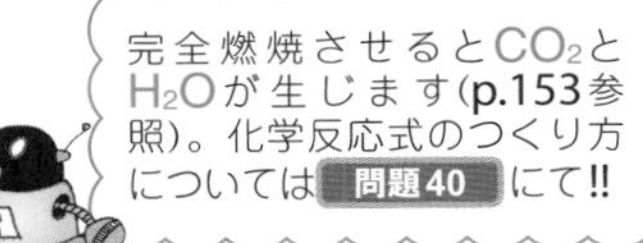

完全燃焼させるとCO_2とH_2Oが生じます(p.153参照)。化学反応式のつくり方については 問題40 にて!!

(3)　標準状態で最初の混合気体の体積は112Lであったから，これを物質量（モル数）に直すと，

$112 \div 22.4 = 5$(mol) … (答)

標準状態において，1molの気体が占める体積は，**気体の種類によらず**22.4Lです。ですから，混合気体であっても，ふつうに22.4で割ればOK!!

(4)　消費した酸素O_2は672gであったから，これを物質量（モル数）に直すと，$O_2 = 16 \times 2 = 32$より，

$672 \div 32 = 21$(mol) … (答)

分子量が32です。つまり，O_2 1molの質量は32gです。

具体的に文字でおいてみないとイメージしにくいぞ!!

(5)　最初の混合気体中において，

エチレンC_2H_4の物質量（モル数）をx(mol) …㋑
プロパンC_3H_8の物質量（モル数）をy(mol) …㋺

とおく。

このとき，量的関係は次のように表される。

エチレンC_2H_4の完全燃焼によって，

消費される酸素O_2 ⟶ $3x$(mol) …㋩
生じる二酸化炭素CO_2 ⟶ $2x$(mol) …㋥
生じる水H_2O ⟶ $2x$(mol) …㋭

$1C_2H_4 + 3O_2 \rightarrow 2CO_2 + 2H_2O$（$x$，$3x$）

$1C_2H_4 + 3O_2 \rightarrow 2CO_2 + 2H_2O$（$x$，$2x$）

$1C_2H_4 + 3O_2 \rightarrow 2CO_2 + 2H_2O$（$x$，$2x$）

プロパンC_3H_8の完全燃焼によって，

消費される酸素O_2 ⟶ $5y$(mol) …㋬
生じる二酸化炭素CO_2 ⟶ $3y$(mol) …㋣
生じる水H_2O ⟶ $4y$(mol) …㋠

$1C_3H_8 + 5O_2 \rightarrow 3CO_2 + 4H_2O$（$y$，$5y$）

$1C_3H_8 + 5O_2 \rightarrow 3CO_2 + 4H_2O$（$y$，$3y$）

$1C_3H_8 + 5O_2 \rightarrow 3CO_2 + 4H_2O$（$y$，$4y$）

(3)の結果と㋑，㋺より，

$x + y = 5$ …①

最初の混合気体の合計の物質量（モル数）は(3)より，5molとわかりました。

(4)の結果と㋩，㋬より，

$3x + 5y = 21$ …②

消費した酸素の物質量（モル数）は(4)より21molとわかりました。

①，②を解いて，

$x = 2$，$y = 3$

簡単な連立方程式です。大丈夫？

つまり，

最初の混合気体中において，

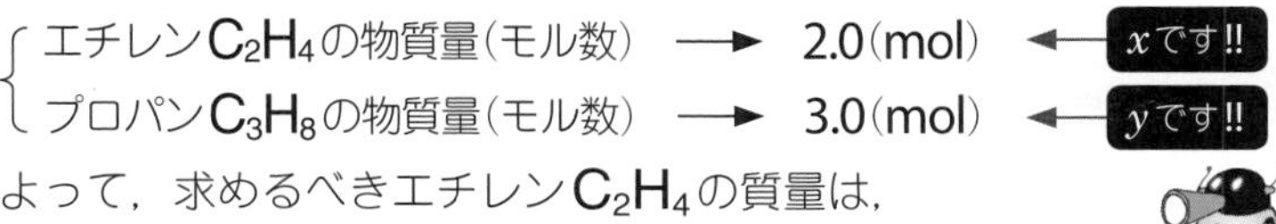

$$\begin{cases} \text{エチレン}C_2H_4\text{の物質量(モル数)} \longrightarrow 2.0(\text{mol}) \leftarrow x\text{です!!} \\ \text{プロパン}C_3H_8\text{の物質量(モル数)} \longrightarrow 3.0(\text{mol}) \leftarrow y\text{です!!} \end{cases}$$

よって，求めるべきエチレンC_2H_4の質量は，

$C_2H_4 = 12\times2 + 1.0\times4 = 28$であるから， ← 分子量ですよ。

$28\times2.0 = 56(\text{g})$ … (答)

↑ xです!! 2molです!!

(6) 燃焼によって生じた二酸化炭素CO_2の物質量(モル数)は㊁と㊦の合計であるから， ← 前ページ参照!!

詳しすぎる説明だ…。

$2x+3y(\text{mol})$

で表される。

さらに(5)で，$x=2$，$y=3$と求まっているから，

$2x+3y = 2\times2+3\times3$

$= 13(\text{mol})$

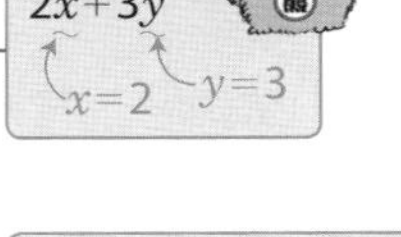

よって，生じた二酸化炭素CO_2の標準状態における体積は，

標準状態において1molの気体が占める体積は気体の種類によらず22.4L

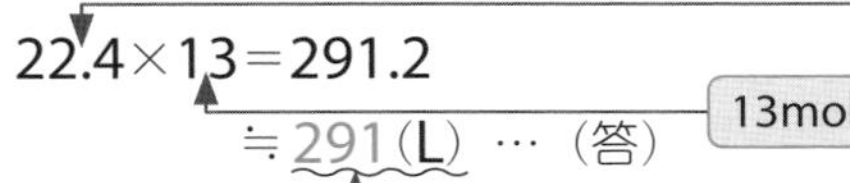

$22.4\times13 = 291.2$

$\fallingdotseq 291(\text{L})$ … (答)

↑ 13molです!!

↑ “整数値で求めよ”と注文があるので，小数第1位を四捨五入します。

(7) 燃焼によって生じた水H_2Oの物質量(モル数)は，㋭と㋠の合計であるから， ← 前ページ参照!!

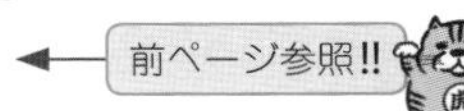

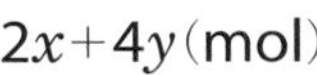

$2x+4y(\text{mol})$

ここまで詳しく解説するとは…

で表される。

さらに，(5)で$x=2$，$y=3$と求まっているから，

$2x+4y = 2\times2+4\times3$

$= 16(\text{mol})$

2x+4y (x=2, y=3)

よって，生じた水H_2Oの質量は，

$H_2O = 1.0\times2 + 16 = 18$であるから， ← 分子量だよ!!

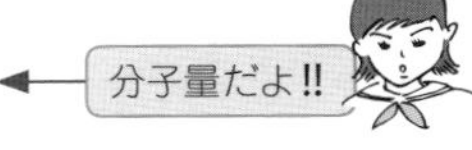

$18\times16 = 288(\text{g})$ … (答)

↑ 16molです。

化学の基礎法則とその周辺のお話

いきなりですが，例の赤いシートを出してください。法則名や化学者の名前は暗記していただかないと始まりません 『法則名はまだしも，なぜ化学者の名前まで覚えなきゃならないの？　地歴・公民じゃあるまいし…』などとブーイングが聞こえてきそうですが，入試に出るワケですから仕方ありません。私もイヤイヤ覚えました!!（坂田アキラ談）

Question	Answer	Comment
(1) 『化学変化において，反応前と反応後の総質量は互いに等しい』 この法則名と発見した人物の名前は？	法則名は… **質量保存の法則** 人物名は… **ラボアジエ（フランス人）**	例えば，反応前の物質の質量の和が100gだったら，反応後の物質の質量の和も100gということです。
(2) 『1つの化合物において，成分元素の質量の割合は，常に一定である』 この法則名と発見した人物の名前は？	法則名は… **定比例の法則** 人物名は… **プルースト（フランス人）**	例えば，水H_2Oの場合，水素1に対して酸素8の質量比で結びついている!! H_2O 1×2：16 ‖ 1：8 原子量H＝1，O＝16より…
(3) (1)，(2)の法則を裏づけるために， 『すべての物質は，それ以上分割できない粒子（原子）からできている』 つまり，原子説を提唱した人物の名前は？	**ドルトン（イギリス人）**	さらに… 「同じ元素の原子は質量や性質が等しく，異なる元素の原子はそれらが異なる」 「化合物は異なる元素の原子が一定の割合で結合している」 「化合や分解の際，原子は消滅したり，生成したりすることもない」 などとも同時に語っている!! 語りすぎだぜ!!

(4)　(3)の原子説が成り立つとすれば… 『A, Bの2元素を成分とする複数の化合物において，Aの一定質量と化合するBの質量は，これらの化合物の間で簡単な整数比となる』 はずであることに気づき，法則として発表した。 この法則名と発見した人物名を答えよ。	法則名は… **倍数比例の法則** 人物名は… **ドルトン（イギリス人）** 注　ドルトンは(3)の原子説とこの法則を同時に発表した!!	例えば… CとOの場合!! ㋑CO（一酸化炭素）では… C12gに対してO16gが化合している。 ↑ O＝16より ㋺CO_2（二酸化炭素）では… C12gに対してO32gが化合している。 ↑ O＝16より ㋑，㋺より， C12g（一定質量）に対するOの質量比は， 16：32＝1：2←簡単な整数比 となります。
(5)　『気体間の反応では，それらの気体の体積間に簡単な整数比が成立する』 この法則名と発見した人物の名前を答えよ。	法則名は… **気体反応の法則** 人物名は… **ゲーリュサック（フランス人）**	例えば… $1CH_4 + 2O_2 \rightarrow 1CO_2 + 2H_2O$ の場合，体積比は… 反応するCH_4の体積：反応するO_2の体積：生成するCO_2の体積：生成するH_2O(水蒸気)の体積 ＝1：2：1：2 と簡単な整数比で表されます。
(6)　『同温・同圧のもとで同体積の気体中には気体の種類に関係なく同数の分子が含まれる』 この法則名と発見した人物名を答えよ。	法則名は… **アボガドロの法則** (P.107参照) 人物名は… **アボガドロ（イタリア人）**	いいかえると… 同温・同圧において同じ分子数の気体が占める体積は気体の種類によらず一定である!! ↑ 標準状態で1molの気体が占める体積は必ず22.4Lでした!!
(7)　(6)が成立するならば，(3)の原子説だけでは説明がつかない そこで分子説が浮上!! この分子説を提唱した人物名を答えよ。  	**アボガドロ（イタリア人）**	例えば… $2H_2 + O_2 \rightarrow 2H_2O$の反応式を考えたとき え゛ーっ!!　2＋1＝3Lじゃない!! イメージは… 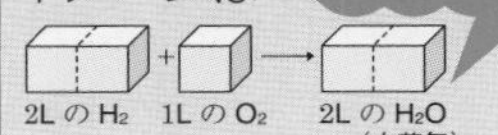 というようになりますね。原子たちが分子という集合体をつくってくれないと，この説明がつきません!!

では，全体の流れをまとめておきましょう!!

質量保存の法則

化学変化において反応の前後で総質量は変化しない!!

by ラボアジエ（仏）1774年

定比例の法則

1つの化合物において成分元素の質量の割合は常に一定である!!

by プルースト（仏）1799年

↓

ドルトンの原子説

すべての物質はそれ以上分割できない粒子（原子）からできている!!

by ドルトン（英）1803年

気体反応の法則

気体間の反応では，それらの気体の体積間に簡単な整数比が成立する!!

by ゲーリュサック（仏）1808年

倍数比例の法則

A，Bの2元素を成分とする複数の化合物において，Aの一定質量と化合するBの質量は，これらの化合物の間で簡単な整数比となる。

by ドルトン（英）1803年

↓

アボガドロの分子説

気体はいくつかの原子が集まってできた分子という粒子からできている!!

by アボガドロ（伊）1811年

アボガドロの法則

同温・同圧のもとで同体積の気体中には，種類に関係なく同数の分子が含まれる!!

by アボガドロ（伊）1811年

オレたちの勉強する内容を増やしたコイツらの罪は重い!!

酸と塩基の反応の巻

Theme 22 酸と塩基の物語

酸性とアルカリ性のお話らしい

RUB OUT 1 酸と塩基って何!?

アレニウス(アレーニウス)は，酸と塩基を次のように定義している。

アレニウスの定義

水溶液中で電離して**水素イオンH^+**を生じる物質 → **酸**

水溶液中で電離して**水酸化物イオンOH^-**を生じる物質 → **塩基**

酸から放出されたH^+は，水溶液中で水H_2Oと結合して，

$$H^+ + H_2O \longrightarrow H_3O^+$$

のように**オキソニウムイオン**H_3O^+として存在しています。
とりあえず，この事実だけは暗記しておいてください!!

酸の例

すべて水溶液中でのお話です!!

塩酸 HCl	$\longrightarrow$	H^+	+	Cl^-
硝酸 HNO_3	$\longrightarrow$	H^+	+	NO_3^-
硫酸 H_2SO_4	$\longrightarrow$	$2H^+$	+	SO_4^{2-}
酢酸 CH_3COOH	$\rightleftarrows$	CH_3COO^-	+	H^+

H^+が出てる!!

酢酸は完全には電離しません!!
$CH_3COOH \longrightarrow CH_3COO^- + H^+$ (電離する!!)
$CH_3COOH \longleftarrow CH_3COO^- + H^+$ (もとに戻る!!)
の両方の反応が常に起き，**平衡状態**を保ちます。

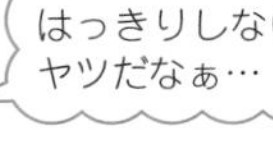

OH⁻が出てる!!

塩基の例

すべて水溶液中でのお話です!!

水酸化ナトリウム $NaOH$	$\longrightarrow$	Na^+	+	OH^-
水酸化カリウム KOH	$\longrightarrow$	K^+	+	OH^-
水酸化カルシウム $Ca(OH)_2$	$\longrightarrow$	Ca^{2+}	+	$2OH^-$
水酸化バリウム $Ba(OH)_2$	$\longrightarrow$	Ba^{2+}	+	$2OH^-$

アンモニア水のお話ですよ!!

で!!　アンモニアNH_3水の場合ですが…

$$NH_3 + H_2O \rightleftarrows NH_4^+ + OH^-$$

（水溶液中の水H_2Oを巻き込んで…）（NH_4^+：アンモニウムイオン）（OH^-：キターッ!!）

のようになります。

つまり，OH^-が放出されるので，**塩基**ってことになります。例外みたいな感覚で覚えておいてね♥

酸性とアルカリ性の話ですね…

RUB OUT 2　酸・塩基の性質

酸

酸には，次のような共通した性質があります。このような性質を**酸性**と申します。

① 青色リトマス紙を赤色に変える。（小学校で学習ずみ!!）

② BTB溶液（ブロモチモールブルー溶液）を黄色にする。（酸味のあるレモン色のイメージ）

③ 酸味がある（すっぱい!!）。

塩基

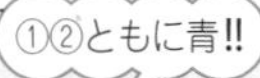

塩基には，次のような共通した性質があります。このような性質を**塩基性**（**アルカリ性**）と申します。

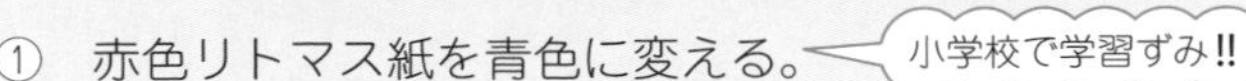

① 赤色リトマス紙を青色に変える。

② BTB溶液（ブロモチモールブルー溶液）を青色にする。

RUB OUT 3　価数のお話

この話は簡単です!!　何個のH^+もしくはOH^-を放出するか？　ってことです。

1価の酸 → 塩酸HCl，硝酸HNO_3，酢酸CH_3COOH

2価の酸 → 硫酸H_2SO_4，炭酸H_2CO_3，硫化水素H_2S

3価の酸 → リン酸H_3PO_4

1価の塩基 ☞ 水酸化ナトリウム $NaOH$，水酸化カリウム KOH，アンモニア NH_3 p.181参照!!

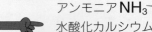

2価の塩基 ☞ 水酸化カルシウム $Ca(OH)_2$，水酸化バリウム $Ba(OH)_2$

水酸化亜鉛 $Zn(OH)_2$，水酸化銅（Ⅱ）$Cu(OH)_2$

3価の塩基 ☞ 水酸化アルミニウム $Al(OH)_3$，水酸化鉄（Ⅲ）$Fe(OH)_3$

ここにあげた酸と塩基は覚えておけ!!

強いのかい？
弱いのかい？
どっちなんだい!!

RUB OUT 4 電離度と酸・塩基の強弱

電解質（電離する物質）を水に溶かすと，水の中で電離して陽イオンと陰イオンを生じます。ところが，電解質の種類によって，電離する割合が異なる!!（ほとんど電離するヤツもいれば，あんまり電離しないヤツもいる）

そこで!! この電離する割合を示した数値を**電離度**と呼びます。

$$\text{電離度}\ \alpha = \frac{\text{実際に電離した電解質の物質量(mol)}}{\text{溶けている電解質の物質量(mol)}} = \frac{\text{電離した電解質のモル濃度(mol/L)}}{\text{電解質のモル濃度(mol/L)}}$$

電離度は α（アルファ）で表すことが多い!!

分母と分子の単位は同じです!! よって，単位は約分されて消えます。つまり，**電離度 α に単位はありません!!**

注1 電離度 α は温度や濃度によって変化します（「化学」でやります!!）。このあたりはあまり深く考えなくてOK!! ただ，頭の隅に入れておいてください♥

注2 電離度 α は，$0 \leqq \alpha \leqq 1$ の範囲内の値になります。

例えば…

この電離度 α の大小によって酸と塩基の強弱が決定します!!

とゆーわけで…

100%近く電離する!!

$\alpha\fallingdotseq 1$ の場合が強酸・強塩基に対応!!

あまり電離しない!!

$\alpha\ll 1$ の場合が弱酸・弱塩基に対応!!

このいずれかに分類されると考えてください。

まれに中途半端なヤツもありますが，このあたりは突っ込まれないのでご安心を!!

このとき!!

強酸の代表は…

この3つは超有名!!

塩酸 HCl，硝酸 HNO_3，硫酸 H_2SO_4

強塩基の代表は…

水酸化ナトリウム $NaOH$，水酸化カリウム KOH，
水酸化カルシウム $Ca(OH)_2$，水酸化バリウム $Ba(OH)_2$

とりあえず，これら以外はすべて『弱い』とお考えください!!

注 参考書によっては，リン酸H_3PO_4のみ**中程度の酸**といった微妙な表現がなされています。

ぶっちゃけ，このリン酸H_3PO_4も弱酸の仲間と思ってくれていいです!!

では，電離度αについての問題でーす!!

問題44 キソ

次の各問いに答えよ。

(1) 0.040mol/Lの酢酸CH_3COOH水溶液の水素イオン濃度(水素イオンH^+のモル濃度)が1.0×10^{-4}mol/Lであるとき，酢酸の電離度を求めよ。

(2) 0.020mol/Lの酢酸CH_3COOH水溶液の電離度が0.018であるとき，水素イオン濃度(水素イオンH^+のモル濃度)を求めよ。

(3) 0.30mol/LのアンモニアNH_3水溶液の電離度が6.0×10^{-3}であるとき，水酸化物イオンOH^-のモル濃度を求めよ。

ダイナミック解説

ポイントを整理しておきましょう!!

(1) $CH_3COOH \rightleftarrows CH_3COO^- + H^+$

係数に注目してください。

$1CH_3COOH \rightleftarrows CH_3COO^- + 1H^+$
1 : 1

電離したCH_3COOHのモル濃度＝(生成した)水素イオンH^+のモル濃度

つまり…

問題文を見よう!!

電離したCH_3COOHのモル濃度＝1.0×10^{-4}(mol/L)となります。

よって，酢酸の電離度αは，

$$\alpha = \frac{\textbf{電離した}CH_3COOH\textbf{のモル濃度}}{CH_3COOH\textbf{のモル濃度}}$$

電離度αの定義だよ!!

$$= \frac{1.0 \times 10^{-4}(\text{mol/L})}{0.040(\text{mol/L})}$$

単位mol/Lは，約分によりなくなります!!

$$= \frac{1.0 \times 10^{-4}}{4.0 \times 10^{-2}}$$

$0.040 = \frac{4.0}{100} = \frac{4.0}{10^2} = 4.0 \times 10^{-2}$

$$= \frac{1}{4} \times 10^{-2}$$
$$= 0.25 \times 10^{-2}$$
$$= 2.5 \times 10^{-1} \times 10^{-2}$$
$$= 2.5 \times 10^{-3}$$

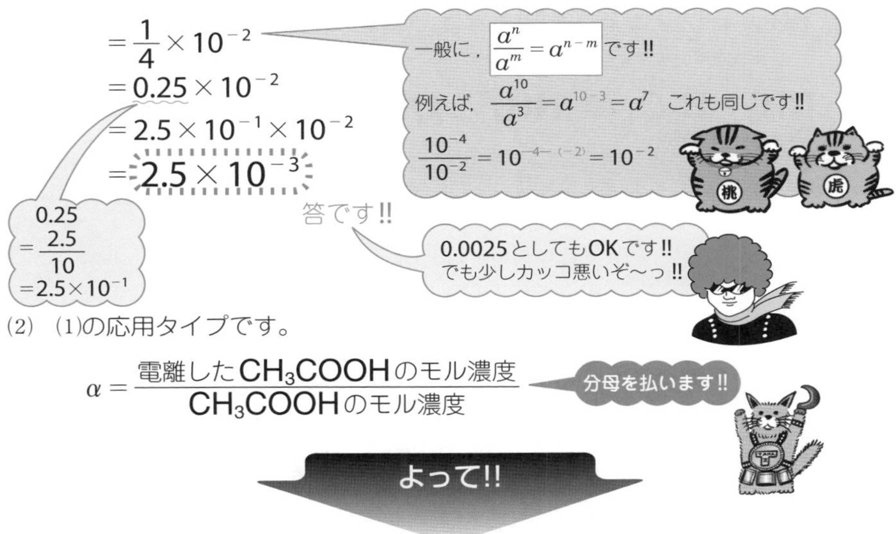

一般に，$\frac{a^n}{a^m} = a^{n-m}$ です!!
例えば，$\frac{a^{10}}{a^3} = a^{10-3} = a^7$　これも同じです!!
$\frac{10^{-4}}{10^{-2}} = 10^{-4-(-2)} = 10^{-2}$
$0.25 = \frac{2.5}{10} = 2.5 \times 10^{-1}$
答です!!
0.0025としてもOKです!!
でも少しカッコ悪いぞ〜っ!!
分母を払います!!
よって!!

(2)　(1)の応用タイプです。

$$\alpha = \frac{\text{電離した}CH_3COOH\text{のモル濃度}}{CH_3COOH\text{のモル濃度}}$$

電離した CH_3COOH のモル濃度＝(CH_3COOH のモル濃度)$\times \alpha$

これを活用すれば万事解決!!

水素イオンのモル濃度＝電離した CH_3COOH のモル濃度

$$= 0.020 \times 0.018$$
$$= 2.0 \times 10^{-2} \times 1.8 \times 10^{-2}$$
$$= 3.6 \times 10^{-4} \text{(mol/L)}$$

(1)で説明したとおり，
電離したCH_3COOHのモル濃度
＝生成した水素イオンH^+のモル
濃度だよ!!
CH_3COOHのモル濃度(mol/L)
電離度α
$0.020 = \frac{2.0}{10^2} = 2.0 \times 10^{-2}$
$0.018 = \frac{1.8}{10^2} = 1.8 \times 10^{-2}$
答です!!
一般に，
$a^m \times a^n = a^{m+n}$
例えば…
$a^3 \times a^2 = a^{3+2} = a^5$
今回は…
$10^{-2} \times 10^{-2} = 10^{-2+(-2)} = 10^{-4}$
なるほどねぇ…

(3) p.181参照!! アンモニアNH_3水は，OH^-の放出のやり方に特徴が!!

水溶液中の水を巻き込む!!

$$NH_3 + H_2O \rightleftarrows NH_4^+ + OH^-$$

$1NH_3 + H_2O \rightleftarrows NH_4^+ + 1OH^-$
1 : 1

係数に注目してください。

> 電離したNH_3のモル濃度＝(生成した)水酸化物イオンOH^-のモル濃度

今回は風変わりな反応式ですが，電離は電離です。

(2)と同様に…

$$\alpha = \frac{\text{電離した}NH_3\text{のモル濃度}}{NH_3\text{のモル濃度}}$$

電離度

分母を払います!!

∴ 電離したNH_3のモル濃度＝(NH_3のモル濃度)×α

以上から…

水酸化物イオンOH^-のモル濃度＝電離したNH_3のモル濃度
＝(NH_3のモル濃度)×α
＝$0.30 \times 6.0 \times 10^{-3}$
＝1.8×10^{-3}(mol/L)

答です!!

ザ・まとめ

> 酸または塩基のモル濃度をC(mol/L)として，電離度をαとすると，電離した酸または塩基のモル濃度は$C\alpha$(mol/L)と表される。

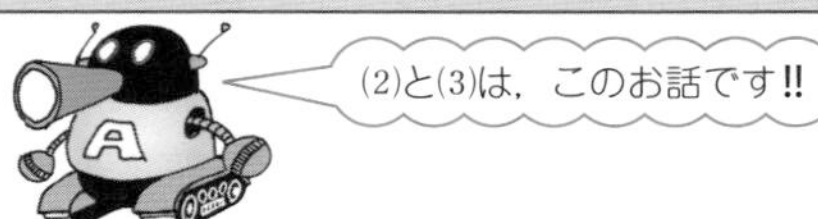

(2)で…

$[H^+] = C\alpha$

(3)で…

$[OH^-] = C\alpha$

となりましたが，これは偶然です。いつもこうなると思ったらダメです!!

例えば，炭酸H_2CO_3の場合は…

$H_2CO_3 \rightleftarrows 2H^+ + CO_3^{2-}$

1　:　2

と表されるので，

$[H^+] = 2 \times$（電離したH_2CO_3のモル濃度）

$= 2 \times C\alpha$

2倍!!

となります!!

また，水酸化アルミニウム$Al(OH)_3$の場合は…

$Al(OH)_3 \rightleftarrows Al^{3+} + 3OH^-$

1　:　3

と表されるので，

$[OH^-] = 3 \times$（電離した$Al(OH)_3$のモル濃度）

$= 3 \times C\alpha$

3倍!!

となります!!

RUB OUT 5　水のイオン積

何だオマエは～っ!!

「化学基礎」では発展扱いとなっていますが，
これを押さえておけば，いいことがありますよ!!

水は，ごくわずかではあるが，次のように電離しています。

水中では，水素イオンH^+のモル濃度と水酸化物イオンOH^-のモル濃度との間には，**温度が一定**であれば，次のような関係が成り立ちます。

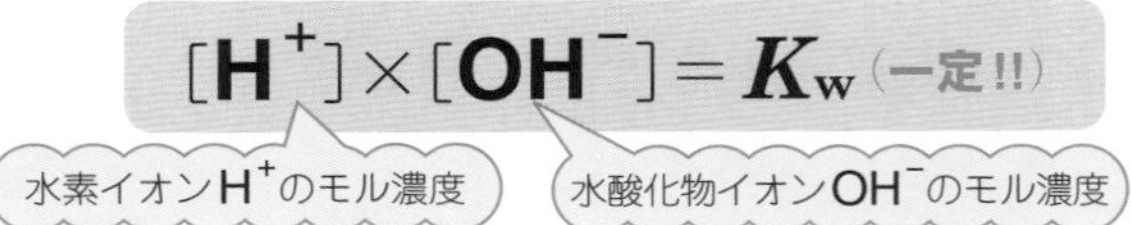

このとき，このK_wを**水のイオン積**と呼びます。

で!! このK_wの値は，**25℃**のとき，

25℃のときしか出題されません!!

$$K_w = 1.0 \times 10^{-14} (\text{mol/L})^2$$

$[H^+]$の単位はmol/L
$[OH^-]$の単位はmol/L
よって!!
$[H^+] \times [OH^-]$の単位は
$(\text{mol/L}) \times (\text{mol/L}) = (\text{mol/L})^2$

このとき!!

とくに，**純水**の場合，アタリマエの話ですが**中性**のはずです!!
中性ってことは，$[H^+] = [OH^-]$となるはずです。

酸性の証であるH^+と塩基性の証であるOH^-の量がつり合っている。

$[H^+] = [OH^-]$になっている!!

つまり!! 純水（中性）の場合…

$$[H^+] = 1.0 \times 10^{-7} (\text{mol/L}),\ [OH^-] = 1.0 \times 10^{-7} (\text{mol/L})$$

となります。

$[H^+] = 1.0 \times 10^{-7} (\text{mol/L})$，$[OH^-] = 1.0 \times 10^{-7} (\text{mol/L})$
であれば，$[H^+] \times [OH^-] = 1.0 \times 10^{-7} \times 1.0 \times 10^{-7} = 1.0 \times 10^{-14} (\text{mol/L})^2$
ちゃんと$K_w = 1.0 \times 10^{-14} (\text{mol/L})^2$をみたしているね♥

RUB OUT 6 pH（ピーエイチ）の求め方 Part I

ピーエイチ…。
そのまんまかよ!!

ある溶液の水素イオン濃度（水素イオンのモル濃度）$[H^+]$が，

$$[H^+] = 1.0 \times 10^{-n} \text{(mol/L)}$$

のとき，この n の値を，この溶液の **pH** と呼びます。

例　$[H^+] = 1.0 \times 10^{-2}$ (mol/L)　このとき…　**pH** = 2
$[H^+] = 1.0 \times 10^{-7}$ (mol/L)　このとき…　**pH** = 7
$[H^+] = 1.0 \times 10^{-12}$ (mol/L)　このとき…　**pH** = 12

なるほど!

で!!　前ページの**水のイオン積 K_w** の話と組み合わせると…

$$K_w = [H^+] \times [OH^-] = 1.0 \times 10^{-14} \text{(mol/L)}^2$$

このようになりまーす!!

pH	0	1	2	3	4	5	6	7	8	9	10	11	12	13	14
$[H^+]$ (mol/L)	1.0	1.0×10^{-1}	1.0×10^{-2}	1.0×10^{-3}	1.0×10^{-4}	1.0×10^{-5}	1.0×10^{-6}	1.0×10^{-7}	1.0×10^{-8}	1.0×10^{-9}	1.0×10^{-10}	1.0×10^{-11}	1.0×10^{-12}	1.0×10^{-13}	1.0×10^{-14}
$[OH^-]$ (mol/L)	1.0×10^{-14}	1.0×10^{-13}	1.0×10^{-12}	1.0×10^{-11}	1.0×10^{-10}	1.0×10^{-9}	1.0×10^{-8}	1.0×10^{-7}	1.0×10^{-6}	1.0×10^{-5}	1.0×10^{-4}	1.0×10^{-3}	1.0×10^{-2}	1.0×10^{-1}	1.0

中性!!

よって!!

不等号の向きに注意!!

酸　性	中　性	塩基性
pH < 7 $[H^+] > 1.0 \times 10^{-7}$ (mol/L)	**pH** $= 7$ $[H^+] = 1.0 \times 10^{-7}$ (mol/L)	**pH** > 7 $[H^+] < 1.0 \times 10^{-7}$ (mol/L)

では，ちょっと練習です。

問題45 標準

次の水溶液の **pH** を求めよ。

(1) 0.0010mol/L の希塩酸

(2) 0.0050mol/L の希硫酸

(3) 0.10mol/L の酢酸水溶液(酢酸の電離度は 0.010 とする)

(4) 0.010mol/L の水酸化ナトリウム水溶液

(5) 0.10mol/L アンモニア水(アンモニアの電離度は 0.010 とする)

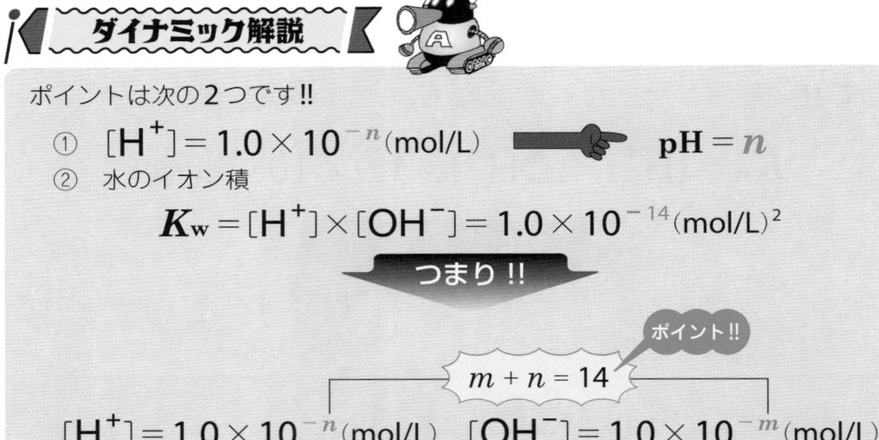

ダイナミック解説
ポイントは次の2つです!!
① $[H^+]=1.0\times10^{-n}$(mol/L) → pH = n
② 水のイオン積
$K_w=[H^+]\times[OH^-]=1.0\times10^{-14}(mol/L)^2$
つまり!!
ポイント!!
$m+n=14$
$[H^+]=1.0\times10^{-n}$(mol/L)，$[OH^-]=1.0\times10^{-m}$(mol/L)

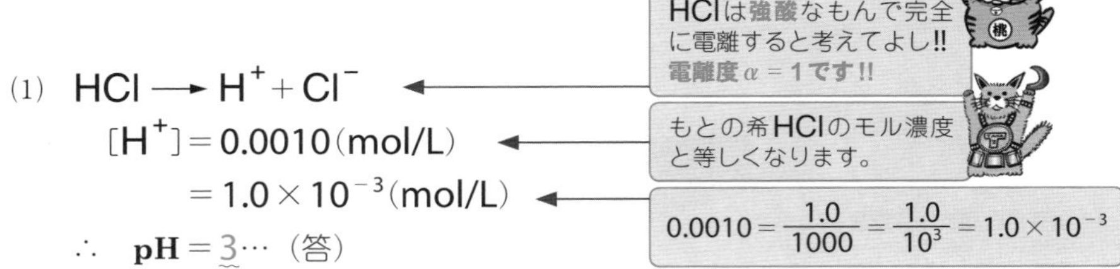

(1) $HCl \longrightarrow H^+ + Cl^-$

$[H^+]=0.0010$(mol/L)

$=1.0\times10^{-3}$(mol/L)

∴ **pH** = 3… (答)

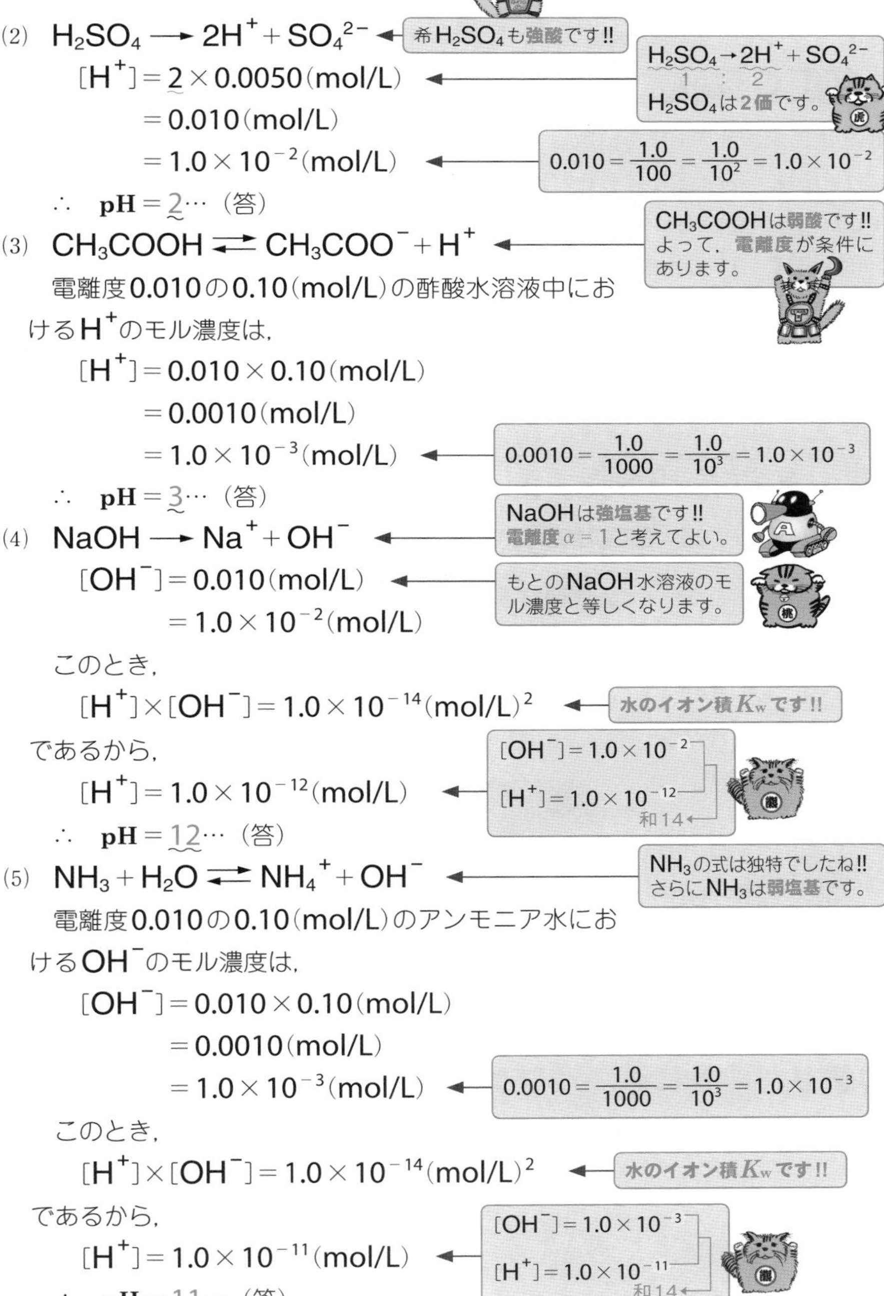

(2)　$H_2SO_4 \longrightarrow 2H^+ + SO_4^{2-}$　←　希 H_2SO_4 も強酸です!!

$[H^+] = \underset{\sim}{2} \times 0.0050$ (mol/L)　←　$\underset{1}{H_2SO_4} \rightarrow \underset{2}{2H^+} + SO_4^{2-}$　H_2SO_4 は2価です。

$= 0.010$ (mol/L)

$= 1.0 \times 10^{-2}$ (mol/L)　←　$0.010 = \frac{1.0}{100} = \frac{1.0}{10^2} = 1.0 \times 10^{-2}$

∴　**pH** $= \underset{\sim}{2}$ …（答）

(3)　$CH_3COOH \rightleftarrows CH_3COO^- + H^+$　←　CH_3COOH は弱酸です!! よって，電離度が条件にあります。

電離度0.010の0.10 (mol/L) の酢酸水溶液中における H^+ のモル濃度は，

$[H^+] = 0.010 \times 0.10$ (mol/L)

$= 0.0010$ (mol/L)

$= 1.0 \times 10^{-3}$ (mol/L)　←　$0.0010 = \frac{1.0}{1000} = \frac{1.0}{10^3} = 1.0 \times 10^{-3}$

∴　**pH** $= \underset{\sim}{3}$ …（答）

(4)　$NaOH \longrightarrow Na^+ + OH^-$　←　NaOHは強塩基です!! 電離度 $\alpha = 1$ と考えてよい。

$[OH^-] = 0.010$ (mol/L)　←　もとのNaOH水溶液のモル濃度と等しくなります。

$= 1.0 \times 10^{-2}$ (mol/L)

このとき，

$[H^+] \times [OH^-] = 1.0 \times 10^{-14}$ (mol/L)^2　←　水のイオン積 K_w です!!

であるから，

$[H^+] = 1.0 \times 10^{-12}$ (mol/L)　←　$[OH^-] = 1.0 \times 10^{-2}$　$[H^+] = 1.0 \times 10^{-12}$　和14

∴　**pH** $= \underset{\sim}{12}$ …（答）

(5)　$NH_3 + H_2O \rightleftarrows NH_4^+ + OH^-$　←　NH_3 の式は独特でしたね!! さらに NH_3 は弱塩基です。

電離度0.010の0.10 (mol/L) のアンモニア水における OH^- のモル濃度は，

$[OH^-] = 0.010 \times 0.10$ (mol/L)

$= 0.0010$ (mol/L)

$= 1.0 \times 10^{-3}$ (mol/L)　←　$0.0010 = \frac{1.0}{1000} = \frac{1.0}{10^3} = 1.0 \times 10^{-3}$

このとき，

$[H^+] \times [OH^-] = 1.0 \times 10^{-14}$ (mol/L)^2　←　水のイオン積 K_w です!!

であるから，

$[H^+] = 1.0 \times 10^{-11}$ (mol/L)　←　$[OH^-] = 1.0 \times 10^{-3}$　$[H^+] = 1.0 \times 10^{-11}$　和14

∴　**pH** $= \underset{\sim}{11}$ …（答）

もう少し突っ込んでみましょう!!

問題46 標準

次の水溶液の**pH**を整数値で求めよ。

(1) **pH** = 2の塩酸を水で100倍に希釈した水溶液

(2) **pH** = 1の塩酸を水で10000倍に希釈した水溶液

(3) **pH** = 11の水酸化ナトリウム水溶液を水で10倍に希釈した水溶液

(4) **pH** = 12の水酸化バリウム水溶液を水で1000倍に希釈した水溶液

(5) **pH** = 3の硫酸(硫酸水溶液)を水で10^8倍に希釈した水溶液

(6) **pH** = 12の水酸化カリウム水溶液を水で10^8倍に希釈した水溶液

ダイナミック解説

(1) **pH** = 2の塩酸 つまり… 1.0×10^{-2}(mol/L)の塩酸

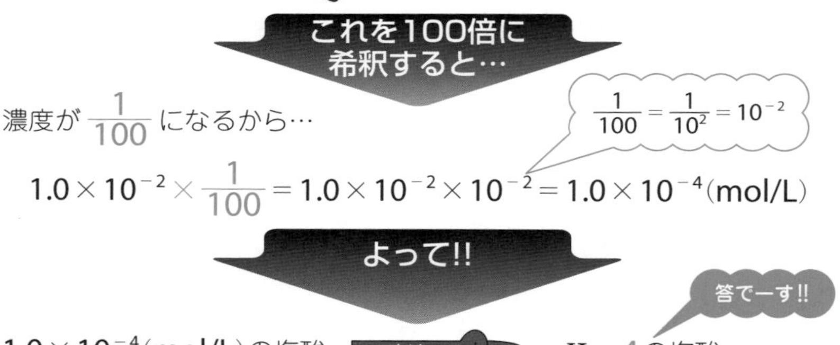

これを100倍に希釈すると…
濃度が $\frac{1}{100}$ になるから…
$\frac{1}{100} = \frac{1}{10^2} = 10^{-2}$
$1.0 \times 10^{-2} \times \frac{1}{100} = 1.0 \times 10^{-2} \times 10^{-2} = 1.0 \times 10^{-4}$(mol/L)
よって!!
答でーす!!
1.0×10^{-4}(mol/L)の塩酸 つまり… pH = 4の塩酸

答は出ました!!　しか〜し，もう少し突っ込んで考えてみましょう!!

水で希釈するってことは，水に近づくってことです。つまり，中性に近づくワケです。

水で希釈すると…

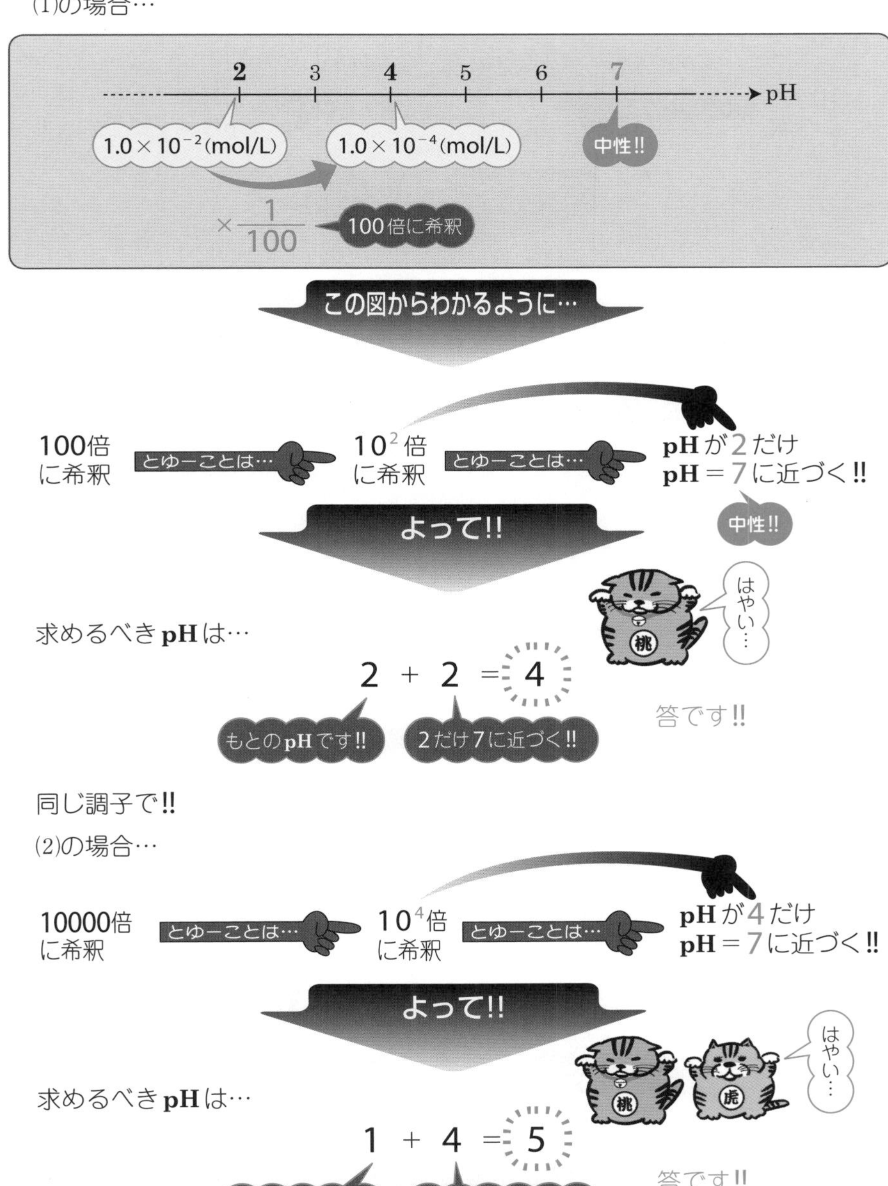
(1)の場合…
2
3
4
5
6
7
pH
1.0×10^{-2}(mol/L)
1.0×10^{-4}(mol/L)
中性!!
$\times\frac{1}{100}$
100倍に希釈
この図からわかるように…
100倍に希釈
とゆーことは…
10^2倍に希釈
とゆーことは…
pHが2だけ
pH＝7に近づく!!
中性!!
よって!!
はやい…
求めるべきpHは…
2 ＋ 2 ＝ 4
もとのpHです!!
2だけ7に近づく!!
答です!!
同じ調子で!!
(2)の場合…
10000倍に希釈
とゆーことは…
10^4倍に希釈
とゆーことは…
pHが4だけ
pH＝7に近づく!!
よって!!
はやい…
求めるべきpHは…
1 ＋ 4 ＝ 5
もとのpHです!!
4だけ7に近づく!!
答です!!

さらに，同じ調子で!!

(3)の場合…

10倍に希釈 とゆーことは… 10^1倍に希釈 とゆーことは… **pH**が1だけ**pH**＝7に近づく!!

よって!!

求めるべき**pH**は…

$$11 - 1 = 10$$

もとの**pH**です!!　1だけ7に近づく!!

はやい……

答です!!

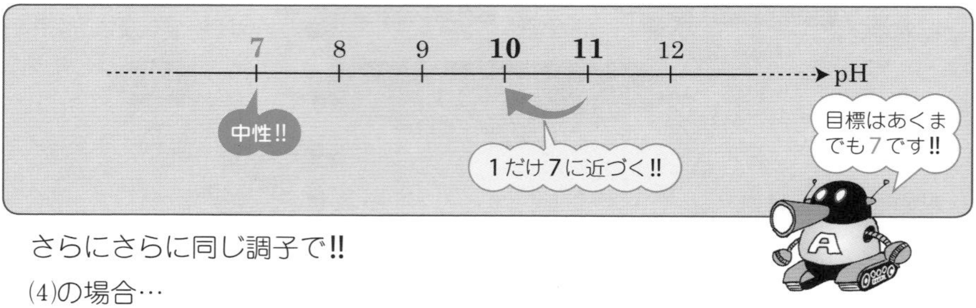

7	8	9	**10**	**11**	12	pH

中性!!

1だけ7に近づく!!

目標はあくまでも7です!!

さらにさらに同じ調子で!!

(4)の場合…

1000倍に希釈 とゆーことは… 10^3倍に希釈 とゆーことは… **pH**が3だけ**pH**＝7に近づく!!

よって!!

求めるべき**pH**は…

$$12 - 3 = 9$$

もとの**pH**です!!　3だけ7に近づく!!

はやい……はやすぎる!!

答です!!

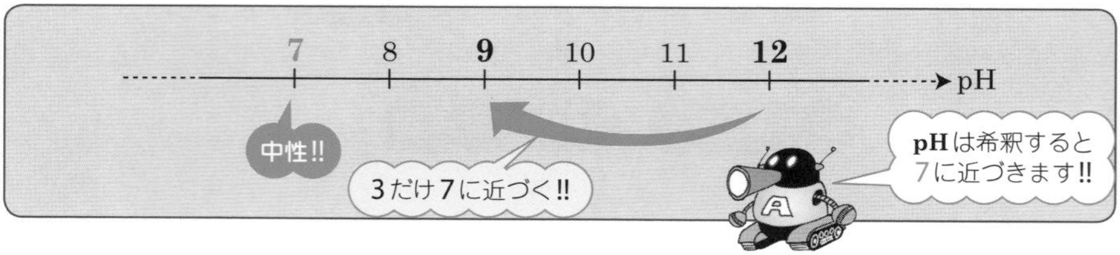

7	8	**9**	10	11	**12**	pH

中性!!

3だけ7に近づく!!

pHは希釈すると7に近づきます!!

さらにさらにさらに同じ調子で…

(5)の場合…　でかっ!!

10^8倍に希釈　とゆーことは…　pHが8だけpH＝7に近づく!!　でかっ!!

“同じ調子で…”といってはみたものの，ちょっと“調子”が違いますねぇ…。

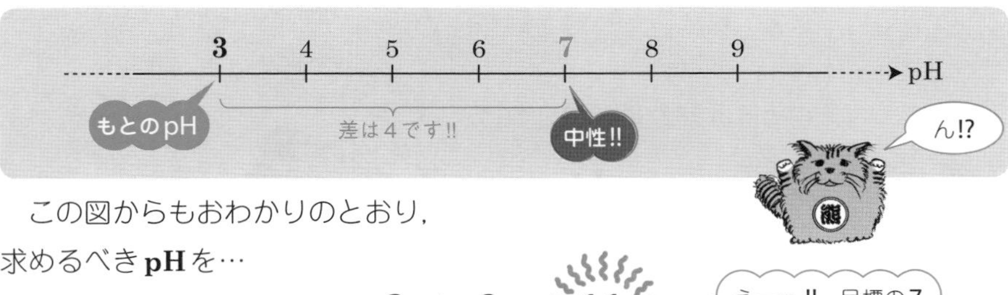

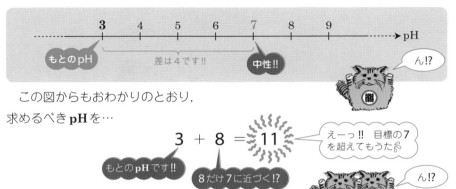

この図からもおわかりのとおり，

求めるべきpHを…

3 ＋ 8 ＝ 11

もとのpHです!!　8だけ7に近づく!?　えーっ!!　目標の7を超えてもうた　ん!?

なんて求めてしまったら**ダメ!!**

中性!!

pH ＝ 7に近づかなければならないのですから，その目標である7を突き破ってしまっては，マズイです!!

酸性(pH＜7)の水溶液を水でうすめても，塩基性(pH＞7)の水溶液になるワケないよね♥

とゆーわけで…

このような場合は…

希釈しすぎてしまっているので，**限りなく水に近い状態**になったと考えられます。

なるほど!

つまり!!

求めるべき**pH**は，中性に限りなく近い状態であるので…

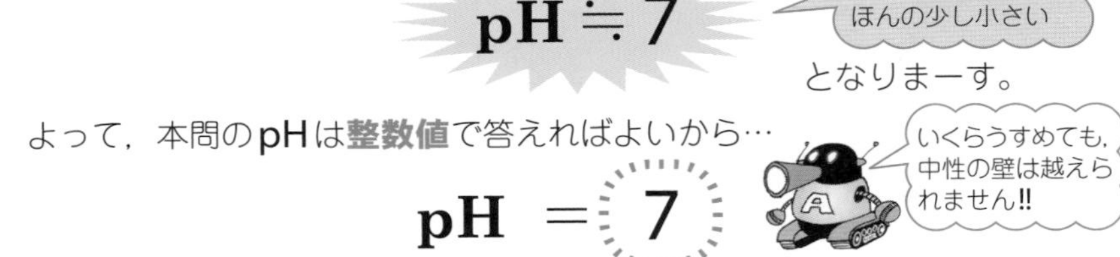

pH ≒ 7
実際の**pH**は7より
ほんの少し小さい
いくらうすめても，
中性の壁は越えら
れません!!
pH ＝ 7
答です!!

となりまーす。

よって，本問のpHは**整数値**で答えればよいから…

$$\mathrm{pH} = 7$$

としてよいでしょう。

(6)も同様です!!

(6)　**pH**＝7　…（答）

対数のお話が登場しますよ～っ!!

じつは，次のような定義があります…

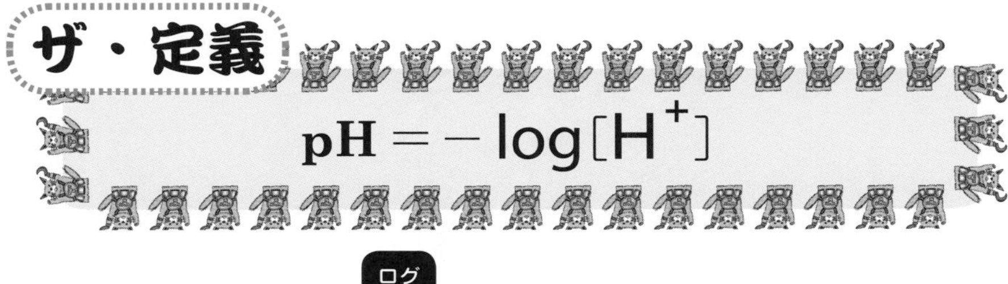

このように，pHは，“対数（ログ）”の計算により求めることができます。
しかしながら，“対数”の公式を覚えていなければ話になりません
そこで，“対数”の公式をまとめておきます。

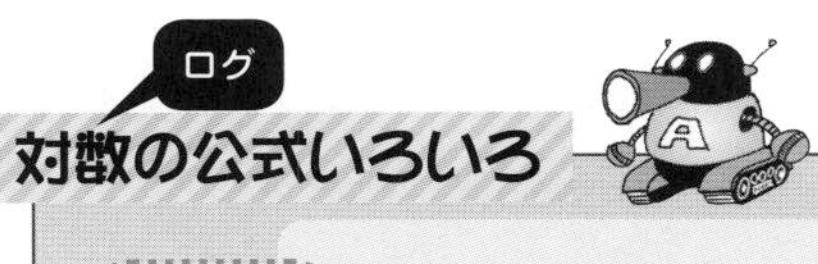

その❶　$\log 1 = 0$

その❷　$\log 10 = 1$

その❸　$\log 10^n = n$

例えば…

$\log 10^3 = 3$　　$\log 10^5 = 5$　　$\log 10^7 = 7$
$\log 10^8 = 8$　　$\log 10^{12} = 12$　　などなど

その ❹ $\log M^n = n\log M$

例えば…

$\log 3^4 = 4\log 3$

$\log 2^{10} = 10\log 2$

$M = 10$とすると,
その ❸ の公式になります。

$\log 10^n = n\log 10$
$= n \times 1$ （その ❷ より $\log 10 = 1$ です!!）
$= n$

ホラ!! その ❸ が導けたよ♥

その ❺ $\log MN = \log M + \log N$

例えば…

$\log 6 = \log(2 \times 3) = \log 2 + \log 3$

その ❻ $\log \dfrac{M}{N} = \log M - \log N$

例えば…

$\log \dfrac{5}{3} = \log 5 - \log 3$

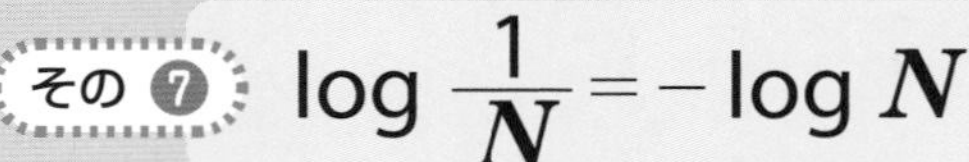

その ❼ $\log \dfrac{1}{N} = -\log N$

例えば…

$\log \dfrac{1}{3} = -\log 3$

$\log \dfrac{1}{15} = -\log 15$

その ❻ $\log \dfrac{M}{N} = \log M - \log N$

で, $M = 1$とすると,

$\log \dfrac{1}{N} = \log 1 - \log N$
$= 0 - \log N$ （その ❶ より $\log 1 = 0$ です!!）
$= -\log N$

いきなりですが，練習です。

問題47　発展

次の水溶液のpHを小数第1位まで求めよ。ただし，$\log 2 = 0.30$，$\log 3 = 0.48$とする。

(1)　0.020mol/Lの塩酸
(2)　0.0030mol/Lの硫酸（硫酸水溶液）
(3)　0.0080mol/Lの硝酸（硝酸水溶液）
(4)　0.090mol/Lの酢酸（酢酸水溶液），ただし酢酸の電離度は0.010
(5)　0.030mol/Lの水酸化ナトリウム水溶液
(6)　0.0018mol/Lの水酸化カリウム水溶液
(7)　0.060mol/Lの水酸化カルシウム水溶液
(8)　0.030mol/Lのアンモニア水，ただしアンモニアの電離度は0.010

塩酸は塩化水素という気体を水に溶かした水溶液のことだよ（p.24参照!!）。だから，塩酸のときは塩酸水溶液とはいわないんだよね♥

ダイナミック解説

それぞれの酸，塩基の価数（かすう）に注意してください!!
あとは，公式を正しく活用すれば万事解決!!

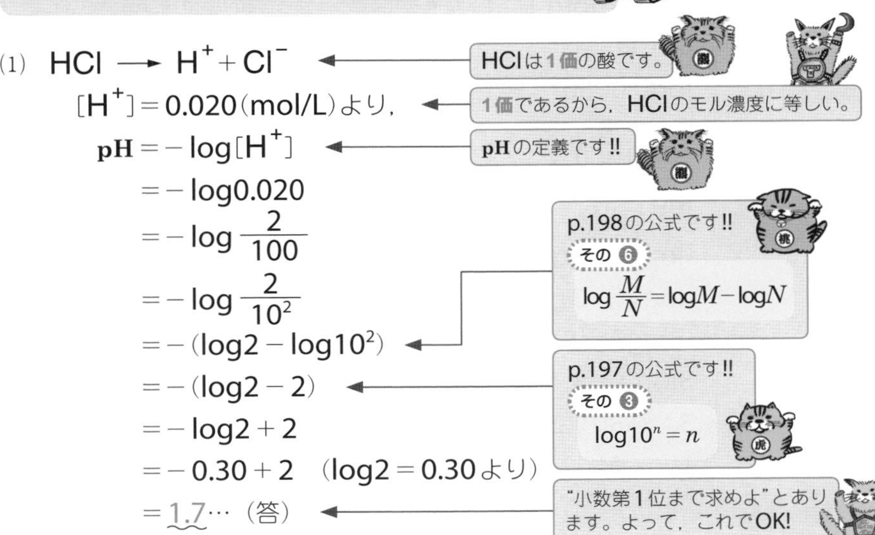
HClは1価の酸です。
1価であるから，HClのモル濃度に等しい。
pHの定義です!!
p.198の公式です!! その❻ $\log\frac{M}{N} = \log M - \log N$
p.197の公式です!! その❸ $\log 10^n = n$
"小数第1位まで求めよ"とあります。よって，これでOK!

(1)　$HCl \longrightarrow H^+ + Cl^-$

$[H^+] = 0.020$（mol/L）より，

$$\mathbf{pH} = -\log[H^+]$$
$$= -\log 0.020$$
$$= -\log\frac{2}{100}$$
$$= -\log\frac{2}{10^2}$$
$$= -(\log 2 - \log 10^2)$$
$$= -(\log 2 - 2)$$
$$= -\log 2 + 2$$
$$= -0.30 + 2 \quad (\log 2 = 0.30\text{より})$$
$$= 1.7\cdots \text{（答）}$$

(2) $H_2SO_4 \longrightarrow 2H^+ + SO_4^{2-}$ ← $H_2SO_4$2価

$[H^+] = 2 \times 0.0030$ ← 2価 $H_2SO_4$2倍

$= 0.0060 \text{(mol/L)}$ より，

pH $= -\log[H^+]$ ← **pH**の定義です。

$= -\log 0.0060$

$= -\log \dfrac{6}{1000}$

$= -\log \dfrac{6}{10^3}$

$= -(\log 6 - \log 10^3)$ ← p.198の公式です!! その❻ $\log \dfrac{M}{N} = \log M - \log N$

$= -\{\log(2 \times 3) - 3\}$ ← p.197の公式です!! その❸ $\log 10^n = n$

$= -(\log 2 + \log 3 - 3)$ ← p.198の公式です!! その❺ $\log MN = \log M + \log N$

$= -\log 2 - \log 3 + 3$

$= -0.30 - 0.48 + 3$ $\left(\begin{array}{l}\log 2 = 0.30 \\ \log 3 = 0.48 \text{より}\end{array}\right)$

$= 2.22$

$= 2.2$…（答） ← “小数第1位まで求めよ”とありますので，小数第2位を四捨五入!!

(3) $HNO_3 \longrightarrow H^+ + NO_3^-$ ← HNO_3は**1価**の酸です。

$[H^+] = 0.0080 \text{(mol/L)}$ より， ← **1価**であるから，HNO_3のモル濃度に等しい。

pH $= -\log[H^+]$

$= -\log 0.0080$

$= -\log \dfrac{8}{1000}$

$= -\log \dfrac{8}{10^3}$

$= -(\log 8 - \log 10^3)$ ← p.198の公式です!! その❻ $\log \dfrac{M}{N} = \log M - \log N$

$= -(\log 2^3 - 3)$ ← p.197の公式です!! その❸ $\log 10^n = n$

$= -(3\log 2 - 3)$ ← p.198の公式です!! その❹ $\log M^n = n\log M$

$= -3\log 2 + 3$

$= -3 \times 0.30 + 3$ （$\log 2 = 0.30$ より）

$= 2.1$…（答）

完全に数学だね…

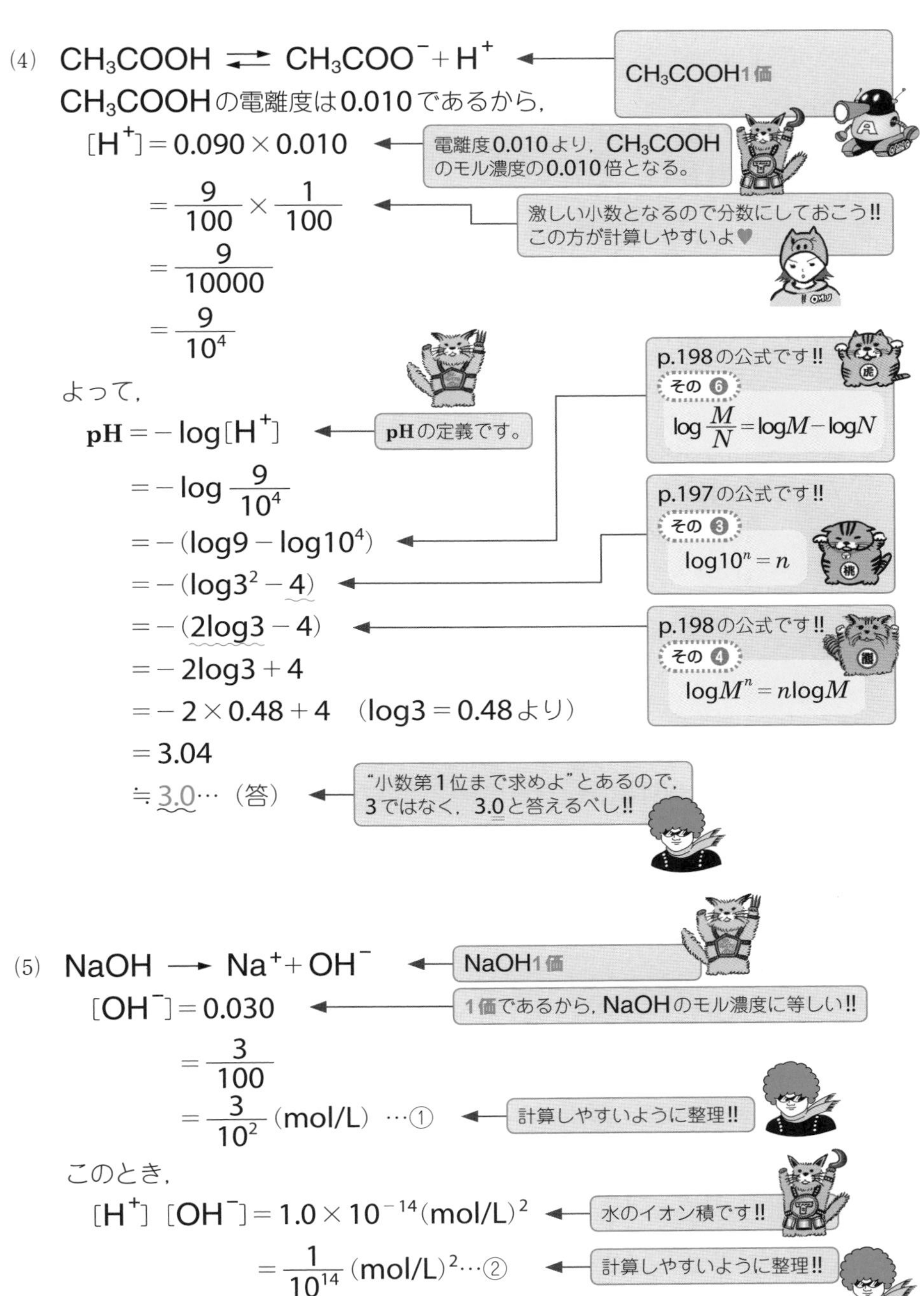

(4) $CH_3COOH \rightleftarrows CH_3COO^- + H^+$ ← CH_3COOH 1価

CH_3COOHの電離度は0.010であるから，

$[H^+] = 0.090 \times 0.010$ ← 電離度0.010より，CH_3COOHのモル濃度の0.010倍となる。

$= \frac{9}{100} \times \frac{1}{100}$ ← 激しい小数となるので分数にしておこう!! この方が計算しやすいよ♥

$= \frac{9}{10000}$

$= \frac{9}{10^4}$

よって，

$pH = -\log[H^+]$ ← pHの定義です。

$= -\log\frac{9}{10^4}$

$= -(\log 9 - \log 10^4)$ ← p.198の公式です!! その❻ $\log\frac{M}{N} = \log M - \log N$

$= -(\log 3^2 - 4)$ ← p.197の公式です!! その❸ $\log 10^n = n$

$= -(2\log 3 - 4)$ ← p.198の公式です!! その❹ $\log M^n = n\log M$

$= -2\log 3 + 4$

$= -2 \times 0.48 + 4$　（$\log 3 = 0.48$より）

$= 3.04$

$\fallingdotseq$ 3.0…（答） ← “小数第1位まで求めよ”とあるので，3ではなく，3.0と答えるべし!!

(5) $NaOH \longrightarrow Na^+ + OH^-$ ← NaOH 1価

$[OH^-] = 0.030$ ← 1価であるから，NaOHのモル濃度に等しい!!

$= \frac{3}{100}$

$= \frac{3}{10^2}$ (mol/L) …① ← 計算しやすいように整理!!

このとき，

$[H^+][OH^-] = 1.0 \times 10^{-14}$ $(mol/L)^2$ ← 水のイオン積です!!

$= \frac{1}{10^{14}}$ $(mol/L)^2$…② ← 計算しやすいように整理!!

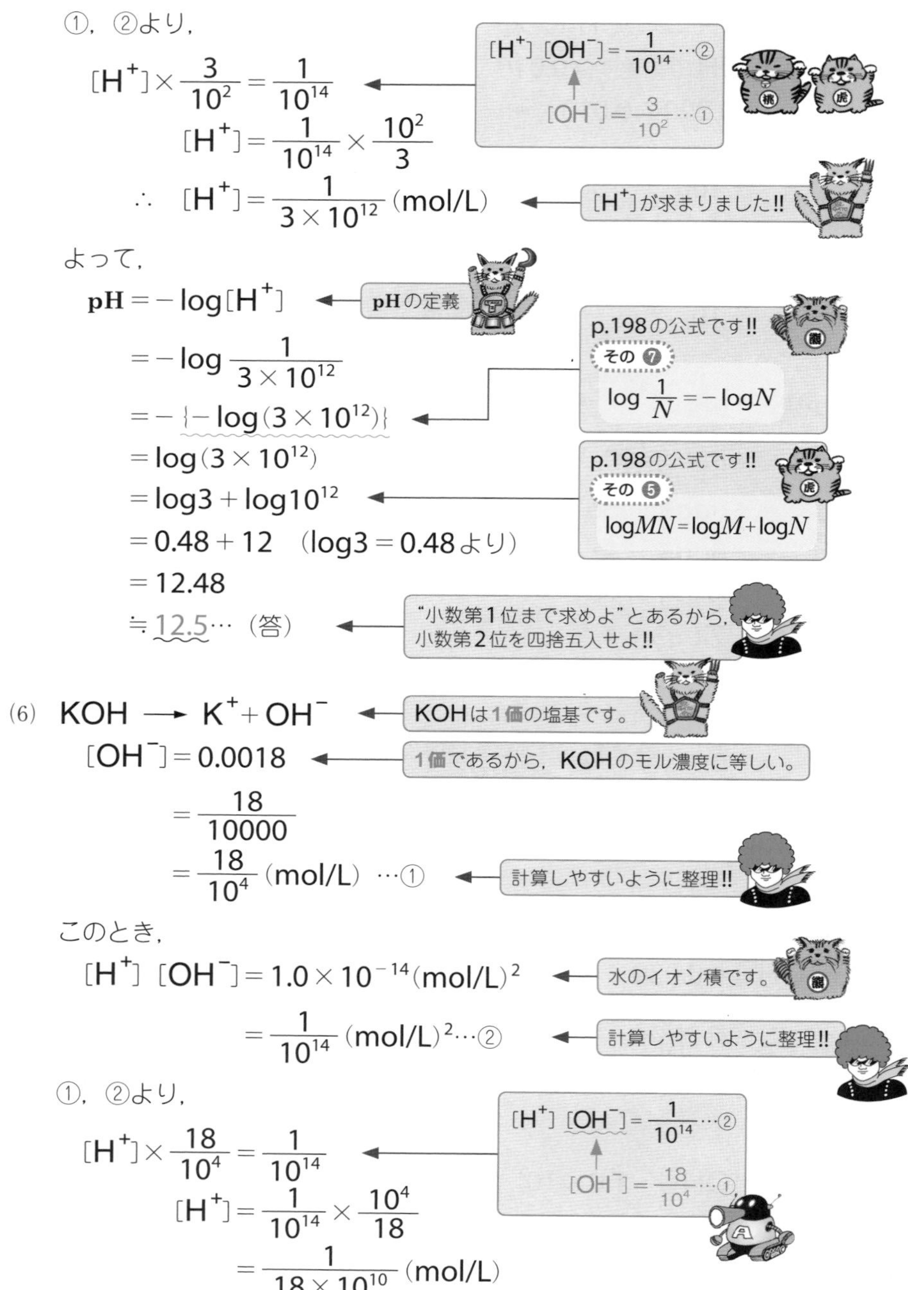

$[H^+][OH^-] = \frac{1}{10^{14}}$ …②
$[OH^-] = \frac{3}{10^2}$ …①
$[H^+]$が求まりました!!
pHの定義
p.198の公式です!!
その❼
$\log\frac{1}{N} = -\log N$
p.198の公式です!!
その❺
$\log MN = \log M + \log N$
"小数第1位まで求めよ"とあるから，
小数第2位を四捨五入せよ!!
KOHは1価の塩基です。
1価であるから，KOHのモル濃度に等しい。
計算しやすいように整理!!
水のイオン積です。
計算しやすいように整理!!
$[H^+][OH^-] = \frac{1}{10^{14}}$ …②
$[OH^-] = \frac{18}{10^4}$ …①

①，②より，

$$[H^+] \times \frac{3}{10^2} = \frac{1}{10^{14}}$$

$$[H^+] = \frac{1}{10^{14}} \times \frac{10^2}{3}$$

$$\therefore \quad [H^+] = \frac{1}{3 \times 10^{12}} \text{ (mol/L)}$$

よって，

$$\begin{aligned} \mathbf{pH} &= -\log[H^+] \\ &= -\log\frac{1}{3 \times 10^{12}} \\ &= -\{-\log(3 \times 10^{12})\} \\ &= \log(3 \times 10^{12}) \\ &= \log 3 + \log 10^{12} \\ &= 0.48 + 12 \quad (\log 3 = 0.48 \text{ より}) \\ &= 12.48 \\ &\fallingdotseq 12.5 \cdots \text{（答）} \end{aligned}$$

(6) $KOH \longrightarrow K^+ + OH^-$

$$\begin{aligned} [OH^-] &= 0.0018 \\ &= \frac{18}{10000} \\ &= \frac{18}{10^4} \text{ (mol/L)} \cdots ① \end{aligned}$$

このとき，

$$\begin{aligned} [H^+][OH^-] &= 1.0 \times 10^{-14} \text{ (mol/L)}^2 \\ &= \frac{1}{10^{14}} \text{ (mol/L)}^2 \cdots ② \end{aligned}$$

①，②より，

$$[H^+] \times \frac{18}{10^4} = \frac{1}{10^{14}}$$

$$[H^+] = \frac{1}{10^{14}} \times \frac{10^4}{18}$$

$$= \frac{1}{18 \times 10^{10}} \text{ (mol/L)}$$

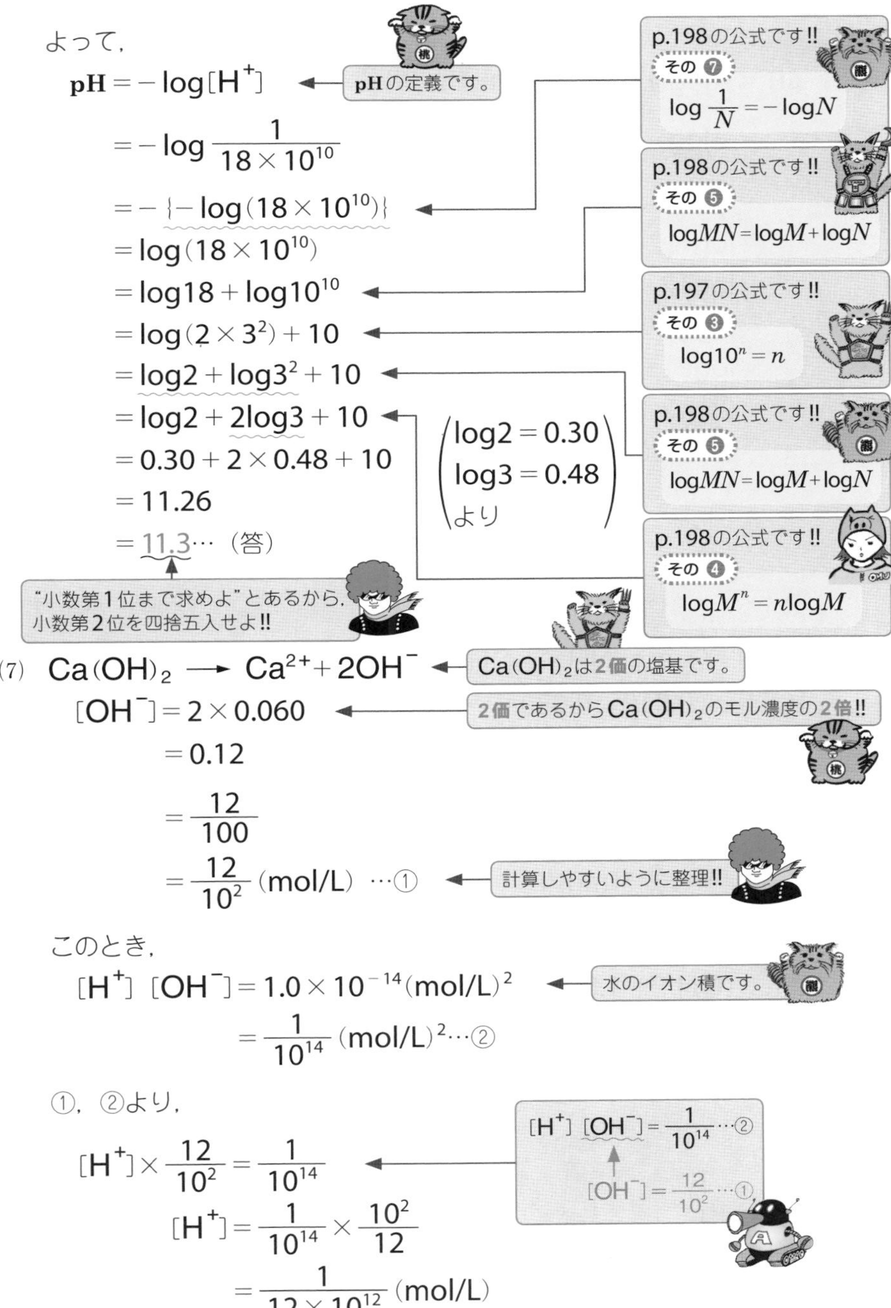
pHの定義です。
p.198の公式です!!
その ❼
$\log\frac{1}{N}=-\log N$
p.198の公式です!!
その ❺
$\log MN=\log M+\log N$
p.197の公式です!!
その ❸
$\log 10^n=n$
p.198の公式です!!
その ❺
$\log MN=\log M+\log N$
p.198の公式です!!
その ❹
$\log M^n=n\log M$
“小数第1位まで求めよ”とあるから，
小数第2位を四捨五入せよ!!
$Ca(OH)_2$は2価の塩基です。
2価であるから$Ca(OH)_2$のモル濃度の2倍!!
計算しやすいように整理!!
水のイオン積です。
$[H^+][OH^-]=\frac{1}{10^{14}}\cdots$②
$[OH^-]=\frac{12}{10^2}\cdots$①

よって，

$$\mathbf{pH}=-\log[H^+]$$
$$=-\log\frac{1}{18\times10^{10}}$$
$$=-\{-\log(18\times10^{10})\}$$
$$=\log(18\times10^{10})$$
$$=\log18+\log10^{10}$$
$$=\log(2\times3^2)+10$$
$$=\log2+\log3^2+10$$
$$=\log2+2\log3+10$$
$$=0.30+2\times0.48+10$$
$$=11.26$$
$$=11.3\cdots\text{（答）}$$

$\left(\begin{array}{l}\log2=0.30\\ \log3=0.48\\ \text{より}\end{array}\right)$

(7) $Ca(OH)_2 \longrightarrow Ca^{2+}+2OH^-$

$$[OH^-]=2\times0.060$$
$$=0.12$$
$$=\frac{12}{100}$$
$$=\frac{12}{10^2}\ (\text{mol/L})\ \cdots①$$

このとき，

$$[H^+][OH^-]=1.0\times10^{-14}(\text{mol/L})^2$$
$$=\frac{1}{10^{14}}(\text{mol/L})^2\cdots②$$

①，②より，

$$[H^+]\times\frac{12}{10^2}=\frac{1}{10^{14}}$$
$$[H^+]=\frac{1}{10^{14}}\times\frac{10^2}{12}$$
$$=\frac{1}{12\times10^{12}}(\text{mol/L})$$

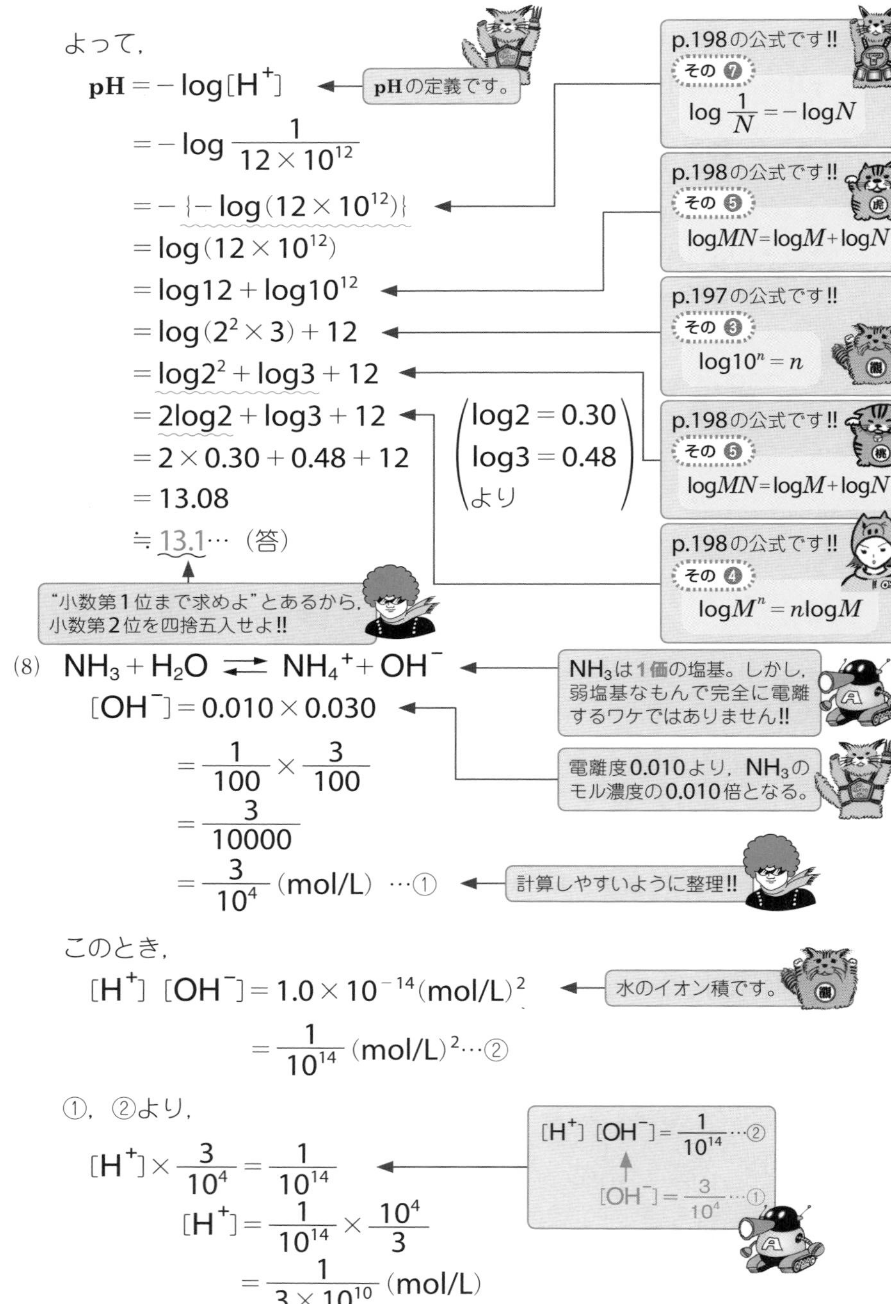

よって，

$$\mathbf{pH} = -\log[\mathrm{H^+}]$$

← **pH**の定義です。

$$= -\log\frac{1}{12\times10^{12}}$$

$$= -\{-\log(12\times10^{12})\}$$

← p.198の公式です!! その❼ $\log\frac{1}{N} = -\log N$

$$= \log(12\times10^{12})$$

$$= \log 12 + \log 10^{12}$$

← p.198の公式です!! その❺ $\log MN = \log M + \log N$

$$= \log(2^2\times3) + 12$$

← p.197の公式です!! その❸ $\log 10^n = n$

$$= \log 2^2 + \log 3 + 12$$

← p.198の公式です!! その❺ $\log MN = \log M + \log N$

$$= 2\log 2 + \log 3 + 12$$

← p.198の公式です!! その❹ $\log M^n = n\log M$

$$= 2\times0.30 + 0.48 + 12$$

$\begin{pmatrix}\log 2 = 0.30\\ \log 3 = 0.48\end{pmatrix}$ より

$$= 13.08$$

$$\fallingdotseq 13.1 \cdots(答)$$

"小数第1位まで求めよ"とあるから，小数第2位を四捨五入せよ!!

(8) $\mathrm{NH_3 + H_2O \rightleftarrows NH_4{}^+ + OH^-}$

← NH_3は**1価**の塩基。しかし，弱塩基なもんで完全に電離するワケではありません!!

$$[\mathrm{OH^-}] = 0.010\times0.030$$

← 電離度**0.010**より，NH_3のモル濃度の**0.010**倍となる。

$$= \frac{1}{100}\times\frac{3}{100}$$

$$= \frac{3}{10000}$$

$$= \frac{3}{10^4}\ (\mathrm{mol/L}) \cdots ①$$

← 計算しやすいように整理!!

このとき，

$$[\mathrm{H^+}][\mathrm{OH^-}] = 1.0\times10^{-14}(\mathrm{mol/L})^2$$

← 水のイオン積です。

$$= \frac{1}{10^{14}}(\mathrm{mol/L})^2 \cdots ②$$

①，②より，

$$[\mathrm{H^+}]\times\frac{3}{10^4} = \frac{1}{10^{14}}$$

← $[\mathrm{H^+}][\mathrm{OH^-}] = \frac{1}{10^{14}} \cdots ②$ ↑ $[\mathrm{OH^-}] = \frac{3}{10^4} \cdots ①$

$$[\mathrm{H^+}] = \frac{1}{10^{14}}\times\frac{10^4}{3}$$

$$= \frac{1}{3\times10^{10}}\ (\mathrm{mol/L})$$

よって，

$$
\begin{aligned}
\mathrm{pH} &= -\log[\mathrm{H}^+] \\
&= -\log\frac{1}{3\times10^{10}} \\
&= -\{-\log(3\times10^{10})\} \\
&= \log(3\times10^{10}) \\
&= \log3+\log10^{10} \\
&= \log3+10 \\
&= 0.48+10 \quad (\log3=0.48\text{より}) \\
&= 10.48 \\
&\fallingdotseq 10.5 \cdots\text{（答）}
\end{aligned}
$$

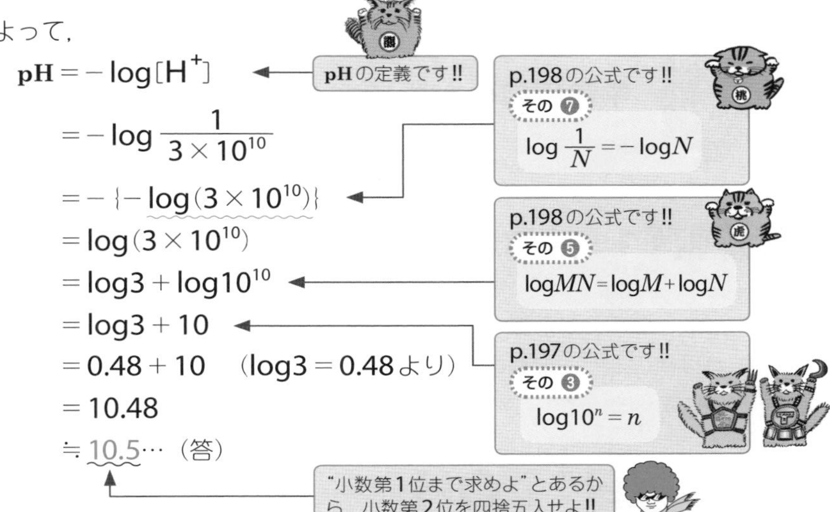

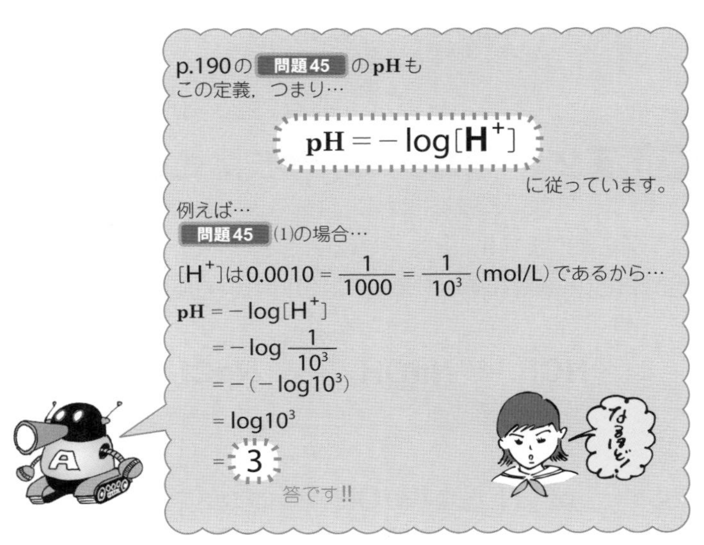

p.190の 問題45 のpHも
この定義，つまり…
$\mathrm{pH}=-\log[\mathrm{H}^+]$
に従っています。
例えば…
問題45 (1)の場合…
$[\mathrm{H}^+]$は$0.0010=\frac{1}{1000}=\frac{1}{10^3}$(mol/L)であるから…
$\mathrm{pH}=-\log[\mathrm{H}^+]$
$=-\log\frac{1}{10^3}$
$=-(-\log10^3)$
$=\log10^3$
$=3$
答です!!
なるほど!

中和反応のお話です!!

中和反応とは!?

酸の水溶液と塩基の水溶液を混合すると，酸の性質と塩基の性質がともに失われる。これは酸のH^+と塩基のOH^-が結びつき水H_2Oになってしまうからです。この反応を**中和反応**と呼びます。

注　中和反応を単に**中和**と呼ぶこともあります。

RUB OUT 2　中和反応の化学反応式をつくろう!!

とにかく例をあげます!!

例　塩酸HClと水酸化ナトリウムNaOHの中和反応は…

中和反応では，酸のH^+と塩基のOH^-が結びついて水H_2Oになります。

同時に!!　酸の陰イオンCl^-（塩化物イオン）と塩基の陽イオンNa^+（ナトリウムイオン）も結びついてNaCl（塩化ナトリウム）ができます!!

このように，中和反応の際，水H_2Oといっしょに生成する**酸の陰イオンと塩基の陽イオンが結合した化合物**を総称して**塩**（えん）と呼びます。

では，さっそく!!

問題48　キソ

次の酸と塩基が中和して塩が生成するときの化学反応式を書け。

(1)　塩酸 HCl と水酸化カリウム KOH

(2)　硫酸 H_2SO_4 と水酸化ナトリウム $NaOH$

(3)　硝酸 HNO_3 と水酸化カルシウム $Ca(OH)_2$

(4)　リン酸 H_3PO_4 と水酸化バリウム $Ba(OH)_2$

(5)　硫酸 H_2SO_4 と水酸化アルミニウム $Al(OH)_3$

(6)　酢酸 CH_3COOH と水酸化ナトリウム $NaOH$

(7)　酢酸 CH_3COOH と水酸化カルシウム $Ca(OH)_2$

(8)　塩酸 HCl とアンモニア NH_3

(9)　硫酸 H_2SO_4 とアンモニア NH_3

(10)　リン酸 H_3PO_4 とアンモニア NH_3

中和反応のポイントは，ズバリ…

$$H^+ + OH^- \longrightarrow H_2O$$

1 : 1　です!!

H^+ と OH^- が 1 : 1 で反応して H_2O ができます。

では，何問か PICK UP して解説します。残りの問題は解答にて!!

(2)の場合…

H_2SO_4 → 2価の酸　　$NaOH$ → 1価の塩基

ここで，**H^+の個数とOH^-の個数がつり合わないといけません!!**

そこで…

2価×1mol＝**1価**×2mol でちょうど中和します!!

$$1H_2SO_4 + 2NaOH \longrightarrow Na_2SO_4 + 2H_2O$$

（答案ではこの1は省略する!!）（SO_4^{2-} と $2Na^+$ から…）（水は2つ!!）

のようになりまーす!!

(4)の場合…

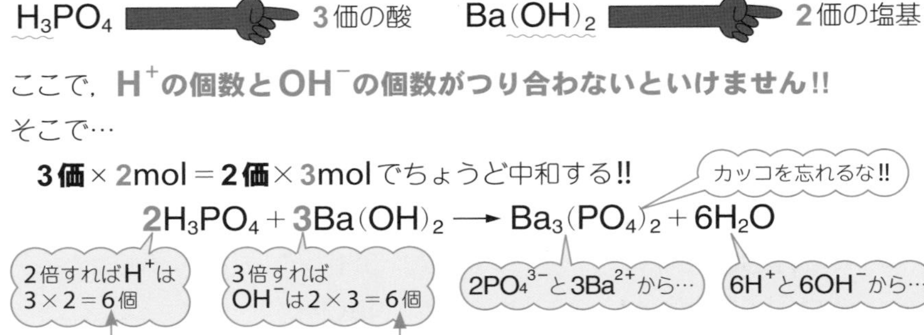

H_3PO_4 3価の酸
$Ba(OH)_2$ 2価の塩基
カッコを忘れるな!!
2倍すればH⁺は 3×2＝6個
3倍すれば OH⁻は2×3＝6個
つり合う!!
$2PO_4^{3-}$と$3Ba^{2+}$から…
$6H^+$と$6OH^-$から…

ここで，**H^+の個数とOH^-の個数がつり合わないといけません!!**

そこで…

3価×**2**mol＝**2価**×**3**molでちょうど中和する!!

$$2H_3PO_4 + 3Ba(OH)_2 \longrightarrow Ba_3(PO_4)_2 + 6H_2O$$

のようになりまーす!!

(8)の場合…

アンモニア NH_3 が登場すると，ヘンテコな化学反応式になります!!　要注意!!

桃
虎
ん!?

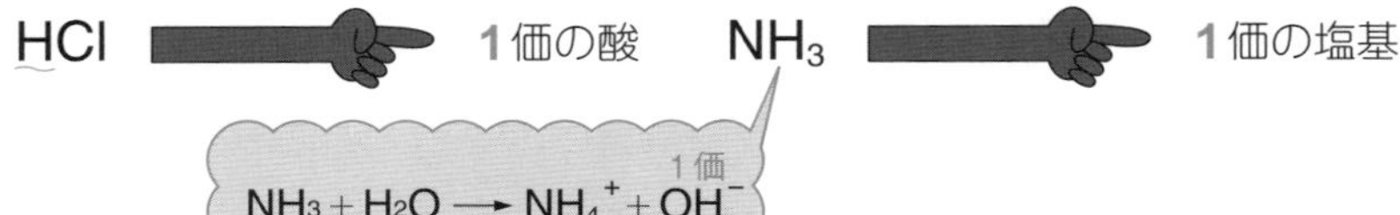

HCl 1価の酸
NH_3 1価の塩基
1価
$NH_3 + H_2O \longrightarrow NH_4^+ + OH^-$

ともに1価どうしであるから…

$$HCl + NH_3 + H_2O \longrightarrow NH_4Cl + H_2O$$

$NH_3 + H_2O$ → $NH_4^+ + OH^-$

H^+とOH^-から…

Cl^-とNH_4^+から…

これが実際の中和の化学反応式ですが，両辺にH_2Oがあるので…

$$HCl + NH_3 + \cancel{H_2O} \longrightarrow NH_4Cl + \cancel{H_2O}$$

つまり…

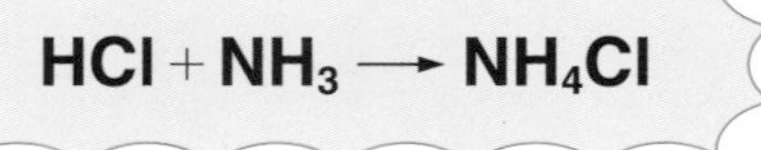

$$\mathbf{HCl + NH_3 \longrightarrow NH_4Cl}$$

シンプルだぁーっ!!

となりまーす。

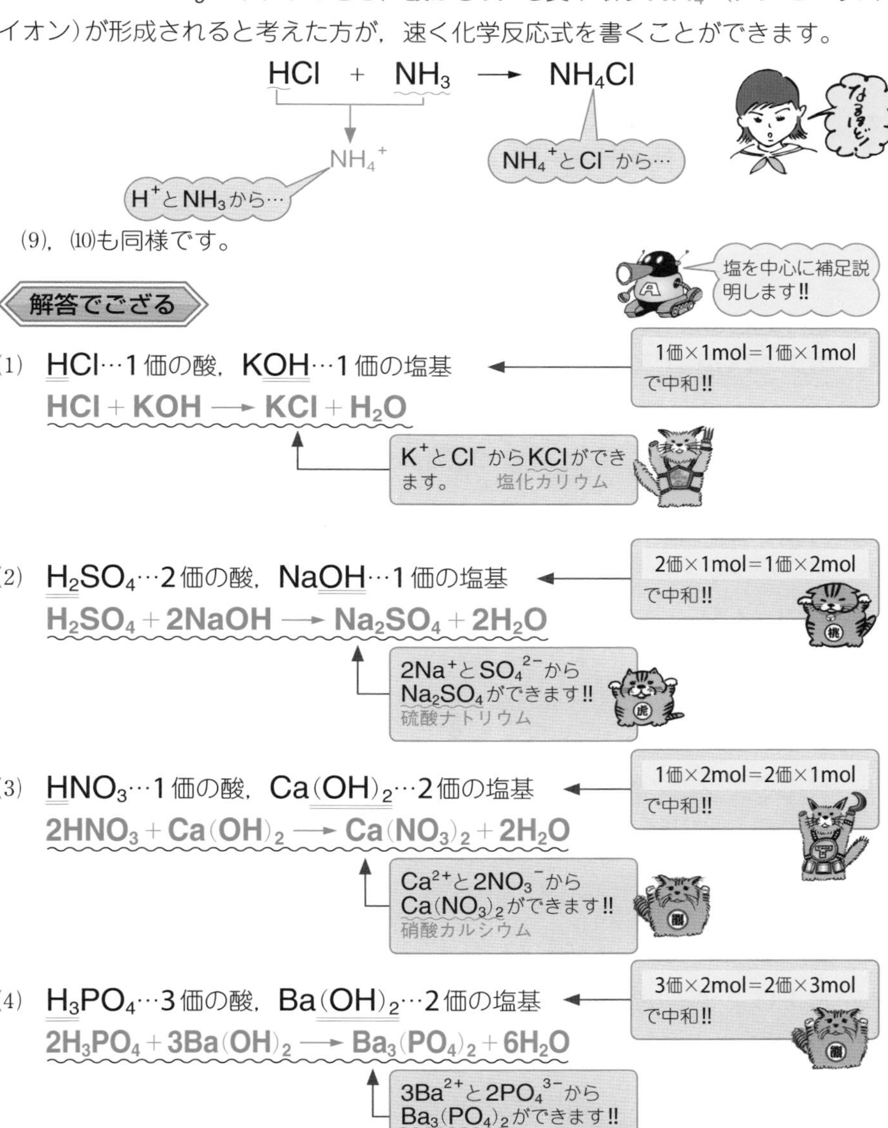

なるほど!
塩を中心に補足説明します!!

つまーり!!

アンモニアNH_3が中和するとき，酸からH^+を受け取りNH_4^+(アンモニウムイオン)が形成されると考えた方が，速く化学反応式を書くことができます。

$$HCl + NH_3 \longrightarrow NH_4Cl$$

H^+とNH_3から…NH_4^+

NH_4^+とCl^-から…

(9)，(10)も同様です。

解答でござる

(1)　HCl…1価の酸，KOH…1価の塩基

$$HCl + KOH \longrightarrow KCl + H_2O$$

1価×1mol＝1価×1mol で中和!!

K^+とCl^-からKClができます。　塩化カリウム

(2)　H_2SO_4…2価の酸，NaOH…1価の塩基

$$H_2SO_4 + 2NaOH \longrightarrow Na_2SO_4 + 2H_2O$$

2価×1mol＝1価×2mol で中和!!

$2Na^+$とSO_4^{2-}からNa_2SO_4ができます!!　硫酸ナトリウム

(3)　HNO_3…1価の酸，$Ca(OH)_2$…2価の塩基

$$2HNO_3 + Ca(OH)_2 \longrightarrow Ca(NO_3)_2 + 2H_2O$$

1価×2mol＝2価×1mol で中和!!

Ca^{2+}と$2NO_3^-$から$Ca(NO_3)_2$ができます!!　硝酸カルシウム

(4)　H_3PO_4…3価の酸，$Ba(OH)_2$…2価の塩基

$$2H_3PO_4 + 3Ba(OH)_2 \longrightarrow Ba_3(PO_4)_2 + 6H_2O$$

3価×2mol＝2価×3mol で中和!!

$3Ba^{2+}$と$2PO_4^{3-}$から$Ba_3(PO_4)_2$ができます!!　リン酸バリウム

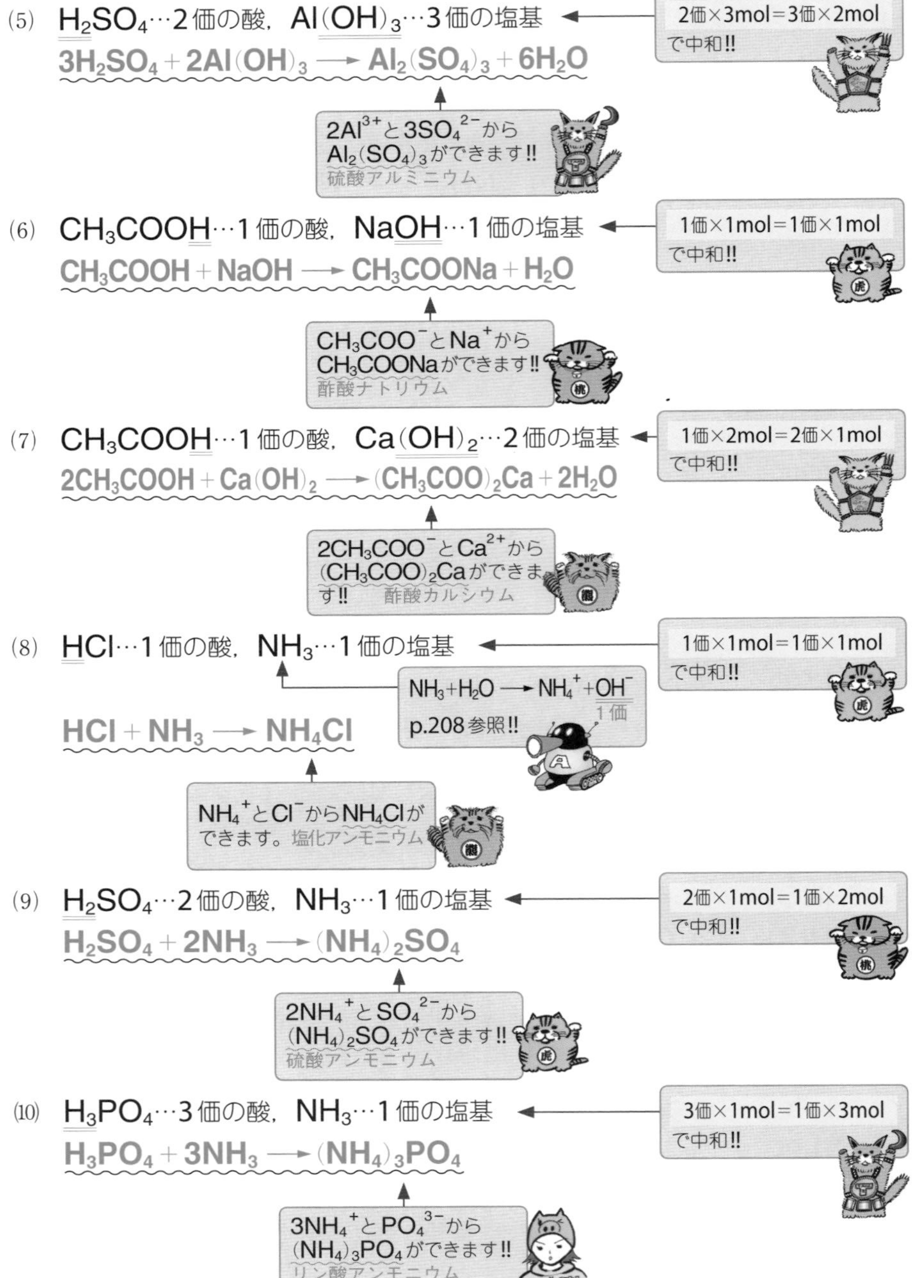
(5) H_2SO_4…2価の酸，$Al(OH)_3$…3価の塩基
$3H_2SO_4 + 2Al(OH)_3 \longrightarrow Al_2(SO_4)_3 + 6H_2O$
2価×3mol＝3価×2mol
で中和!!
$2Al^{3+}$と$3SO_4{}^{2-}$から
$Al_2(SO_4)_3$ができます!!
硫酸アルミニウム
(6) CH_3COOH…1価の酸，NaOH…1価の塩基
$CH_3COOH + NaOH \longrightarrow CH_3COONa + H_2O$
1価×1mol＝1価×1mol
で中和!!
CH_3COO^-とNa^+から
CH_3COONaができます!!
酢酸ナトリウム
(7) CH_3COOH…1価の酸，$Ca(OH)_2$…2価の塩基
$2CH_3COOH + Ca(OH)_2 \longrightarrow (CH_3COO)_2Ca + 2H_2O$
1価×2mol＝2価×1mol
で中和!!
$2CH_3COO^-$とCa^{2+}から
$(CH_3COO)_2Ca$ができます!!
酢酸カルシウム
(8) HCl…1価の酸，NH_3…1価の塩基
1価×1mol＝1価×1mol
で中和!!
$NH_3 + H_2O \longrightarrow NH_4{}^+ + OH^-$
1価
p.208参照!!
$HCl + NH_3 \longrightarrow NH_4Cl$
$NH_4{}^+$とCl^-からNH_4Clが
できます。塩化アンモニウム
(9) H_2SO_4…2価の酸，NH_3…1価の塩基
$H_2SO_4 + 2NH_3 \longrightarrow (NH_4)_2SO_4$
2価×1mol＝1価×2mol
で中和!!
$2NH_4{}^+$と$SO_4{}^{2-}$から
$(NH_4)_2SO_4$ができます!!
硫酸アンモニウム
(10) H_3PO_4…3価の酸，NH_3…1価の塩基
$H_3PO_4 + 3NH_3 \longrightarrow (NH_4)_3PO_4$
3価×1mol＝1価×3mol
で中和!!
$3NH_4{}^+$と$PO_4{}^{3-}$から
$(NH_4)_3PO_4$ができます!!
リン酸アンモニウム

RUB OUT 3　中和の計算

酸のもつH^+の数と塩基のもつOH^-の数がピッタリ一致しなければ，ちょうど中和することができない!!

一般論コーナー

①　モル濃度c(mol/L)のa価の酸の水溶液をv(mL)とする。

②　モル濃度c'(mol/L)のb価の塩基の水溶液をv'(mL)とする。

このとき，①と②がちょうど**中和**したとします!!

①中の酸の物質量(モル数)は…

$$c \times \frac{v}{1000} = \frac{cv}{1000} \text{ (mol)}$$

1L中のモル数

v(mL) $= \frac{v}{1000}$ (L)

よって，①から出る水素イオンH^+の物質量(モル数)は…

$$\frac{cv}{1000} \times a = \frac{acv}{1000} \text{ (mol)} \quad \cdots ㋑$$

a価より，a倍になります

一方，②中の塩基の物質量(モル数)は…

$$c' \times \frac{v'}{1000} = \frac{c'v'}{1000} \text{ (mol)}$$

1L中のモル数

v'(mL) $= \frac{v'}{1000}$ (L)

よって，②から出る水酸化物イオンOH^-の物質量(モル数)は…

$$\frac{c'v'}{1000} \times b = \frac{bc'v'}{1000} \text{ (mol)} \quad \cdots ㋺$$

b価より，b倍になります

㋑＝㋺のとき，ちょうど中和するから，

$$\frac{acv}{1000} = \frac{bc'v'}{1000}$$

H^+のモル数＝OH^-のモル数
が成立すればちょうど中和します!!

よって…

$$acv = bc'v'$$

ではさっそく，これを活用しましょう!!

問題49 標準

次の各問いに答えよ。

(1) 0.20mol/Lの塩酸30mLを中和するのに，0.15mol/Lの水酸化カルシウム水溶液は何mL必要か。

(2) 0.040mol/Lの硫酸10mLを中和するのに，0.020mol/Lの水酸化ナトリウム水溶液は何mL必要か。

(3) 0.020mol/Lの水酸化アルミニウム水溶液50mLを中和するのに，0.030mol/Lの硫酸は何mL必要か。

(4) 濃度が未知の硝酸20mLを中和するのに，0.040mol/Lの水酸化バリウム水溶液50mLが必要であった。この硝酸のモル濃度を求めよ。

(5) 濃度が未知の水酸化カリウム水溶液400mLを中和するのに，0.050mol/Lの硫酸800mLが必要であった。この水酸化カリウム水溶液のモル濃度を求めよ。

ダイナミック解説

登場する酸と塩基の**価数**がわかれば万事解決です!!

仕上げは…

$$acv = bc'v'$$

- a：酸の価数
- c：酸のモル濃度
- v：酸(水溶液)の体積
- b：塩基の価数
- c'：塩基のモル濃度
- v'：塩基(水溶液)の体積

注 vとv'の単位は，そろっていればOK!! 前ページではともにmL(ミリリットル)をL(リットル)に直して解説しましたが，mL(ミリリットル)のまま計算することもできます。もちろんL(リットル)であっても大丈夫です。まぁ，ほとんどの問題がmL(ミリリットル)ですがね…。

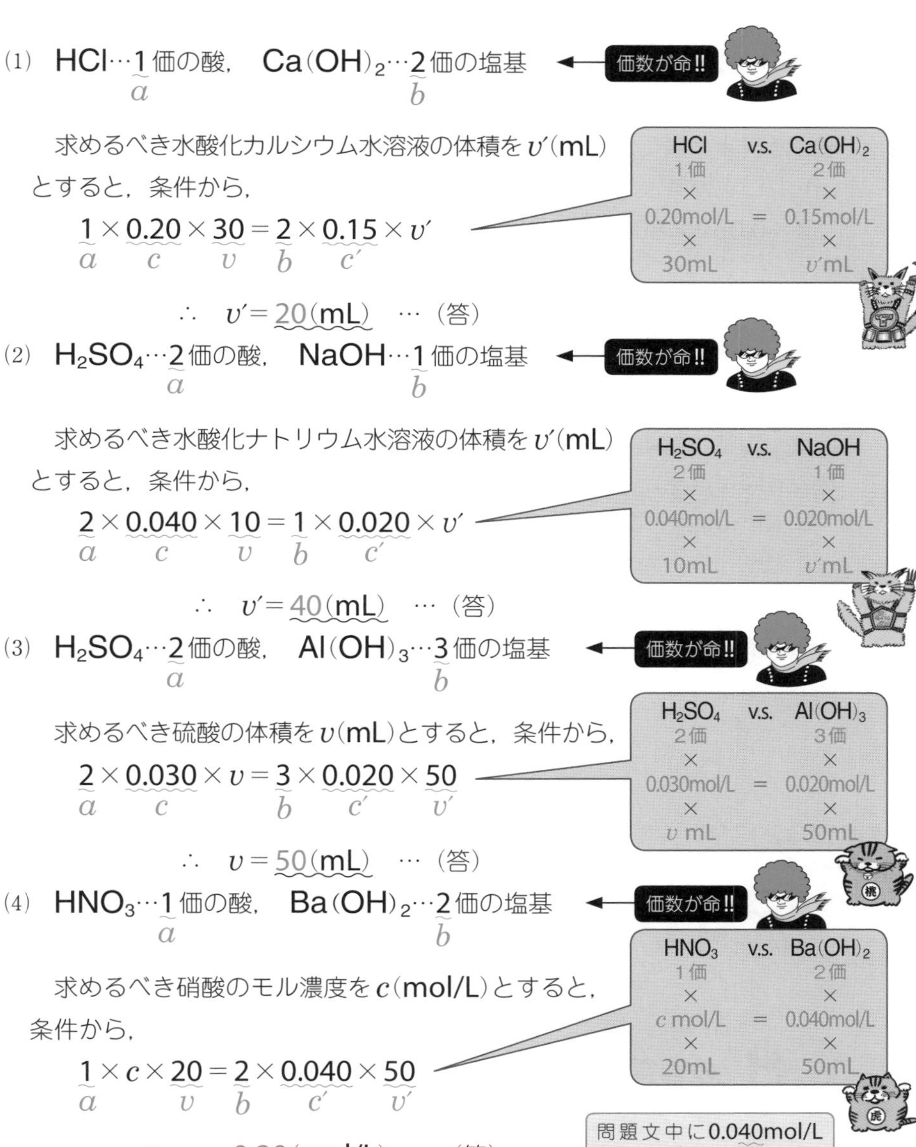

(1)　HCl…$\underset{a}{1}$価の酸，　$Ca(OH)_2$…$\underset{b}{2}$価の塩基

　求めるべき水酸化カルシウム水溶液の体積をv'(mL)とすると，条件から，

$$\underset{a}{1}\times\underset{c}{0.20}\times\underset{v}{30}=\underset{b}{2}\times\underset{c'}{0.15}\times v'$$

$\therefore\quad v'=20\,(\text{mL})$　…（答）

(2)　H_2SO_4…$\underset{a}{2}$価の酸，　NaOH…$\underset{b}{1}$価の塩基

　求めるべき水酸化ナトリウム水溶液の体積をv'(mL)とすると，条件から，

$$\underset{a}{2}\times\underset{c}{0.040}\times\underset{v}{10}=\underset{b}{1}\times\underset{c'}{0.020}\times v'$$

$\therefore\quad v'=40\,(\text{mL})$　…（答）

(3)　H_2SO_4…$\underset{a}{2}$価の酸，　$Al(OH)_3$…$\underset{b}{3}$価の塩基

　求めるべき硫酸の体積をv(mL)とすると，条件から，

$$\underset{a}{2}\times\underset{c}{0.030}\times v=\underset{b}{3}\times\underset{c'}{0.020}\times\underset{v'}{50}$$

$\therefore\quad v=50\,(\text{mL})$　…（答）

(4)　HNO_3…$\underset{a}{1}$価の酸，　$Ba(OH)_2$…$\underset{b}{2}$価の塩基

　求めるべき硝酸のモル濃度をc(mol/L)とすると，条件から，

$$\underset{a}{1}\times c\times\underset{v}{20}=\underset{b}{2}\times\underset{c'}{0.040}\times\underset{v'}{50}$$

$\therefore\quad c=0.20\,(\text{mol/L})$　…（答）

(5)　H_2SO_4…2価の酸,　KOH…1価の塩基
　　　　　　a　　　　　　　　　b

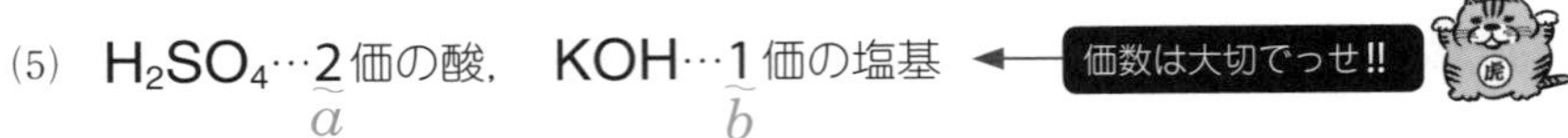

　求めるべき水酸化カリウム水溶液のモル濃度を c'(mol/L)とすると, 条件から,

$$\underset{a}{2} \times \underset{c}{0.050} \times \underset{v}{800} = \underset{b}{1} \times c' \times \underset{v'}{400}$$

$$\therefore \quad c' = 0.20\,(\text{mol/L}) \quad \cdots(\text{答})$$

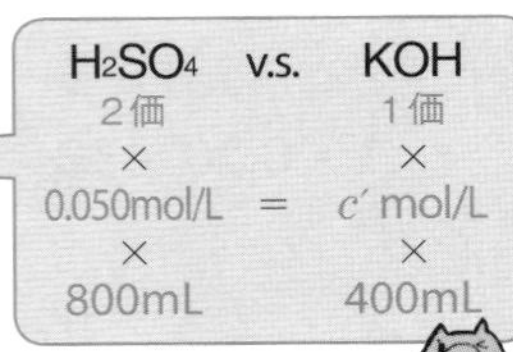

一味違うタイプを…

問題50　標準

　次の各問いに答えよ。

(1)　0.40mol/Lの塩酸100mLに, 固体の水酸化ナトリウムを加えて完全に中和させた。固体の水酸化ナトリウムは何g必要であったか。ただし, 原子量はH＝1.0, O＝16, Na＝23とする。

(2)　0.20mol/Lの希硫酸50mLを中和するのに気体のアンモニアを吸収させて完全に中和させた。この気体のアンモニアは標準状態で何mL必要であったか。

ダイナミック解説

　前問 問題49 のように, 水溶液どうしの中和の話ではないので, p.212のような公式は使えません

　しかし, ポイントは同じです!!

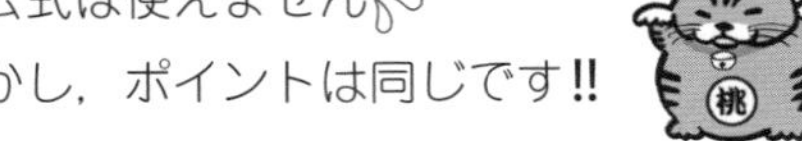

H^+の物質量(モル数)＝OH^-の物質量(モル数)

が成立すれば, 完全に中和することになります。

(1)　求めるべきNaOHの質量を x(g)とする!!
　このとき…
　HClの物質量(モル数)は…

$$0.40 \times \frac{100}{1000} \text{(mol)}$$

1L中に0.40moL

$100\text{mL} = \frac{100}{1000}\text{L}$

よって，H^+の物質量（モル数）は，HClが**1価**の酸であるから…

$$0.40 \times \frac{100}{1000} \times 1 \text{(mol)} \quad \cdots①$$

一方，NaOHの物質量（モル数）は，NaOH = 23 + 16 + 1.0 = 40より，

$$\frac{x}{40} \text{(mol)}$$

よって，OH^-の物質量（モル数）は，NaOHが**1価**の塩基であるから…

$$\frac{x}{40} \times 1 \text{(mol)} \quad \cdots②$$

ちょうど中和したことから，①と②の値が等しくなる!!　よって…

$$\underbrace{0.40 \times \frac{100}{1000} \times 1}_{①} = \underbrace{\frac{x}{40} \times 1}_{②}$$

$$\therefore \quad x = 1.6 \text{(g)}$$

答です!!

なるほど!

(2)　求めるべきNH_3の標準状態における体積をx(mL)とする!!
このとき…
H_2SO_4の物質量（モル数）は…

$$0.20 \times \frac{50}{1000} \text{(mol)}$$

1L中に0.20mol

$50\text{mL} = \frac{50}{1000}\text{L}$

よって，H^+の物質量（モル数）はH_2SO_4が**2価**の酸であるから，

$$0.20 \times \frac{50}{1000} \times 2 \text{(mol)} \quad \cdots①$$

一方，NH_3の物質量（モル数）は，標準状態における1(mol)の気体の占める

体積が22.4(L) = 22.4 × 1000(mL)であるから…

$$\frac{x}{22.4 \times 1000}\ (\mathrm{mol})$$

$NH_3 + H_2O \longrightarrow NH_4^+ + OH^-$
1価

よって，OH^-の物質量(モル数)はNH_3が**1価**の塩基であるから…

$$\frac{x}{22.4 \times 1000} \times 1\ (\mathrm{mol}) \quad \cdots ②$$

ちょうど中和したので，①と②の値は等しい‼　よって…

$$\underbrace{0.20 \times \frac{50}{1000} \times 2}_{①} = \underbrace{\frac{x}{22.4 \times 1000} \times 1}_{②}$$

$$x = 0.20 \times \frac{50}{1000} \times 2 \times 22.4 \times 1000$$

$$\therefore \quad x = 448\ (\mathrm{mL})$$

答です‼

RUB OUT 4 中和滴定(ちゅうわてきてい)とは??

重要そうな話だなぁ

前ページまでで学習しましたが，酸や塩基の水溶液の濃度は計算により求めることができます。例えば，濃度がわかっている酸の体積をはかり，これに濃度が未知の塩基の水溶液を少しずつ加えて，ちょうど中和するのに必要な体積を求めれば，計算により塩基の水溶液の濃度を求めることができます。この操作のことを**中和滴定**と申します。

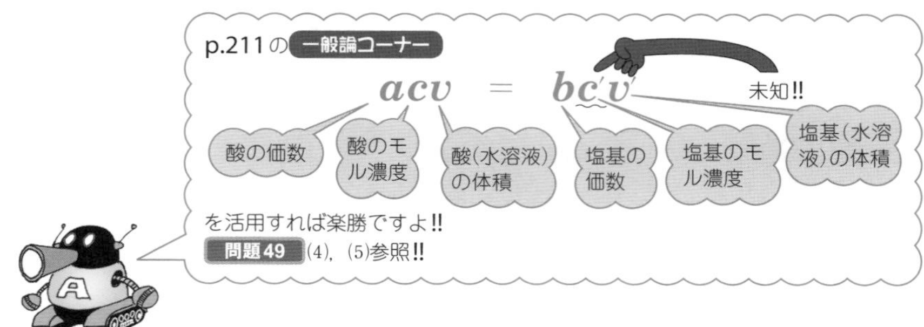

p.211の 一般論コーナー
acv = bc'v'
未知‼
酸の価数
酸のモル濃度
酸(水溶液)の体積
塩基の価数
塩基のモル濃度
塩基(水溶液)の体積
を活用すれば楽勝ですよ‼
問題49 (4)，(5)参照‼

しかしながら，実際は実験によって中和滴定を行うしかありません‼

そこで!! 次の3点に注意する必要があります!!

3点!?

その ❶

濃度がわかっている酸または塩基の水溶液を自分でつくる!! そーです!! 売ってないですから!! 自分でやるしかありませーん!! このような操作を**調製**と呼び，できあがった濃度がわかっている水溶液を**標準溶液**と呼びます。

RUB OUT 5 参照!!

その ❷

中和点(中和した瞬間!!)を正確に知る!!

RUB OUT 6 参照!!

これが大変なんですよーっ だれも教えてくれませんから…。

その ❸

中和する酸＆塩基の水溶液の正確な体積を知る!!

RUB OUT 5 参照!!

これは大変な作業です はたしてどんな方法で…??

プロフィール

ニューヒーロー（39才）

年の割に「やるときはやる!!!」ハッスル野郎。ちょい不良(ワル)なところも憎めない正義の味方。

発展コーナー

RUB OUT 5 中和滴定に必要な実験器具

メスフラスコ＆ホールピペット＆ビュレット＆コニカルビーカー

次の **4つ**の実験器具がカギを握ります。

一つ目 メスフラスコ

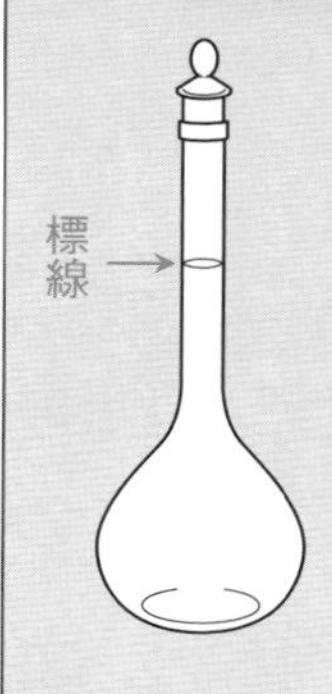

用途は…

標準水溶液の調製や，**溶液を正確にうすめるとき**に使用します。例えば…

水酸化ナトリウム $NaOH$ 2.0g（＝0.050mol）をてんびんで正確にはかりとり，これを蒸留水（純水）に溶かして1L用のメスフラスコに入れ，その後メスフラスコの**標線**(ひょうせん)

メスフラスコには1本の標線しかないので，1通りの体積しかはかることができません!! そこで，いろいろな大きさのメスフラスコがあります。200mL用や500mL用や1L用など…

まで蒸留水（純水）を入れると，0.050mol/Lの水酸化ナトリウム水溶液のできあがりです♥

Why? なぜ，小学校の頃から親しんできた**メスシリンダー**を使わないの？

メスフラスコは，上の図のように上部が細くなっているので，ほんの数滴レベルの違いで液面に差が出ます。つまり，正確に体積をはかることができるのです。これに対して，**メスシリンダー**は目盛りがいっぱいついていて，便利な反面，太いので，数滴レベルの違いでは液面の差が目立ちません

よって，ダメーッ!!

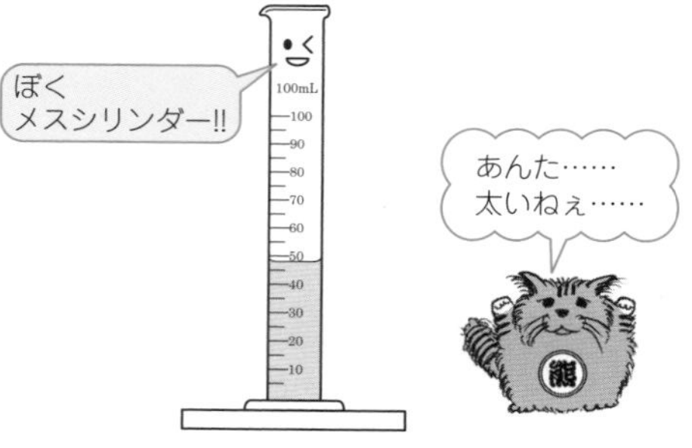

二つ目　ホールピペット

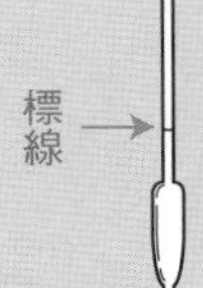

用途は…

溶液の一定体積を**正確にはかりとる**ときに使用!!　まさかと思われる人も多いと思いますが，溶液を**標線**まで吸い上げて，一定体積をはかりとります。

慎重に吸い上げないとヤバイことになるぜっ!!

このホールピペットも1本の標線しかないので，1通りの体積しかはかりとることはできません!!

よって，いろいろな大きさのホールピペットが存在します。

注　**スポイト**のような，イイカゲンな器具は使いません!!

三つ目　ビュレット

用途は…

溶液を**滴下する**（上から少しずつ滴らす）ときに使用!!　溶液を滴下する前と滴下した後の液面の目盛りの差で，滴下した溶液の体積がわかります。図に示す活栓が水道の蛇口のような役目を果たし，滴下する勢いを調節することができます。

活栓

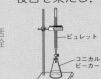

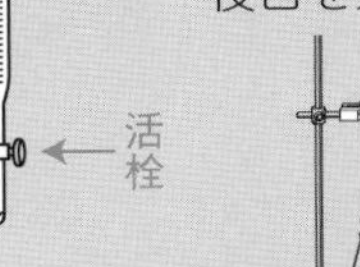

実験風景のイメージはこんな感じです!!

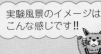

四つ目　コニカルビーカー　または　三角フラスコ

コニカルビーカー　三角フラスコ

用途は…

ホールピペットで一定体積をはかりとった水溶液を入れておく容器が必要となります。この容器こそ，上図にもさり気なく登場している**コニカルビーカー**です。**三角フラスコ**を使用する場合もあります。いずれも安定感のある形をしているので，ふつうのビーカーよりも安全です。

なるほど!

洗い方は…??

① **ホールピペット**と**ビュレット**の洗い方

よく洗浄して(水道水で洗ったあと，蒸留水で洗う!!)，そのあと，その器具に**入れようとしている溶液と同じ溶液**で数回洗って，そのまま使用します。

このように，入れようとしている溶液と同じ溶液で洗うことを**共洗い**(ともあらい)と呼びます。

☞ 蒸留水で洗っただけだと内側に水滴が残り，その分だけ濃度がうすまってしまいます 同じ溶液で洗えば濃度が変化しません!!

② **メスフラスコ**と**コニカルビーカー**(または**三角フラスコ**)の洗い方

水道水でよく洗ったあと，**蒸留水(純水)で洗い**，**ぬれたまま使用**します。

☞ **メスフラスコ**…どうせ蒸留水(純水)を加えて調製するので，蒸留水でぬれていても大丈夫!!

コニカルビーカー(三角フラスコ)…ホールピペットで正確にはかりとったあとに入れておく容器なので，蒸留水でぬれていても問題なし!!

注意せよ!!

通常，ガラス製の実験器具は洗浄後，**自然乾燥**させて使用します。しかし，中和滴定の場合，上記の洗い方に注意すれば，その必要はありません。あと，**熱風で乾燥**させるなんざ言語道断!! ガラス製品を加熱すると変形してしまいます とくに目盛りのついている器具にとっては致命傷!!

標線・目盛りの見方は…??

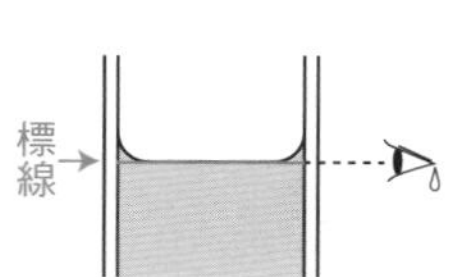

① 表面張力により液面は平らではありません!! **液面の最底部**を読むべし!!

② アタリマエの話ですが，**目線は水平**でなければなりません!!

RUB OUT 6　指示薬の登場!!

中和した瞬間を知るために，**指示薬**を活用します。指示薬は，**pH**の変化により色が変わる薬品で，中和の際，**pH**が急激に変化した瞬間を見逃しません!!
つまり，指示薬を混ぜておくと，色の変化により中和点を知らせてくれます♥
色が変わる**pH**の値の範囲を，**変色域**と呼びます。

では，代表的な指示薬を紹介しましょう!!

1 フェノールフタレイン

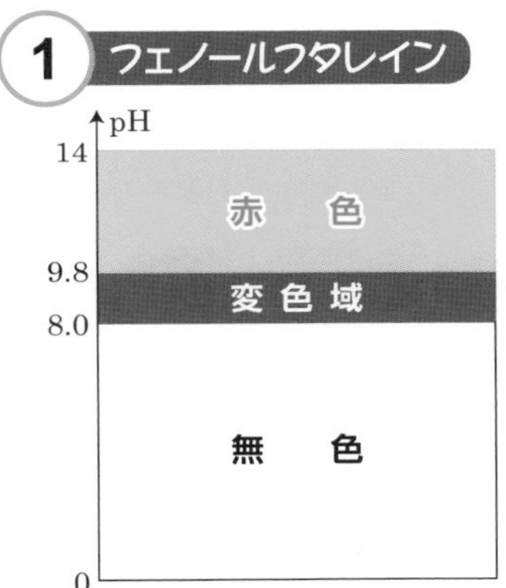

2 メチルオレンジ

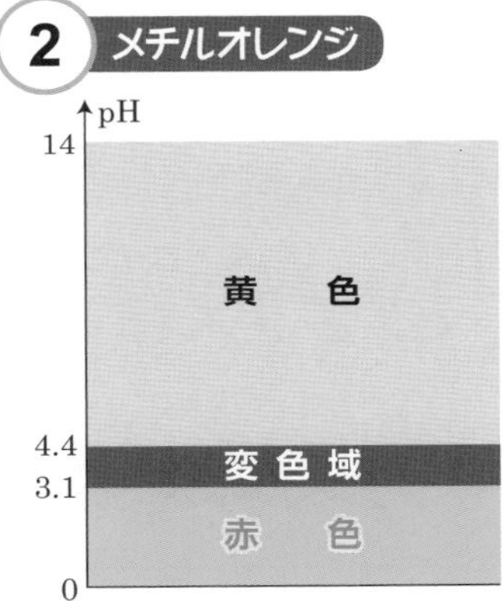

この2つの指示薬が2トップです!!　フェノールフタレインの変色域は上の方でメチルオレンジの変色域は下の方です。変色域の正確な値は覚えなくてもOKです。色はしっかり押さえておいてください。

覚え方 フェノールフタレインの方が文字数が多いから変色域は上の方!!

あと，あまり出題されませんが参考までに…

3 ブロモチモールブルー（BTB）

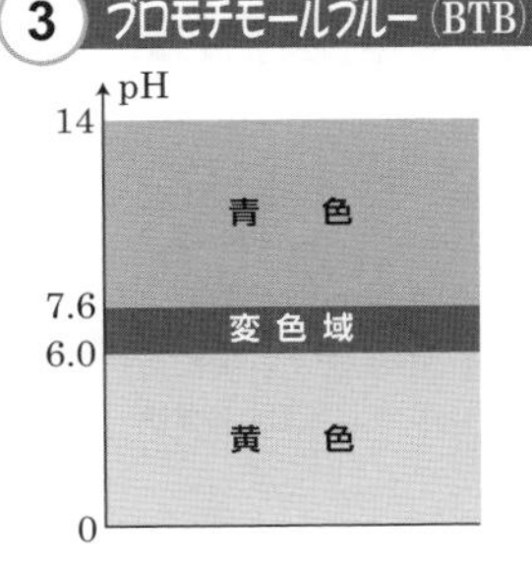

4 メチルレッド

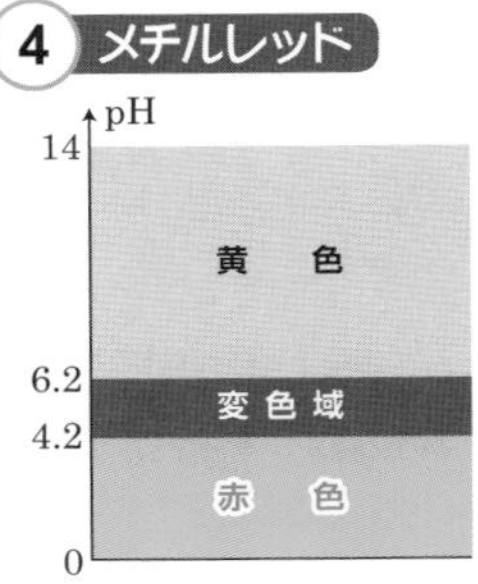

5 リトマス

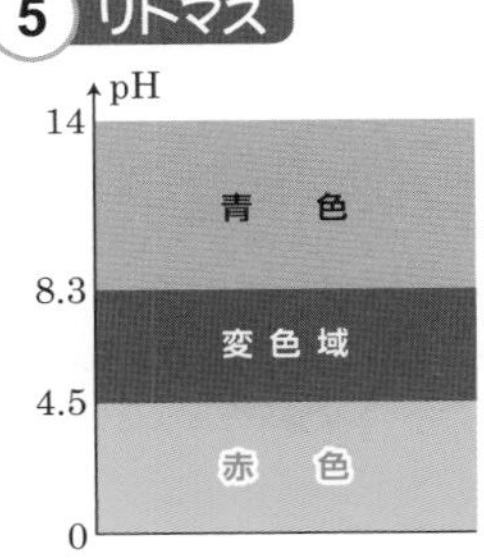

注 リトマスは変色域が広いので，鋭敏な変色をしません よって，指示薬としてはちょっとダメ!! あと，メチルオレンジとメチルレッドの性質は非常に似ています。

とうとうここまで来たか…

RUB OUT 7 滴定曲線って何??

中和滴定において，加えた酸または塩基の水溶液の体積と，混合溶液の**pH**との関係をグラフで表したものを**滴定曲線**と呼ぶ。

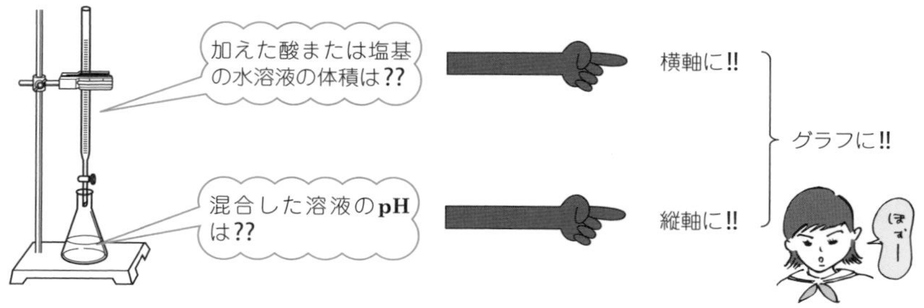

では，滴定曲線の例を指示薬(フェノールフタレインとメチルオレンジのみ)のお話も交えて…

例1 0.1mol/Lの塩酸(**pH**＝1)10mLを0.1mol/Lの水酸化ナトリウム水溶液で滴定する場合

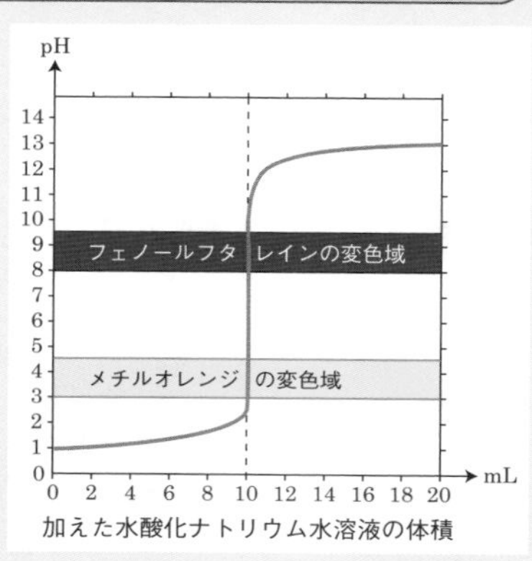

例2 0.1mol/Lの酢酸10mLを0.1mol/Lの水酸化ナトリウム水溶液で滴定する場合

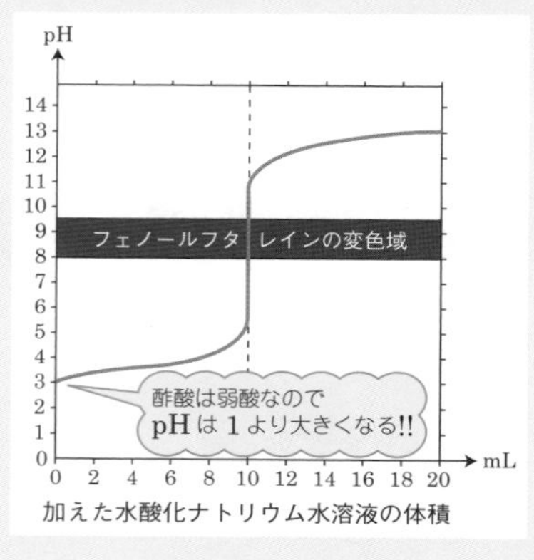

例3 0.1mol/Lの塩酸(pH = 1)10 mLを0.1mol/Lのアンモニア水で滴定する場合

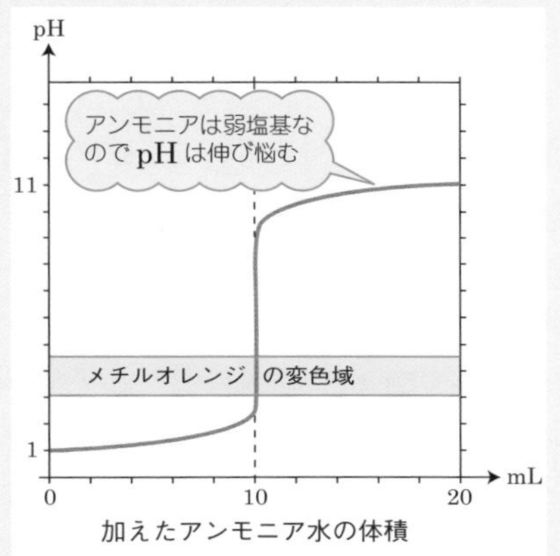

例4 0.1mol/Lの酢酸10mLを0.1 mol/Lのアンモニア水で滴定する場合

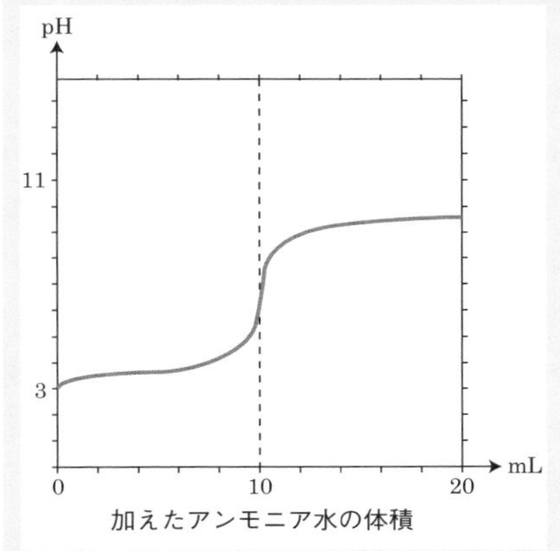

逆に，塩基の水溶液を酸の水溶液で滴定する場合，右図のように滴定曲線は右下がりとなります。

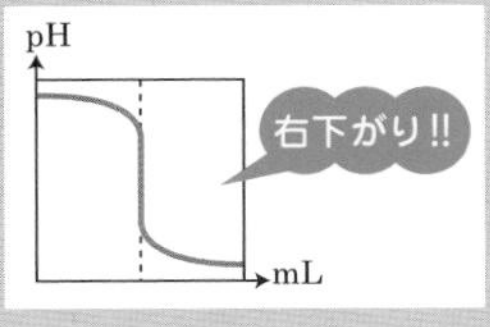

これらの滴定曲線からもわかるように，使用すべき指示薬は…

① **強酸**と**強塩基**  フェノールフタレイン＆メチルオレンジの**両方使える**。

② **強酸**と**弱塩基**  **メチルオレンジ**のみ使える。 **例3** 参照!!

③ **弱酸**と**強塩基**  **フェノールフタレイン**のみ使える。 **例2** 参照!!

④ **弱酸**と**弱塩基**  両方ダメ!!　よって，試験に出ない!!

では，問題を解きまくりましょう!!

問題51 発展

あるメーカーの食酢“さわやかなお酢”の定量分析に関する次の文を読んで，以下の各問いに答えよ。ただし，この食酢に含まれる酸はすべて酢酸であるとする。

あるメーカーの食酢“さわやかなお酢”10mLを［(イ)］を用いて正確にはかりとり，［(ロ)］に入れ，蒸留水を加えて100mLとし，試料溶液をつくった。

この試料溶液を用いて，以下の操作を行った。まず［(ハ)］を用いて試料溶液10mLを正確にはかりとり，［(ニ)］に入れ，さらに指示薬として(　　　)を加えた。次に，これを［(ホ)］に入れた0.020mol/Lの水酸化ナトリウム水溶液で滴定した。その結果，滴下量は32.1mLであった。

(1)　空欄(イ)〜(ホ)に適する実験器具の図を下の(a)〜(j)から選び，その実験器具の名称も添えて答えよ。

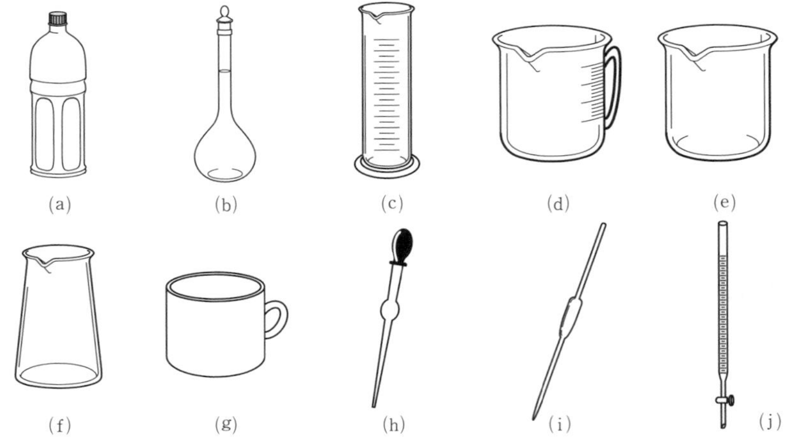

(2)　(1)の(イ)〜(ホ)のガラス器具を手早く洗浄する際，仕上げの操作として最も適切なものを，次の①〜④からそれぞれ選べ。

①　蒸留水で数回すすいで，そのまま使用する。

②　蒸留水で数回すすいで，熱風で乾燥させてから使用する。

③　使用する溶液で数回すすいで，そのまま使用する。

④　使用する溶液で数回すすいで，熱風で乾燥させてから使用する。

(3) (　　　)に適する指示薬を，次の①〜④から選べ。

① メチルオレンジ

② メチルレッド

③ フェノールフタレイン

④ リトマス

(4) 精度を高めるために，3回以上の滴定をくり返して行うことが通常である。滴下量について最も適切なものを，次の①〜③から選べ。

① 何回か行った滴定において，滴下量の平均値を結果として採用する。

② 何回か行った滴定において，滴下量の最大値を結果として採用する。

③ 何回か行った滴定において，滴下量の最小値を結果として採用する。

(5) 試料溶液の酢酸のモル濃度を，有効数字2桁で求めよ。

(6) 実験に用いた食酢“さわやかなお酢”の酢酸のモル濃度を，有効数字2桁で求めよ。

(7) 実験に用いた食酢“さわやかなお酢”の密度が1.02g/mLであるとして，この食酢の酢酸濃度を質量パーセント濃度で求めよ。ただし，原子量は H = 1.0，C = 12，O = 16とする。

ダイナミック解説

(1) 実験器具については，キーワードとともに押さえるべし!!

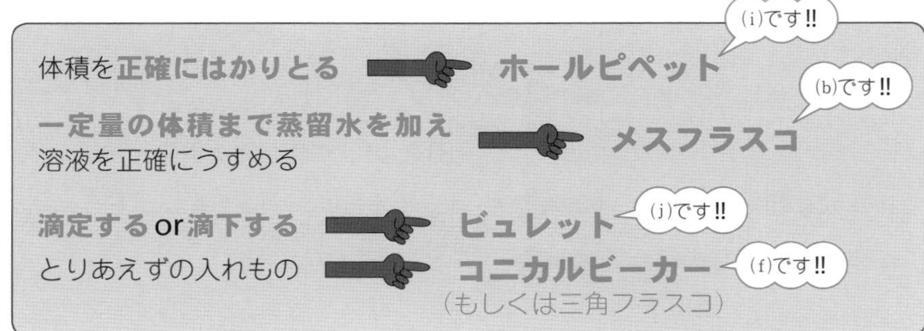

体積を正確にはかりとる → ホールピペット
(i)です!!
一定量の体積まで蒸留水を加え溶液を正確にうすめる → メスフラスコ
(b)です!!
滴定するor滴下する → ビュレット
(j)です!!
とりあえずの入れもの → コニカルビーカー
(もしくは三角フラスコ)
(f)です!!

ダメ出しコーナー

(a)➡ありえない!!
(c)➡メスシリンダーです。太いので精度に乏しい!!
(d)➡料理の時間じゃねぇ!!
(e)➡ふつうのビーカーです。コニカルビーカーに比べて安定感がない。
(g)➡冗談はよせ!!
(h)➡スポイトです。精度に問題あり!!

ここまで解説すれば大丈夫でしょ!?

(2) すべてガラス器具なので**熱風での乾燥**は**NG**!!
とくに，目盛りのついたガラス器具にとっては，致命傷になります

ホールピペット，ビュレット  使用する溶液で数回すすいでそのまま使用（“共洗い”です!!）

メスフラスコ，コニカルビーカー  蒸留水で数回すすいでそのまま使用

詳しい理由はp.220に書いてあるよ!!

(3) 指示薬については，p.221 〜 223を参照せよ!!
まず，**リトマス**は鋭敏に変色しないのでダメ!!

● **強酸と強塩基**の場合  フェノールフタレイン，メチルオレンジ，メチルレッド，ブロモチモールブルー（BTB）のいずれも大丈夫!!

● **強酸と弱塩基**の場合  メチルオレンジ，メチルレッド

● **弱酸と強塩基**の場合  フェノールフタレイン

酢酸です!!　水酸化ナトリウム水溶液

本問は**弱酸**と**強塩基**の対決なもんで，適切な指示薬は**フェノールフタレイン**ということになります。

解法のコツ

リトマスは，ゼッタイに答えになることはない!!
メチルオレンジと**メチルレッド**の性質は似ています。よって，この2つが同時に選択肢にあるときは，一方を選ぶことができないので，このいずれかが答えになることはない!!

(4)　常識から考えて，**平均値**を実験結果に採用するに決まっています!!

(5)　p.212の 問題49 参照!!

食酢"さわやかなお酢"10mLに蒸留水を加えて100mLとする!!

(6)　問題文より，食酢"さわやかなお酢"を10倍にうすめたものが試料溶液ということになります。

つまーり!!

食酢"さわやかなお酢"の酢酸のモル濃度 $\times \dfrac{1}{10} =$ 試料溶液の酢酸のモル濃度

10倍にうすめた!!

よって，(5)の解答×10＝(6)の解答 となります!!
（(5)の解答：試料溶液の酢酸のモル濃度）（(6)の解答：食酢"さわやかなお酢"の酢酸のモル濃度）

(7)　p.121の 問題31 を参照せよ!!

解答でござる

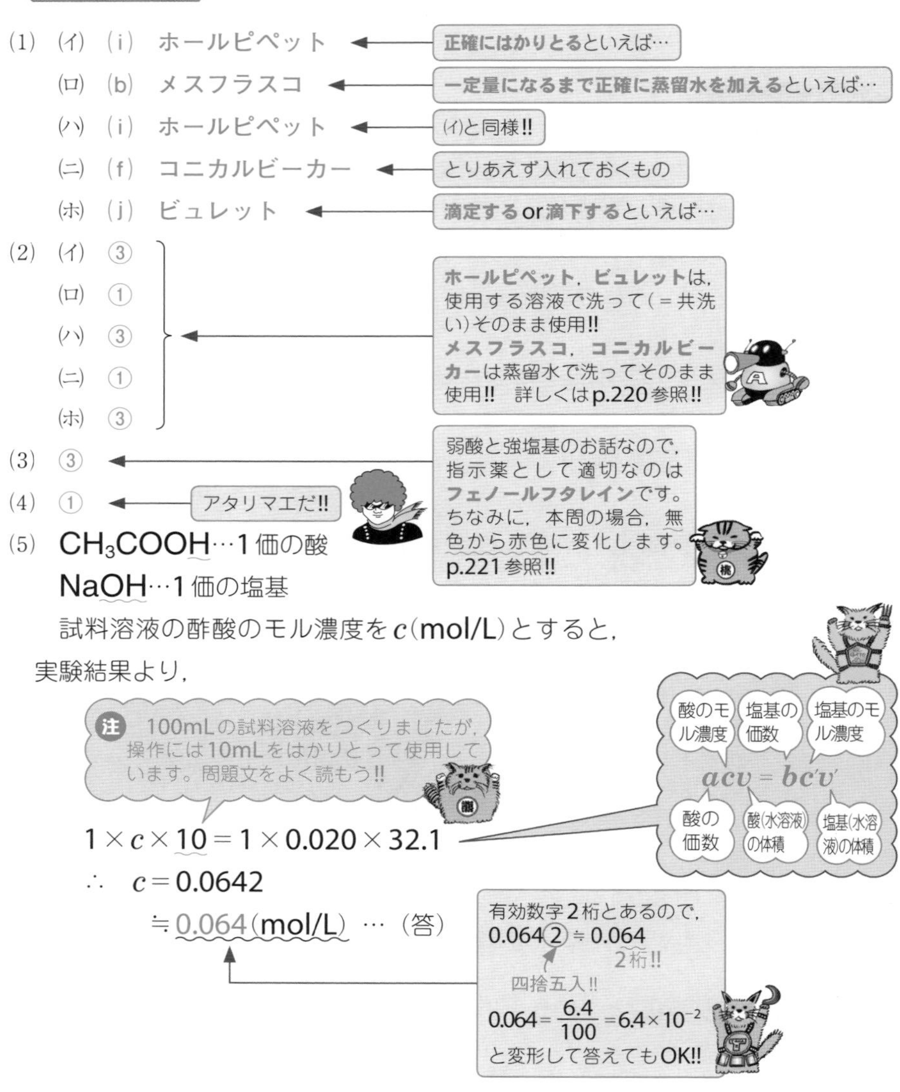

正確にはかりとるといえば…
一定量になるまで正確に蒸留水を加えるといえば…
(イ)と同様!!
とりあえず入れておくもの
滴定するor滴下するといえば…
ホールピペット，ビュレットは，使用する溶液で洗って(＝共洗い)そのまま使用!! メスフラスコ，コニカルビーカーは蒸留水で洗ってそのまま使用!! 詳しくはp.220参照!!
弱酸と強塩基のお話なので，指示薬として適切なのはフェノールフタレインです。ちなみに，本問の場合，無色から赤色に変化します。p.221参照!!
アタリマエだ!!
注 100mLの試料溶液をつくりましたが，操作には10mLをはかりとって使用しています。問題文をよく読もう!!
酸のモル濃度
塩基の価数
塩基のモル濃度
acv = bc′v′
酸の価数
酸(水溶液)の体積
塩基(水溶液)の体積
有効数字2桁とあるので，
0.064② ≒ 0.064
2桁!!
四捨五入!!
0.064＝6.4/100＝6.4×10⁻²
と変形して答えてもOK!!

(1) (イ) (i) ホールピペット

(ロ) (b) メスフラスコ

(ハ) (i) ホールピペット

(ニ) (f) コニカルビーカー

(ホ) (j) ビュレット

(2) (イ) ③

(ロ) ①

(ハ) ③

(ニ) ①

(ホ) ③

(3) ③

(4) ①

(5) CH_3COOH…1価の酸

NaOH…1価の塩基

試料溶液の酢酸のモル濃度をc(mol/L)とすると，

実験結果より，

$$1 \times c \times 10 = 1 \times 0.020 \times 32.1$$

$$\therefore \quad c = 0.0642$$

$$\fallingdotseq 0.064 \text{(mol/L)}$$ …(答)

(6)　(5)より，実験に用いた食酢“さわやかなお酢”の酢酸のモル濃度は，

$$0.0642 \times 10 = 0.642$$
$$\fallingdotseq 0.64(\mathrm{mol/L}) \quad \cdots \text{(答)}$$

もとのお酢の濃度は試料溶液の濃度の10倍となります。p.227参照!!

(5)で求めた値です!!

(7)　$CH_3COOH = 12 \times 2 + 1.0 \times 4 + 16 \times 2 = 60$

分子量です。

この食酢1L(＝1000mL)中に溶けている酢酸の質量は，

$$60 \times 0.642(\mathrm{g})$$

である。

(6)より，この食酢1L中に0.642molの酢酸が溶けている!!

一方，この食酢1L(＝1000mL)の質量は，

$$1.02 \times 1000(\mathrm{g})$$

である。

この食酢の密度は1.02g/mL(1mLあたり1.02g)であるから，この食酢1L(＝1000mL)の質量は，1.02×1000(g)となる。

以上より，求めるべき，実験に用いた食酢“さわやかなお酢”の酢酸濃度を質量パーセント濃度で求めると，

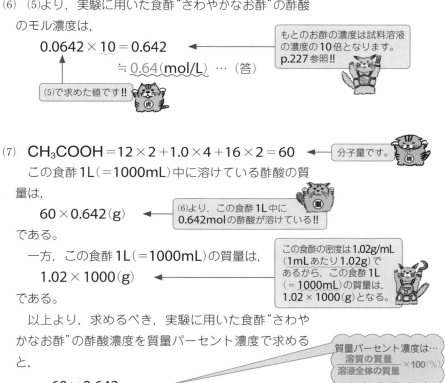

$$\frac{60 \times 0.642}{1.02 \times 1000} \times 100 = 3.776\cdots$$
$$\fallingdotseq 3.8(\%) \quad \cdots \text{(答)}$$

質量パーセント濃度は…
$$\frac{\text{溶質の質量}}{\text{溶液全体の質量}} \times 100(\%)$$

有効数字2桁とあるので，$3.7\textcircled{7}6\cdots \fallingdotseq 3.8$（2桁）
四捨五入!!

まだまだ，問題は続くぜっ!!

問題52 標準

次の図のⒶ～Ⓗは，中和滴定における**pH**の変化を示す滴定曲線(横軸は酸または塩基の滴下量)である。これについて，(1)，(2)の問いに答えよ。

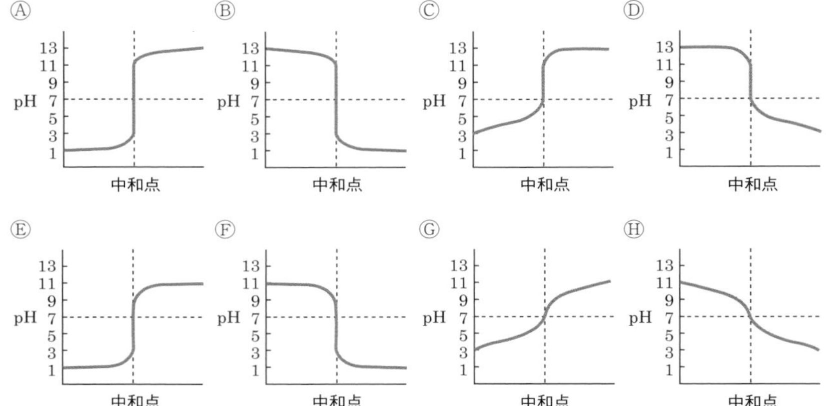

(1) 次の(ア)～(エ)の中和滴定を行ったとき，滴定曲線はどのようになるか。最も適切なものを，上のⒶ～Ⓗから選べ。

(ア) 塩酸にアンモニア水を滴下した。

(イ) 酢酸に水酸化ナトリウム水溶液を滴下した。

(ウ) 水酸化ナトリウム水溶液に塩酸を滴下した。

(エ) アンモニア水に酢酸を滴下した。

(2) 上のⒶ～Ⓗの中和滴定に用いる指示薬について最も適切に述べているものを，次の(ア)～(エ)からそれぞれ選べ。

(ア) メチルオレンジが有効である。

(イ) フェノールフタレインが有効である。

(ウ) メチルオレンジまたはフェノールフタレインのいずれも有効である。

(エ) メチルオレンジまたはフェノールフタレインはいずれも有効ではない。

ダイナミック解説

詳しく頼むぜ!!

(1)　(ア)　強酸に弱塩基を加えていく!!（HCl　NH_3）

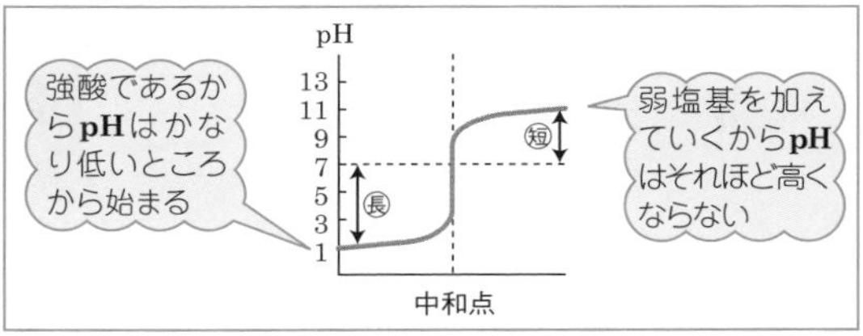

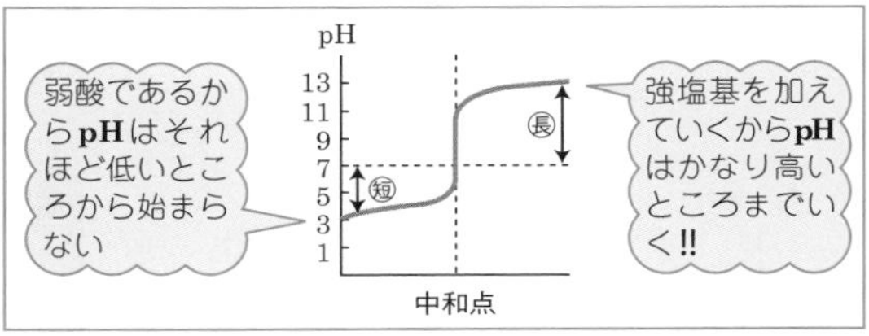

pH 13, 11, 9, 7, 5, 3, 1　中和点

強酸であるからpHはかなり低いところから始まる　㊝　㊧
弱塩基を加えていくからpHはそれほど高くならない

(イ)　弱酸に強塩基を加えていく!!（CH_3COOH　NaOH）

弱酸であるからpHはそれほど低いところから始まらない　㊧
強塩基を加えていくからpHはかなり高いところまでいく!!　㊝

(ウ)　強塩基に強酸を加えていく!!（NaOH　HCl）

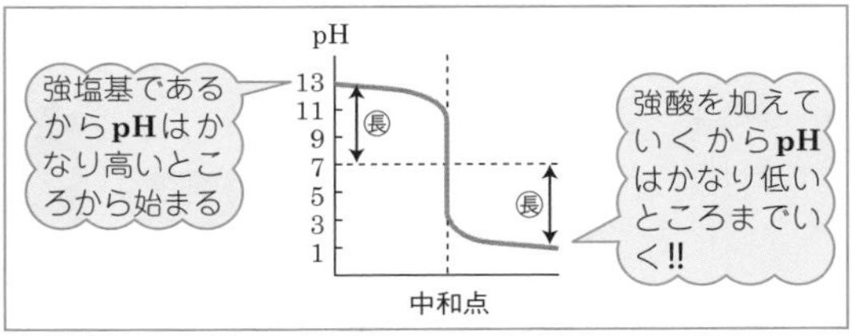

強塩基であるからpHはかなり高いところから始まる　㊝
強酸を加えていくからpHはかなり低いところまでいく!!　㊝

(エ)　弱塩基に弱酸を加えていく!!（NH_3　CH_3COOH）

弱塩基であるからpHはそれほど高いところから始まらない　㊧
弱酸を加えていくからpHはそれほど低くならない!!　㊧

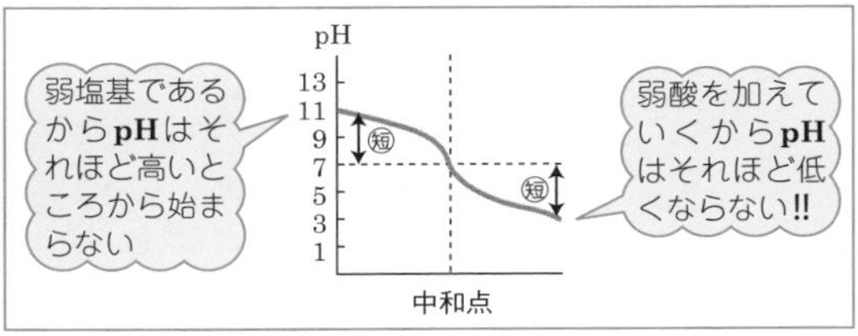

以上より，

(ア) → Ⓔ　(イ) → Ⓒ　(ウ) → Ⓑ　(エ) → Ⓗ

答です!!

(2) Ⓐ Ⓑ

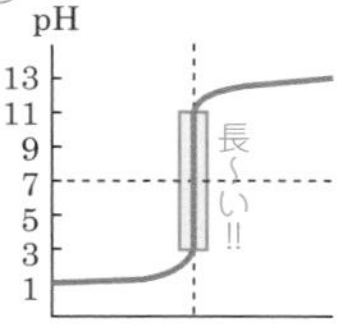

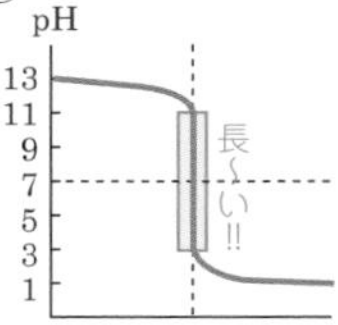

長〜い!!

よって!! 指示薬は**メチルオレンジ**と**フェノールフタレイン**ともに使える!!

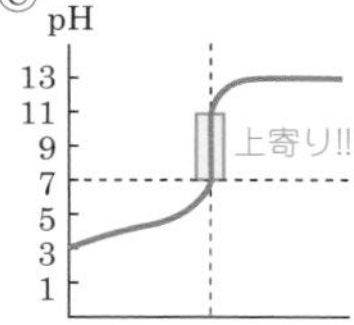

Ⓒ Ⓓ

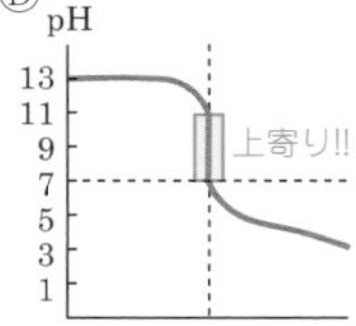

上寄り!!

よって!! 指示薬は**フェノールフタレイン**が有効!!

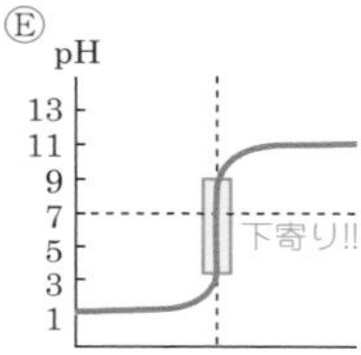

Ⓔ Ⓕ

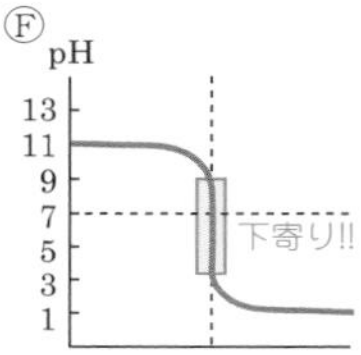

下寄り!!

よって!! 指示薬は**メチルオレンジ**が有効!!

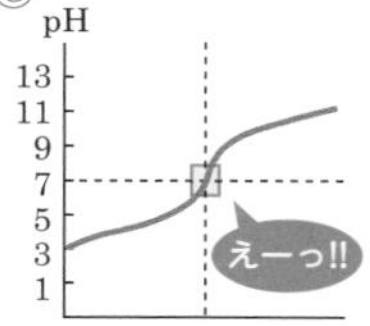

Ⓖ Ⓗ

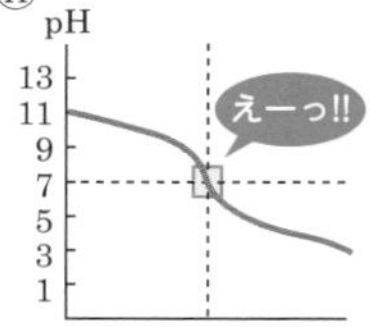

えーっ!!

よって!! 指示薬は何も有効でない!!

えーっ!!

以上より,

ⒶとⒷ → **(ウ)**　ⒸとⒹ → **(イ)**

ⒺとⒻ → **(ア)**　ⒼとⒽ → **(エ)**

答です!!

まとめておきましょう。

解答でござる

(1) (ア)…Ⓔ　(イ)…Ⓒ　(ウ)…Ⓑ　(エ)…Ⓗ

(2) Ⓐ…(ウ)　Ⓑ…(ウ)　Ⓒ…(イ)　Ⓓ…(イ)

Ⓔ…(ア)　Ⓕ…(ア)　Ⓖ…(エ)　Ⓗ…(エ)

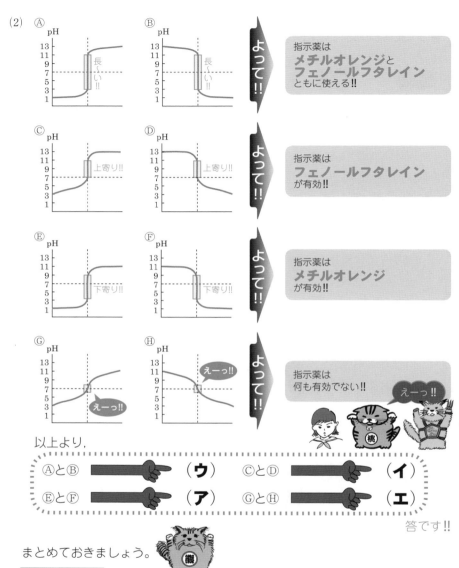

Theme 24 塩の分類と塩の水溶液の性質

塩についてはp.206参照!!

RUB OUT 1 塩の分類

ぶっちゃけこの話は簡単です!!

塩は，見た目だけで次のように分類されまーす!!

化学式中に酸の**H**が残っている塩 → **酸性塩**
化学式中に塩基の**OH**が残っている塩 → **塩基性塩**
化学式中に**H**も**OH**も残っていない塩 → **正塩**

では，具体例をあげておきます。

塩の種類	例
酸性塩	$NaHSO_4$（硫酸水素ナトリウム）　$NaHCO_3$（炭酸水素ナトリウム） KH_2PO_4（リン酸二水素カリウム）　K_2HPO_4（リン酸水素二カリウム）
塩基性塩	$MgCl(OH)$（塩化水酸化マグネシウム） $CuCl(OH)$（塩化水酸化銅（Ⅱ））
正塩	$NaCl$（塩化ナトリウム）　$NaNO_3$（硝酸ナトリウム） K_2SO_4（硫酸カリウム）　CH_3COONa（酢酸ナトリウム） $BaSO_4$（硫酸バリウム）　$CaCO_3$（炭酸カルシウム）

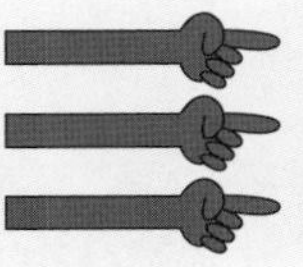

正塩の例が多すぎてキリがないなぁ

ではでは練習タイムです♥

問題53　キソ

次の塩は，酸性塩，塩基性塩，正塩のいずれか。

(1) Na_2CO_3　(2) $(CH_3COO)_2Ca$　(3) $CuCO_3 \cdot Cu(OH)_2$
(4) $FeSO_4$　(5) Na_2HPO_4　(6) $MgCl_2$

(3)　$CuCO_3 \cdot Cu(OH)_2$ → OHが残っているので**塩基性塩**

(5)　Na_2HPO_4 → Hが残っているので**酸性塩**

で‼　残りはすべて**正塩**です。

解答でござる

(1)　正塩	(2)　正塩	(3)　塩基性塩
(4)　正塩	(5)　酸性塩	(6)　正塩

RUB OUT 2　塩の水溶液の性質

塩の水溶液が「酸性，中性，塩基性のどれを示すか??」は，その塩のもとになる酸と塩基の力関係によります。

その力関係を知る意味で，次のイオンたちをもう一度押さえるべし‼

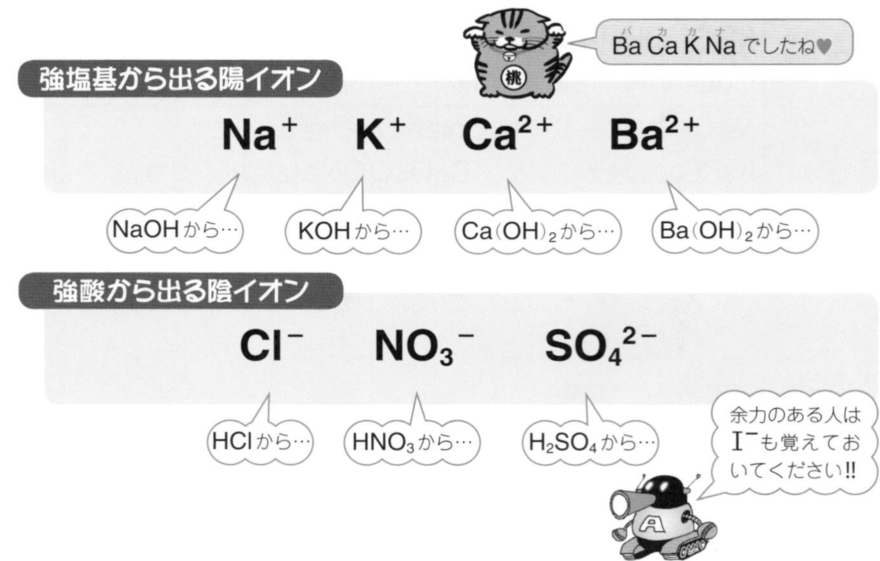

これら以外はすべて，弱塩基から出る陽イオン，もしくは弱酸から出る陰イオンとお考えください。

では，例をあげて説明します。

例1 $NaCl$

Na^+ → **強塩基**から出る陽イオン

Cl^- → **強酸**から出る陰イオン

“強い”ものどうしで互角です!!

よって，水溶液はほぼ**中性**を示しまーす。

例2 Na_2CO_3

Na^+ → **強塩基**から出る陽イオン

$CO_3{}^{2-}$ → **弱酸**から出る陰イオン

“強塩基v.s.弱酸”により塩基の勝ちです!!

よって，水溶液は**塩基性**を示しまーす。

正塩だからといって中性とは限らないんだぁーっ

例3 NH_4Cl

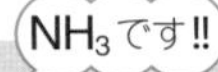

$NH_4{}^+$ → **弱塩基**から出る陽イオン

Cl^- → **強酸**から出る陰イオン

“弱塩基v.s.強酸”により酸の勝ちです!!

よって，水溶液は**酸性**を示しまーす。

例4 $KHSO_4$

K^+ → **強塩基**から出る陽イオン

$SO_4{}^{2-}$ → **強酸**から出る陰イオン

“強い”ものどうしで互角といいたいところですが…

$KHSO_4$内に酸性を示す**H**が残っています!!　コイツのせいで，水溶液は**酸性**を示しまーす。

例5 $NaHCO_3$

Na^+ 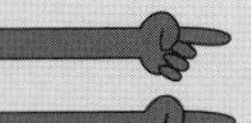 **強塩基**から出る陽イオン

$CO_3{}^{2-}$ → **弱酸**から出る陰イオン

“強塩基v.s.弱酸”により塩基の勝ちです!!

$NaHCO_3$内に酸性を示す**H**が残っていますが，このような場合は焼け石に水でムダな抵抗ということになります
よって，水溶液は**塩基性**を示しまーす。

酸性塩なのに塩基性を示すのか〜っ

このように，正塩だからといって中性，酸性塩だからといって酸性，塩基性塩だからといって塩基性とは限らないのです。

正塩の場合…

① 強塩基から出る陽イオン＋強酸から出る陰イオン
→ 水溶液はほぼ**中性**（例1参照!!）

② 強塩基から出る陽イオン＋弱酸から出る陰イオン
→ 水溶液は**塩基性**（例2参照!!）

③ 弱塩基から出る陽イオン＋強酸から出る陰イオン
→ 水溶液は**酸性**（例3参照!!）

④ 弱塩基から出る陽イオン＋弱酸から出る陰イオン
→ 水溶液はほぼ**中性**

酸性塩の場合…

① 強塩基から出る陽イオン＋強酸から出る陰イオン
→ 塩内に残った**H**が作用して水溶液は**酸性**（例4参照!!）

② 強塩基から出る陽イオン＋弱酸から出る陰イオン
→ 塩内に残った**H**は無関係で水溶液は**塩基性**（例5参照!!）

注 他の組み合わせが出題されることはない。

塩基性塩の場合…

多くは水に不溶なので，液性は考える必要なし!!

では，みなさんも考えてみてください。

問題 54　キソ

次の塩の水溶液は，酸性，中性，塩基性のうち，どれを示すか。

(1) $BaSO_4$　(2) $(CH_3COO)_2Ca$　(3) CH_3COONH_4
(4) $CaCl_2$　(5) $KHCO_3$　(6) NH_4NO_3
(7) $NaHSO_4$　(8) $Al(NO_3)_3$

ダイナミック解説

ピッタリ中性(pH＝7)になる水溶液など存在しない，と考えてOKです!!

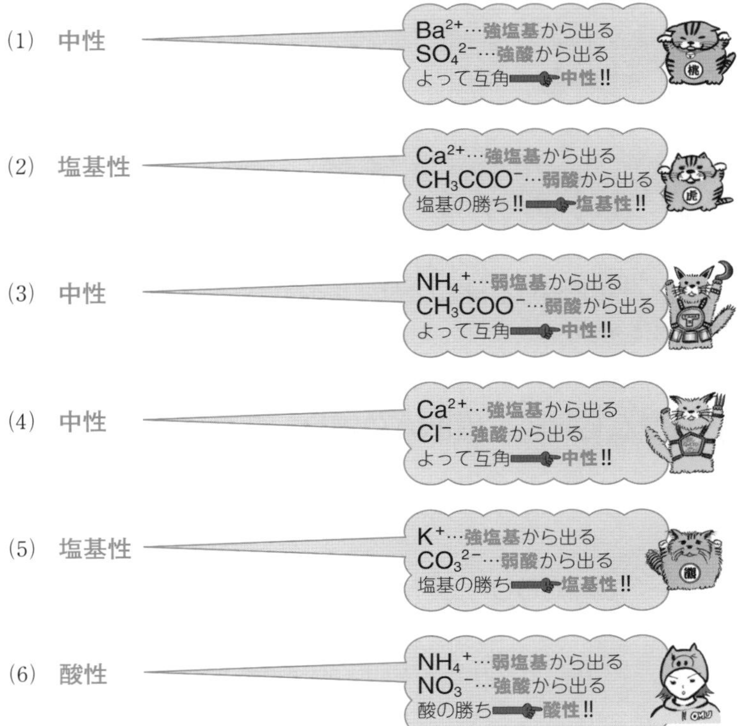

(1) 中性
Ba^{2+}…強塩基から出る
SO_4^{2-}…強酸から出る
よって互角→中性!!
(2) 塩基性
Ca^{2+}…強塩基から出る
CH_3COO^-…弱酸から出る
塩基の勝ち!!→塩基性!!
(3) 中性
NH_4^+…弱塩基から出る
CH_3COO^-…弱酸から出る
よって互角→中性!!
(4) 中性
Ca^{2+}…強塩基から出る
Cl^-…強酸から出る
よって互角→中性!!
(5) 塩基性
K^+…強塩基から出る
CO_3^{2-}…弱酸から出る
塩基の勝ち→塩基性!!
(6) 酸性
NH_4^+…弱塩基から出る
NO_3^-…強酸から出る
酸の勝ち→酸性!!

(7)　酸性

(8)　酸性

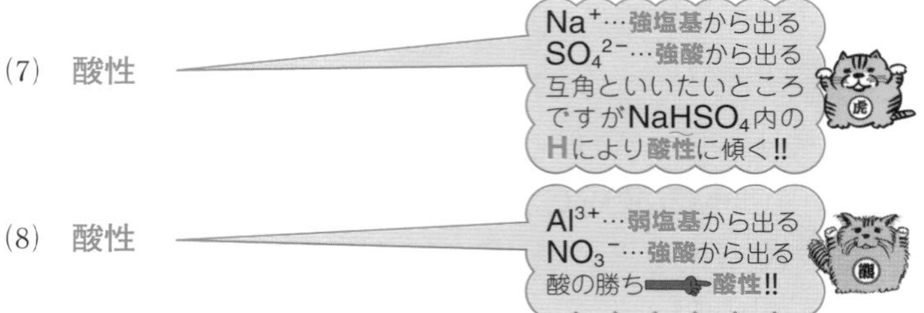

注　H_3PO_4(リン酸)は，実際には**中程度の酸**です。そこで，次のようなマニアックな話が登場します。このレベルまでしっかり覚えてしまうアナタは本格派!!

NaH_2PO_4 (2つ!!) → 酸性　　Na_2HPO_4 (1つ!!) → 塩基性

発展コーナー

RUB OUT 3　塩の加水分解

このあたりは「化学」で詳しく学習するぞ!!

加水分解とは，その名のとおり水H_2Oと反応することにより物質が分解される反応のことである。RUB OUT 2 の塩の水溶液の液性(酸性 or 中性 or 塩基性)については，この加水分解により説明できます。

例1　酢酸ナトリウムCH_3COONaの場合

Na^+…強塩基から出る陽イオン
CH_3COO^-…弱酸から出る陰イオン
} → 水溶液は**塩基性**!!

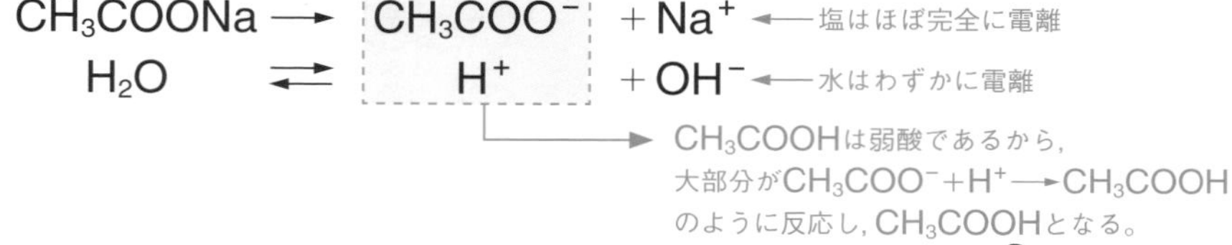

$$CH_3COONa \longrightarrow CH_3COO^- + Na^+$$ ←塩はほぼ完全に電離

$$H_2O \rightleftarrows H^+ + OH^-$$ ←水はわずかに電離

→ CH_3COOHは弱酸であるから，大部分が$CH_3COO^- + H^+ \longrightarrow CH_3COOH$のように反応し，$CH_3COOH$となる。

この2つの式を合理的に1つの式にまとめると…

加水分解の式はこれだ!!

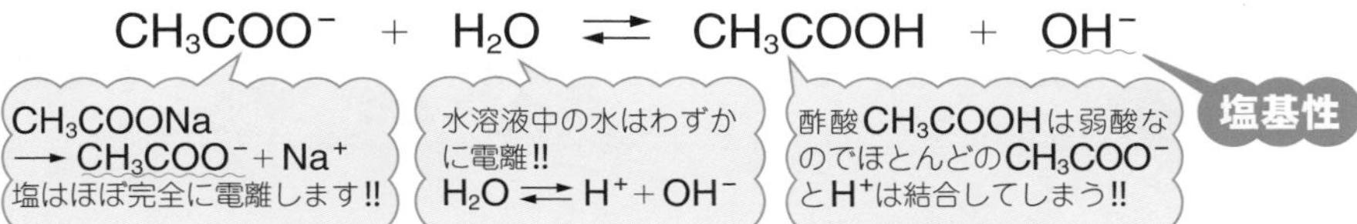

例2 塩化アンモニウムNH_4Clの場合

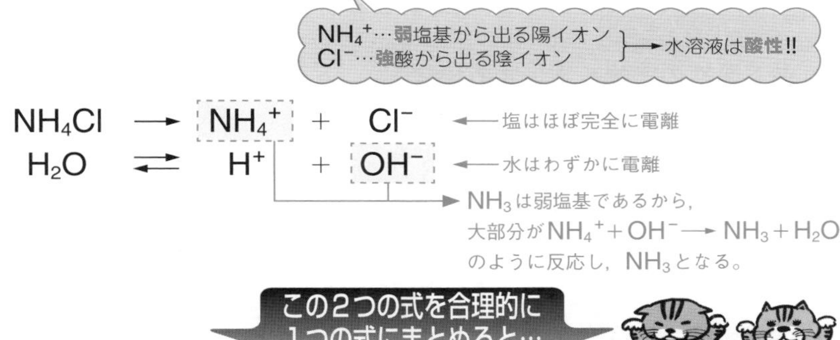

加水分解の式はこれだ!!

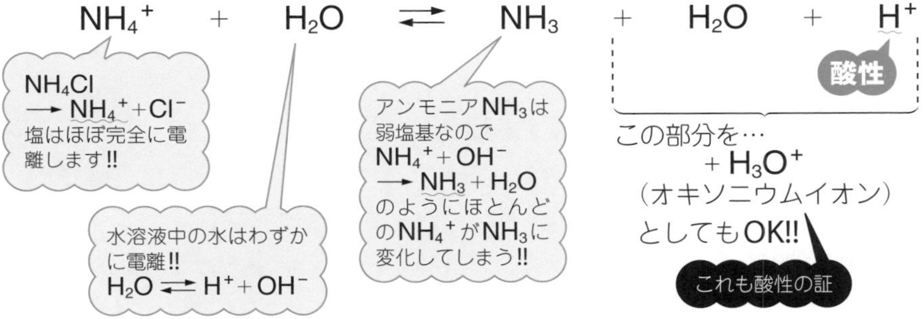

$NH_4^+ + H_2O \rightleftarrows NH_3 + H_2O + H^+$
$NH_4Cl \longrightarrow NH_4^+ + Cl^-$ 塩はほぼ完全に電離します!!
水溶液中の水はわずかに電離!! $H_2O \rightleftarrows H^+ + OH^-$
アンモニアNH_3は弱塩基なので$NH_4^+ + OH^- \longrightarrow NH_3 + H_2O$のようにほとんどの$NH_4^+$が$NH_3$に変化してしまう!!
酸性
この部分を… $+ H_3O^+$ （オキソニウムイオン） としてもOK!!
これも酸性の証

注 強塩基から出る陽イオンと強酸から出る陰イオンからなる塩は，**加水分解**しないと考えてください。

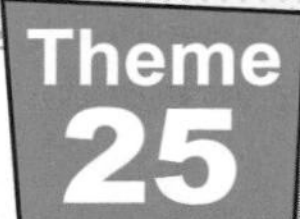

逆滴定って何??

酸性の気体です　塩基性の気体です

CO_2やNH_3などの気体が何molあるか？　を知りたいとき，**逆滴定**という方法により定量します。　「定量する」とは，何molあるか？　を求めることです!!

逆滴定のイメージ

(i)　**ある酸性の気体を定量する場合**

❶　まず，この酸性の気体を，濃度がわかっている**十分な量**の**塩基性**の水溶液に吸収させます。

　このとき，酸性の気体は中和反応によりすべて消滅しますが，水溶液中の**塩基**は余分に加えてあるため**残っています**。

❷　次に，残った**塩基**を，濃度がわかっている**酸**を加えて滴定します。この行為を**逆滴定**と申します。

つまーり!!

(ある酸性の気体が放出するH^+の物質量) ＋ (逆滴定で加えた酸が放出するH^+の物質量) ＝ (十分な量の塩基が放出するOH^-の物質量)

(ii)　**ある塩基性の気体を定量する場合**

❶　まず，この塩基性の気体を，濃度がわかっている**十分な量**の**酸性**の水溶液に吸収させます。

　このとき，塩基性の気体は中和反応によりすべて消滅しますが，水溶液中の**酸**は余分に加えてあるため**残っています**。

❷　次に，残った**酸**を，濃度がわかっている**塩基**を加えて滴定します。この行為も，先ほど述べたとおり**逆滴定**と申します。

つまーり!!

(ある塩基性の気体が放出するOH^-の物質量) ＋ (逆滴定で加えた塩基が放出するOH^-の物質量) ＝ (十分な量の酸が放出するH^+の物質量)

では，具体的な問題を通して演習しましょう!!

問題55 ちょいムズ

標準状態で20Lの空気を0.010mol/Lの水酸化バリウム$Ba(OH)_2$水溶液100mLに吹き込み，生じた沈殿をろ過したあと，残った溶液にフェノールフタレインを加えて0.050mol/Lの塩酸で滴定したところ，25.6mL必要であった。このとき，空気中に含まれる二酸化炭素CO_2の体積百分率を有効数字2桁で求めよ。

ダイナミックポイント!!

二酸化炭素CO_2は水に溶けると…

$$CO_2 + H_2O \longrightarrow H_2CO_3$$

となるので，**2価の酸**として活躍します。

さらに，

逆滴定で用いた塩酸HCl → **1価の酸**

水酸化バリウム$Ba(OH)_2$ → **2価の塩基**

であることもお忘れなく!!

解法のポイントは…

$\left(\begin{array}{l}CO_2(つまり H_2CO_3)\\が放出する H^+の物質量\end{array}\right) + \left(\begin{array}{l}逆滴定で加えたHClが\\放出する H^+の物質量\end{array}\right) = \left(\begin{array}{l}Ba(OH)_2が放出す\\るOH^-の物質量\end{array}\right)$

（左辺の2項）H^+の物質量の総和です!!

で!! 問題を解くうえで無関係な部分は…

● 生じた沈殿 → $BaCO_3$（炭酸バリウム）（白い沈殿物）です。

$$H_2CO_3 + Ba(OH)_2 \longrightarrow BaCO_3 + 2H_2O$$

（$CO_2 + Ba(OH)_2 \longrightarrow BaCO_3 + H_2O$ と書いてもOK!!）

$BaCO_3$はH_2CO_3と$Ba(OH)_2$の中和反応により，水H_2Oとともに生じた物質（塩（えん））です。計算にはまったく無関係です。

●フェノールフタレイン  指示薬です(p.221参照!!)。
よって，計算にはまったく無関係です。

これらをふまえてLet's Try!!

解答でござる

CO_2は水に溶けて，
$CO_2 + H_2O \longrightarrow H_2CO_3$
となります。つまり，
CO_2のモル数＝H_2CO_3のモル数

標準状態で20Lの空気中に含まれる二酸化炭素CO_2の物質量(モル数)をx(mol)とする。

CO_2(つまりH_2CO_3)から放出されるH^+の物質量は，

$2x$(mol)…①　←　H_2CO_3は2価の酸です!!

逆滴定より加えられたHClから放出されるH^+の物質量は，

0.050mol/Lです!!

HClは1価の酸です!!
つまりHClのモル数＝H^+のモル数

$$0.050 \times \frac{25.6}{1000}\ (\text{mol}) \cdots ②$$

$25.6\,(\text{mL}) = \frac{25.6}{1000}\,(\text{L})$
単位には注意しよう!!

$Ba(OH)_2$から放出されるOH^-の物質量は，

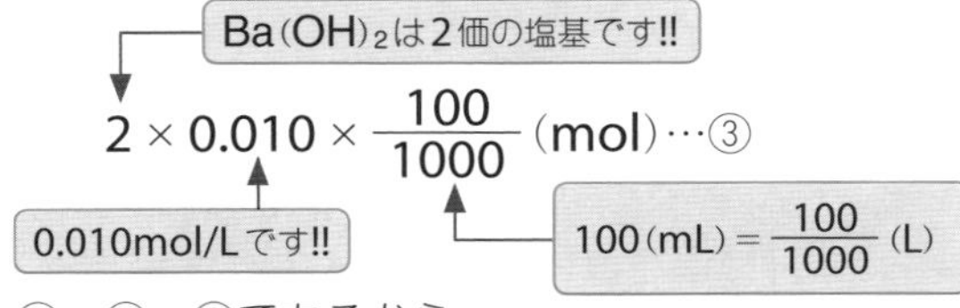

$Ba(OH)_2$は2価の塩基です!!

$$2 \times 0.010 \times \frac{100}{1000}\ (\text{mol}) \cdots ③$$

0.010mol/Lです!!

$100\,(\text{mL}) = \frac{100}{1000}\,(\text{L})$

①＋②＝③であるから，

$$\underset{①}{2x} + \underset{②}{0.050 \times \frac{25.6}{1000}} = \underset{③}{2 \times 0.010 \times \frac{100}{1000}}$$

← H^+のモル数＝OH^-のモル数

$$2x + \frac{1.28}{1000} = \frac{2}{1000}$$

$$2x = \frac{0.72}{1000}$$

$$x = \frac{0.36}{1000}$$

$$\therefore\ x = 3.6 \times 10^{-4}\,(\text{mol})$$

結局は単なる中和のお話なんだね!!

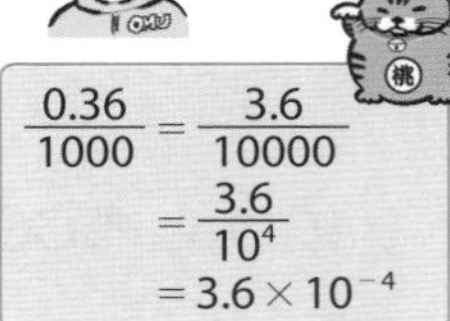

$$\frac{0.36}{1000} = \frac{3.6}{10000} = \frac{3.6}{10^4} = 3.6 \times 10^{-4}$$

よって，標準状態におけるこの二酸化炭素 CO_2 の体積は，

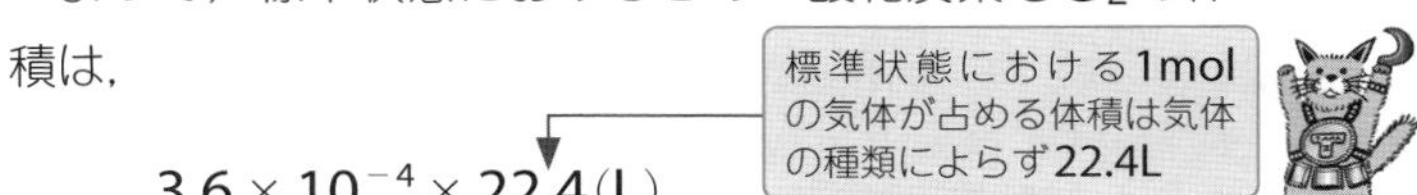

標準状態における1mol の気体が占める体積は気体の種類によらず22.4L

$$3.6 \times 10^{-4} \times 22.4\,(\text{L})$$

以上より，空気20L中に含まれる二酸化炭素 CO_2 の体積百分率は，

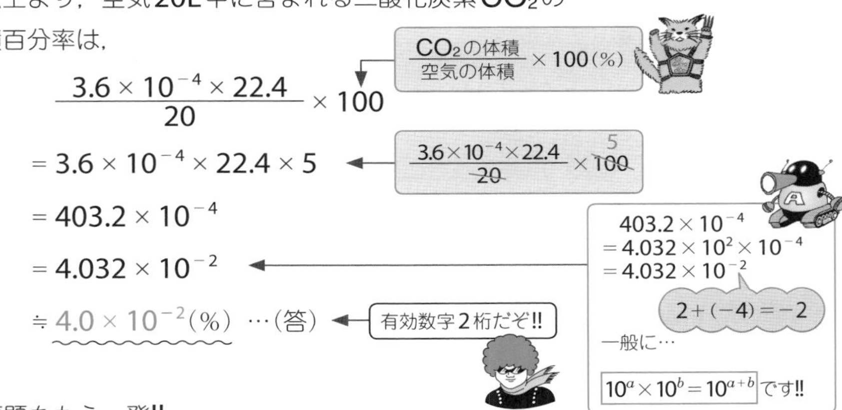

$\dfrac{CO_2\text{の体積}}{\text{空気の体積}} \times 100(\%)$
$\dfrac{3.6\times10^{-4}\times22.4}{20} \times 100$ (5)
403.2×10^{-4}
$=4.032\times10^{2}\times10^{-4}$
$=4.032\times10^{-2}$
$2+(-4)=-2$
一般に…
$10^a\times10^b=10^{a+b}$ です!!
有効数字2桁だぞ!!

$$\frac{3.6 \times 10^{-4} \times 22.4}{20} \times 100$$
$$= 3.6 \times 10^{-4} \times 22.4 \times 5$$
$$= 403.2 \times 10^{-4}$$
$$= 4.032 \times 10^{-2}$$
$$\fallingdotseq 4.0 \times 10^{-2}\,(\%) \quad \cdots(\text{答})$$

類題をもう一発!!

問題56　ちょいムズ

塩化アンモニウム NH_4Cl に水酸化カルシウム $Ca(OH)_2$ を加えて加熱すると，次の反応によりアンモニア NH_3 が得られる。

$$2NH_4Cl + Ca(OH)_2 \longrightarrow 2NH_3 + CaCl_2 + 2H_2O$$

ある量の塩化アンモニウムと水酸化カルシウムの混合物を加熱して得られたアンモニアを0.050mol/Lの希硫酸100mLに完全に吸収させてから，0.10mol/Lの水酸化ナトリウム水溶液で滴定したところ，中和させるのに20mLを要した。このとき，反応したはずの水酸化カルシウム $Ca(OH)_2$ の質量を有効数字2桁で求めよ。ただし，原子量は $H = 1.0$，$O = 16$，$Ca = 40$ とする。

ダイナミックポイント!!

与えられた反応式より…

$$2NH_4Cl + 1Ca(OH)_2 \longrightarrow 2NH_3 + CaCl_2 + 2H_2O$$

であるから，係数に注目して…

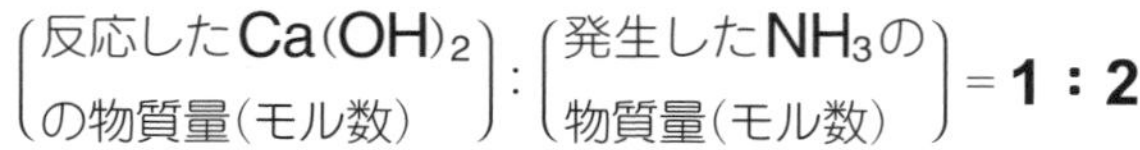

(反応した$Ca(OH)_2$の物質量(モル数)) : (発生したNH_3の物質量(モル数)) = **1 : 2**

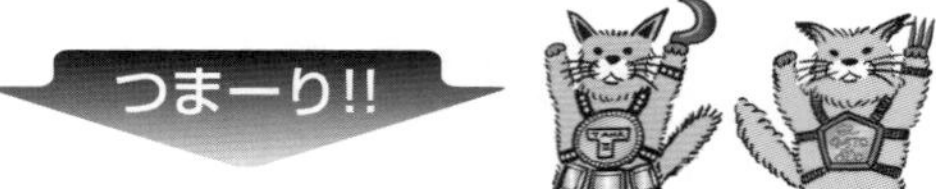

$$\left(\text{反応した}Ca(OH)_2\text{の物質量(モル数)}\right) = \frac{1}{2} \times \left(\text{発生した}NH_3\text{の物質量(モル数)}\right)$$

また，アンモニアNH_3は…

$$NH_3 + H_2O \longrightarrow NH_4^+ + OH^-$$

となるので**1価の塩基**として活躍します。

さらに…

逆滴定で用いた水酸化ナトリウム$NaOH$ → **1価の塩基**

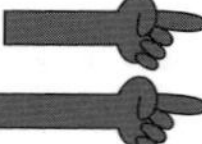

硫酸H_2SO_4 → **2価の酸**

であることもお忘れなく!!

やはり，今回も解法のカギとなるのは…

(NH₃がもとで生じるOH^-の物質量) + (逆滴定で加えた$NaOH$が放出するOH^-の物質量) = (H_2SO_4が放出するH^+の物質量)

OH^-の物質量の総和です!!

ポイント1とポイント2をしっかり押さえれば楽勝ですよ♥

解答でござる

発生したアンモニアNH_3の物質量(モル数)をx(mol)とする。NH_3がもとで生じるOH^-の物質量は，

x(mol)　…①

$1NH_3 + H_2O \rightarrow NH_4^+ + 1OH^-$ 係数に注目してください!! NH_3のモル数＝OH^-のモル数 です!!

逆滴定により加えられたNaOHから放出されたOH^-の物質量は，

NaOHは1価の塩基です!!

$0.10 \times \frac{20}{1000}$ (mol)　…②

$20(\text{mL}) = \frac{20}{1000}(\text{L})$ 単位には注意しよう!!

H_2SO_4から放出されたH^+の物質量は，

H_2SO_4は2価の酸です!!

$2 \times 0.050 \times \frac{100}{1000}$ (mol)…③

$100(\text{mL}) = \frac{100}{1000}(\text{L})$

①＋②＝③であるから，

OH^-のモル数＝H^+のモル数 ポイント2ですよ!!

$$x + 0.10 \times \frac{20}{1000} = 2 \times 0.050 \times \frac{100}{1000}$$

$$x + \frac{2}{1000} = \frac{10}{1000}$$

$$\therefore \quad x = \frac{8}{1000} \text{(mol)}$$

$\frac{8}{1000} = \frac{8}{10^3} = 8 \times 10^{-3}$ と表してもOKですが，今回はこのままの方が計算しやすいぞ!!

反応したはずの$Ca(OH)_2$の物質量(モル数)は，

$$\frac{1}{2} \times \frac{8}{1000} = \frac{4}{1000} \text{(mol)} \cdots ④$$

ポイント1です!! (反応した$Ca(OH)_2$のモル数) $= \frac{1}{2} \times$ (発生したNH_3のモル数)

p.244を参照せよ!!

$Ca(OH)_2 = 40 + 2 \times (16 + 1.0) = 74$

1molの質量が74g

であるから，④を質量に直すと，

$$\frac{4}{1000} \times 74 = \frac{296}{1000}$$

$Ca(OH)_2$ $\frac{4}{1000}$ mol の質量を求めれば解決!!

$= 0.296$

$\fallingdotseq$ 0.30(g)　…(答)

有効数字2桁だよ!!

Theme 26 今さらですが…酸・塩基の定義!!

最初に習うべきお話だったんですが，かなりウザイお話です。
ですから，やる気を失っていただきたくないので，あとまわしにしました。
あしからず…

アレニウスの定義

スウェーデンのアレニウス（アレーニウス）が言い出した定義です。

水溶液中で電離して，水素イオンH^+を放出する物質が**酸**，水酸化物イオンOH^-を放出する物質が**塩基**である。

注 水溶液中の水素イオンH^+は，実際には**オキソニウムイオンH_3O^+**として存在している。

アレニウスの定義はすでにp.180で登場しています。

ブレンステッド・ローリーの定義

こいつがウゼェ!!

他の物質に水素イオンH^+を与えることができる物質を**酸**，水素イオンH^+を受け取ることができる物質を**塩基**と定義した。単にブレンステッドの定義と呼ぶこともあります。

ローリーさんがかわいそ〜

このブレンステッド・ローリーの定義に従うと，スゴイことが起こります。例えば…

$$NH_4^+ + \underset{注目!!}{H_2O} \longrightarrow NH_3 + H_3O^+$$

ん!?

の反応において，H_2OはH^+を受け取ってH_3O^+となっているので**塩基**ということになります。

水のくせに!!

では，ウザイ問題を…

問題 57　標準

次の反応で，下線をつけた分子またはイオンは，ブレンステッド・ローリーの定義に従うと，酸または塩基のいずれであるか答えよ。

(1)　$\underline{NH_4^+} + H_2O \longrightarrow NH_3 + H_3O^+$

(2)　$NH_3 + \underline{H_2O} \longrightarrow NH_4^+ + OH^-$

(3)　$\underline{CO_3^{2-}} + H_2O \longrightarrow HCO_3^- + OH^-$

(4)　$HCl + \underline{H_2O} \longrightarrow H_3O^+ + Cl^-$

(5)　$\underline{CH_3COO^-} + H_2O \longrightarrow CH_3COOH + OH^-$

ダイナミック解説

ブレンステッド・ローリーの定義（ブレンステッドの定義）

水素イオンH^+を他の物質に与える → **酸**

水素イオンH^+を受け取る → **塩基**

では，やってみましょう!!

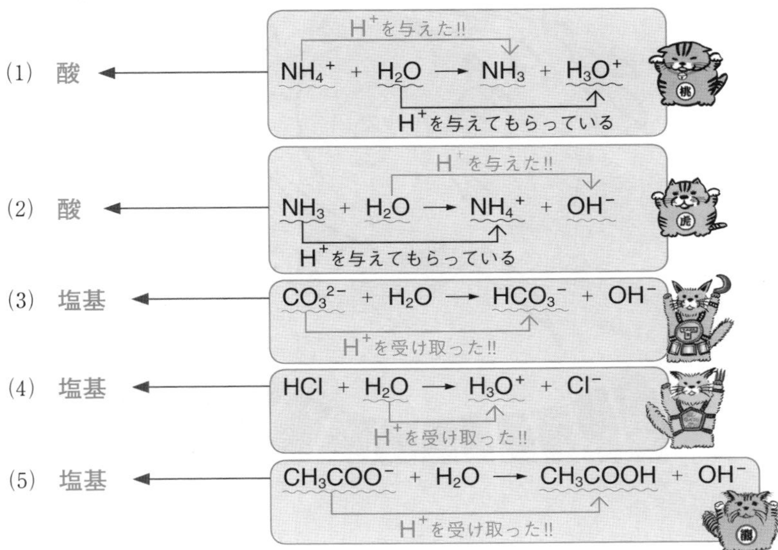

おわ〜〜っ！
おわっ〜！
3−6
豚山

酸化還元反応と電池＆電気分解の巻

酸化・還元の定義は多い

1 酸化・還元の定義いろいろ

定義 Part I 酸素のやりとりに着目

酸素原子と結びつく反応  酸化

酸素原子を失う反応 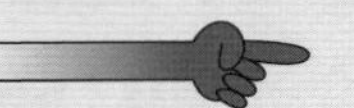 還元

例 $2Cu + O_2 \longrightarrow 2CuO$

この場合，Cuは酸素原子と結びつきCuOとなっているので，**Cuは酸化されている。**

例 $CuO + H_2 \longrightarrow Cu + H_2O$

この場合，CuOは酸素原子を失いCuとなっているので，**CuOは還元されている。**

定義 Part II 水素のやりとりに着目

水素原子を失う反応  酸化

水素原子と結びつく反応  還元

例 $2H_2S + SO_2 \longrightarrow 3S + 2H_2O$

この場合，H_2Sは水素原子を失いSとなっているので，**H_2Sは酸化されている。**

例 $Cl_2 + H_2 \longrightarrow 2HCl$

この場合，Cl_2は水素原子と結びつきHClとなっているので，**Cl_2は還元されている。**

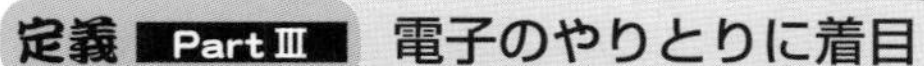

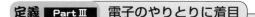

定義 Part Ⅲ　電子のやりとりに着目

電子を失う　→　**酸化**

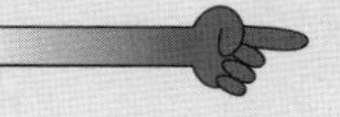

電子を受け取る　→　**還元**

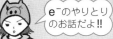

e^-のやりとりのお話だよ!!

例　$2Cu + O_2 \longrightarrow 2CuO$…①

これを電子のやりとりに注目して分析すると…

$2Cu \longrightarrow 2Cu^{2+} + 4e^-$…②

$O_2 + 4e^- \longrightarrow 2O^{2-}$……③

②よりCuは電子を失ってCu^{2+}となっているので**Cuは酸化されている。**

③よりO_2は電子を受け取って$2O^{2-}$となっているので**O_2は還元されている。**

定義 Part Ⅲ からもわかりますが，じつはどのような化学反応においても，

酸化と還元は同時に起こる!!

ということを押さえておいてください。

いずれ確実に理解できるお話なので，今は頭の片隅に入れておいてください♥

ザ・まとめ

酸化
- ①　酸素原子と結びつく
- ②　水素原子を失う
- ③　電子を失う

酸化というだけあって，結びつくのは酸素原子だけか…。

還元
- ①　酸素原子を失う
- ②　水素原子と結びつく
- ③　電子を受け取る

RUB OUT 2 酸化数のお話

この酸化数の出現で
今まで出てきた定義
が補足的なものに
なってしまいます。

酸化数なるナゾの数字がありまして，ある原子に注目したとき，

{ その原子の**酸化数が増加していれば**その原子は**酸化**されたことになり，
その原子の**酸化数が減少していれば**その原子は**還元**されたことになる。

じつに便利な数字です!! では，この酸化数はどのように決められるのでしょうか?? そこで!!

酸化数の決め方

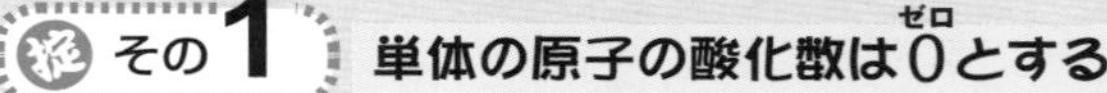

掟 その1 単体の原子の酸化数は0(ゼロ)とする

例 O_2のOの酸化数は0(ゼロ)，N_2のNの酸化数は0，Cl_2のClの酸化数は0，Naの酸化数は0，Alの酸化数は0，Cuの酸化数は0 などなど…

掟 その2 化合物中の水素原子の酸化数は＋1とする

例 H_2O，HCl，H_2SO_4，NH_3中のHの酸化数はすべて＋1

掟 その3 化合物中の酸素原子の酸化数は－2とする

例 H_2O，CO_2，H_2SO_4，CuO中のOの酸化数はすべて－2

掟 その4 単原子イオンの酸化数はその価数に等しい

例 Na^+のNaの酸化数は＋1，Ca^{2+}のCaの酸化数は＋2
Cl^-のClの酸化数は－1，I^-のIの酸化数は－1

掟 その5 化合物中の各原子の酸化数の総和は0

掟 その2
掟 その3

例 H_2Oの場合…Hの酸化数は＋1，Oの酸化数は－2です。

合計は$(+1)\times\underset{\text{Hは2つ!!}}{\underbrace{2}}+(-2)=\mathbf{0}$

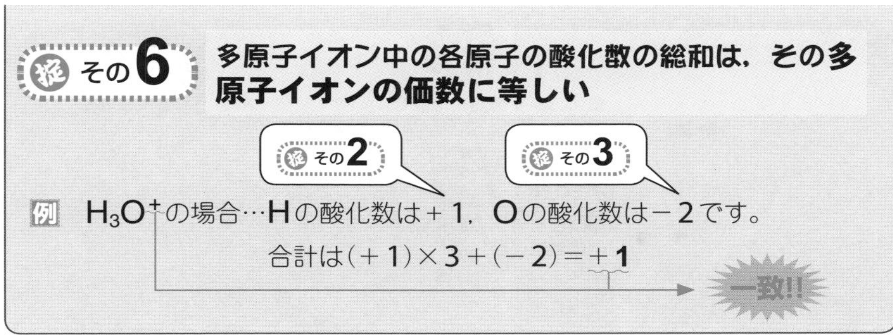

これらを組み合わせることにより，酸化数が未知である原子の酸化数を求めることができます。実際にやってみましょう!!

問題58　キソ

次の化合物の下線の原子の酸化数を求めよ。

(1) $\underline{O}_3$　(2) $\underline{Mg}^{2+}$　(3) $H\underline{N}O_3$　(4) $\underline{S}O_4^{2-}$　(5) $\underline{Cu}_2O$
(6) $\underline{P}O_4^{3-}$　(7) $Ca\underline{C}_2$　(8) $H\underline{Cl}O_3$　(9) $\underline{N}H_4^+$　(10) $H_2\underline{O}_2$

ダイナミックポイント!!

かいつまんで解説します。（掟 その2）（掟 その3）

(3)　Nの酸化数をxとする。Hの酸化数が＋1，Oの酸化数が－2，化合物中の各原子の酸化数の総和は0（ゼロ）であるから，（掟 その5）

$$(+1)+x+(-2)\times3=0$$

$$\therefore\ x=+5$$

（$H\underset{x}{N}O_3$）答でーす!!

（掟 その3）

(4)　Sの酸化数をxとする。Oの酸化数が－2，多原子イオン中の各原子の酸化数の総和は，その多原子イオンの価数に等しいから，（掟 その6）

$$x+(-2)\times4=-2$$

$$\therefore\ x=+6$$

（$\underset{x}{S}\underset{-2}{O_4}{}^{2-}$ 合計）答です!!

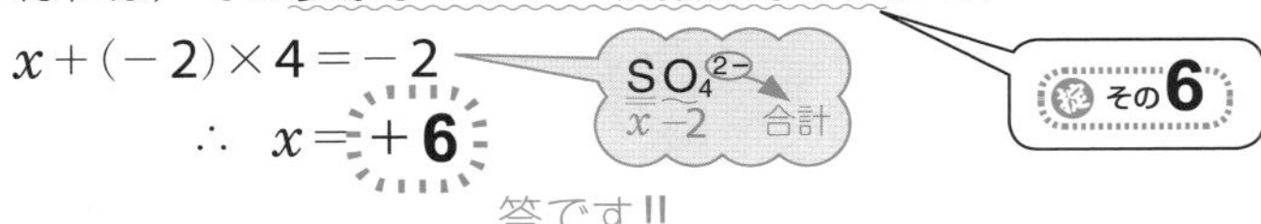

他もすべて同様です。ではLet's Try!!

解答でござる

(1) 0…（答）

(2) ＋2…（答）

(3) ＋5…（答）

(4) ＋6…（答）

(5) Cuの酸化数をxとする。

$2x+(-2)=0$

∴ $x=+1$…（答）

(6) Pの酸化数をxとする。

$x+(-2)\times4=-3$

∴ $x=+5$…（答）

(7) Cの酸化数をxとする。

Caはイオン化するとCa^{2+}となるから,

$(+2)+2x=0$

∴ $x=-1$…（答）

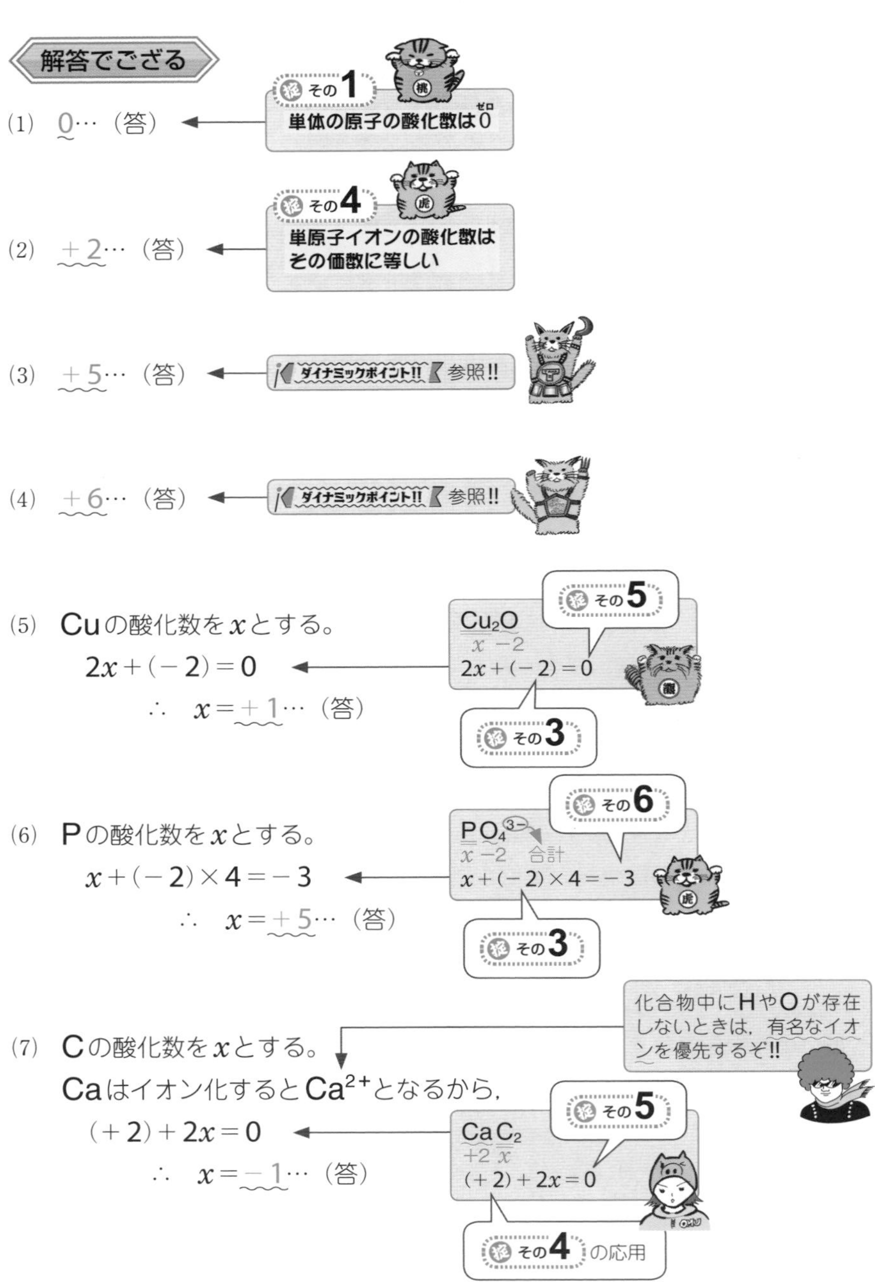

掟 その1
単体の原子の酸化数は0（ゼロ）
掟 その4
単原子イオンの酸化数はその価数に等しい
ダイナミックポイント!! 参照!!
ダイナミックポイント!! 参照!!
掟 その5
Cu2O
x −2
2x＋(−2)＝0
掟 その3
掟 その6
PO4 3−
x −2 合計
x＋(−2)×4＝−3
掟 その3
化合物中にHやOが存在しないときは，有名なイオンを優先するぞ!!
掟 その5
CaC2
+2 x
(＋2)＋2x＝0
掟 その4 の応用

(8)　Clの酸化数をxとする。

$$(+1)+x+(-2)\times 3=0$$

∴　$x=+5$…（答）

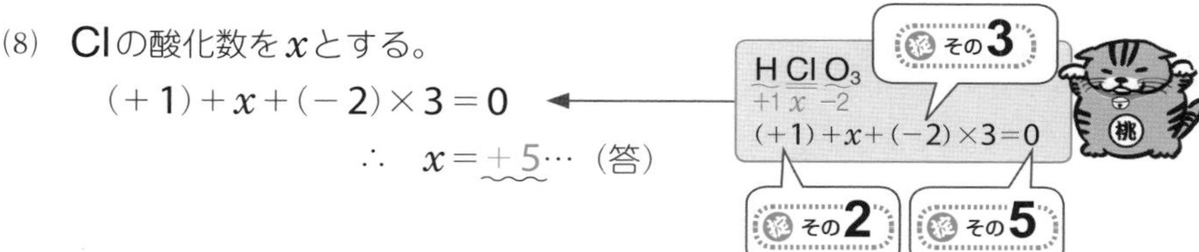

(9)　Nの酸化数をxとする。

$$x+(+1)\times 4=+1$$

∴　$x=-3$…（答）

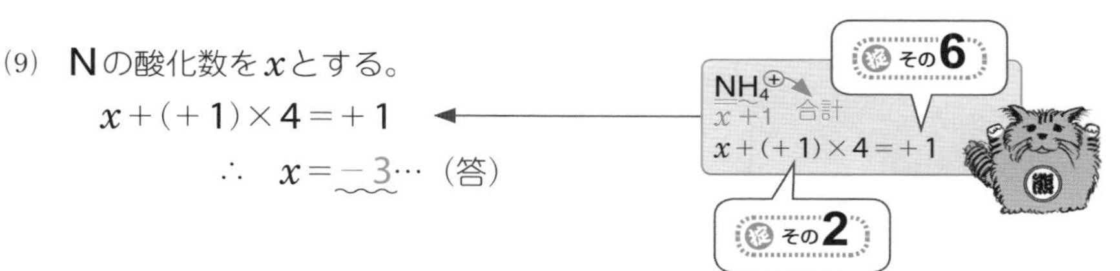

(10)　有名な例外です!!　H_2O_2（過酸化水素）の場合，

Oの酸化数は−2ではありません

そこで，Oの酸化数をxとする。

$$(+1)\times 2+2x=0$$

∴　$x=-1$…（答）

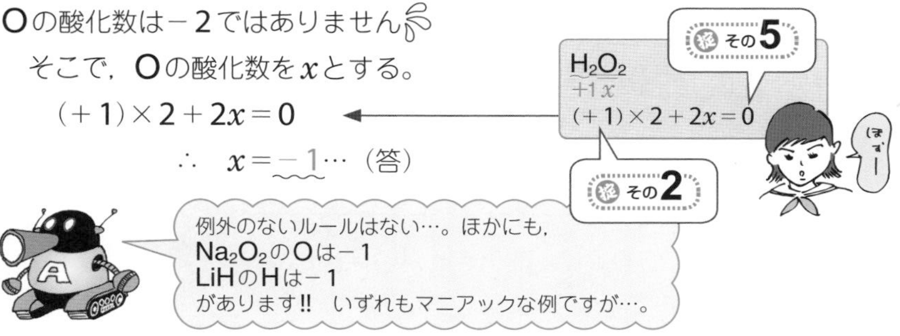

H2O2
+1 x
(+1)×2+2x=0
その5
その2
ほぇー
例外のないルールはない…。ほかにも，
Na2O2のOは−1
LiHのHは−1
があります!!　いずれもマニアックな例ですが…。

では，この酸化数のお話を，酸化，還元のお話につないでいきまーす!!

問題59　**キソ**

次の(1)〜(6)の変化において，下線の原子は，酸化されたか，還元されたかを答えよ。

(1)　$\underline{Cu} \longrightarrow \underline{Cu}SO_4$　　(2)　$\underline{Cl}_2 \longrightarrow H\underline{Cl}$

(3)　$\underline{S}O_2 \longrightarrow H_2\underline{S}$　　(4)　$\underline{Mn}O_2 \longrightarrow \underline{Mn}O_4^-$

(5)　$\underline{Sn}Cl_2 \longrightarrow \underline{Sn}Cl_4$　　(6)　$\underline{Cr}_2O_7^{2-} \longrightarrow \underline{Cr}O_4^{2-}$

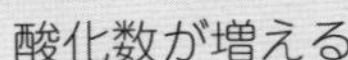

酸化数が増える 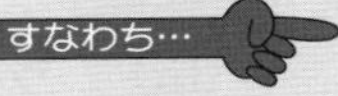

酸化

酸化数が減る 

還元

(1) $0 \longrightarrow +2$

酸化数が増加しているので，酸化された…（答）

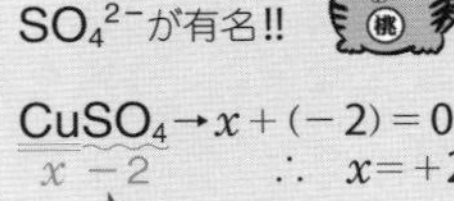

SO_4^{2-}が有名!!

$CuSO_4 \to x+(-2)=0$ （Cu: x, O: -2）　∴ $x=+2$

その**6**の応用!!

(2) $0 \longrightarrow -1$ ← 単体Cl_2のClは酸化数0

酸化数が減少しているので，還元された…（答）

(3) $+4 \longrightarrow -2$

酸化数が減少しているので，還元された…（答）

$SO_2 \to x+(-2)\times 2=0$ （S: x, O: -2）　∴ $x=+4$

$H_2S \to (+1)\times 2+x=0$ （H: $+1$, S: x）　∴ $x=-2$

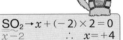

(4) $+4 \longrightarrow +7$

酸化数が増加しているので，酸化された…（答）

$MnO_2 \to x+(-2)\times 2=0$ （Mn: x, O: -2）　∴ $x=+4$

$MnO_4^- \to x+(-2)\times 4=-1$ （Mn: x, O: -2）　∴ $x=+7$

(5) $+2 \longrightarrow +4$

酸化数が増加しているので，酸化された…（答）

$SnCl_2 \to x+(-1)\times 2=0$ （Sn: x, Cl: -1）　∴ $x=+2$

$SnCl_4 \to x+(-1)\times 4=0$ （Sn: x, Cl: -1）　∴ $x=+4$

(6) $+6 \longrightarrow +6$

酸化数が変化していないので，どちらでもない…（答）

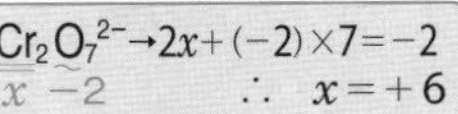

$Cr_2O_7^{2-} \to 2x+(-2)\times 7=-2$ （Cr: x, O: -2）　∴ $x=+6$

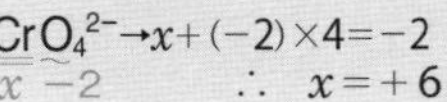

$CrO_4^{2-} \to x+(-2)\times 4=-2$ （Cr: x, O: -2）　∴ $x=+6$

Theme 28 酸化剤と還元剤のお話

RUB OUT 1 酸化剤と還元剤のはたらき

酸化剤とは…

自分が**還元される**ことと引きかえに相手を**酸化する**はたらきをもつ物質のことです。

還元剤とは…

自分が**酸化される**ことと引きかえに相手を**還元する**はたらきをもつ物質のことです。

例えば…

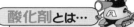

問題60 キソ

次の反応で，酸化剤として作用している物質と還元剤として作用している物質を答えよ。

$$2KMnO_4 + 5H_2O_2 + 3H_2SO_4 \longrightarrow K_2SO_4 + 2MnSO_4 + 5O_2 + 8H_2O$$

ダイナミック解説

すべての物質について，酸化数を確認していきましょう。

イオン化するとK⁺となる!!

① $\underset{+1}{K}\underset{x}{Mn}\underset{-2}{O_4}$ ⟶ 化合物中の$\overset{オー}{O}$の酸化数は－2，Kの酸化数は＋1，Mnの酸化数はわからないので，xとおきます。

$$(+1) + x + (-2) \times 4 = 0 \quad \therefore \quad x = +7$$

② $\underset{+1}{H_2}\underset{x}{O_2}$ ⟶ **有名な例外**でしたね!!　この場合，Oの酸化数は－2ではありません!!

問題58 (10)参照!!

Oの酸化数をxとして…

$$(+1) \times 2 + 2x = 0 \quad \therefore \quad x = -1$$

③ H_2SO_4 （+1 x −2） → Sの酸化数をxとして…

$$(+1)\times 2 + x + (-2)\times 4 = 0 \quad \therefore \quad x = +6$$

④ K_2SO_4 （+1 x −2） → ③のH_2SO_4のHがKに変わっただけです。化合物中のKの酸化数も，Hと同様に＋1と考えられるので，Sの酸化数をxとして…

$$(+1)\times 2 + x + (-2)\times 4 = 0 \quad \therefore \quad x = +6$$

⑤ $MnSO_4$ （x −2） → SO_4^{2-}（硫酸イオン）は有名!! よって，SO_4のカタマリで考えた酸化数は－2となります。Mnの酸化数をxとして…

$$x + (-2) = 0 \quad \therefore \quad x = +2$$

⑥ O_2 → 単体の原子の酸化数は0（ゼロ）です!!

⑦ H_2O → ふつうにHの酸化数は＋1，Oの酸化数は－2です。

酸化数に変化のあったところは…

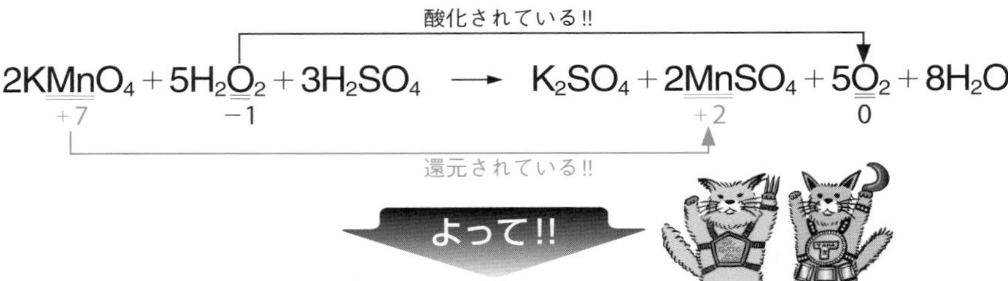

この反応において…

自分が**還元される**ことと引きかえに，相手を**酸化する**はたらきをもつ物質，

つまり酸化剤は
KMnO4
自分は還元されるところがポイント!!
還元されている原子Mnを含む物質

自分が**酸化される**ことと引きかえに，相手を**還元する**はたらきをもつ物質，

再度，念を押しておきます!!
化学反応において…
酸化と還元は同時に起こります!!

酸化または還元の一方のみが起こる化学反応はありません!! もちろん，両方とも起こらないことはあります。

解答でござる　酸化剤…$KMnO_4$　還元剤…H_2O_2

ちなみに名称は**過マンガン酸カリウム** 今後大活躍しますよ!!

すでに登場した超有名人。名称は**過酸化水素**でしたね。

RUB OUT 2　覚えるべき酸化剤と還元剤

(1)　酸化剤としてはたらくヤツ

どれも**還元される**ことにより電子e^-を受け取り，酸化数は減っています!!

p.251 定義 part Ⅱ

① ハロゲン Cl_2 Br_2 I_2	$Cl_2 + 2e^- \longrightarrow 2Cl^-$ $Br_2 + 2e^- \longrightarrow 2Br^-$ $I_2 + 2e^- \longrightarrow 2I^-$
② 硝酸 濃硝酸 希硝酸	$HNO_3 + H^+ + e^- \longrightarrow NO_2 + H_2O$ $HNO_3 + 3H^+ + 3e^- \longrightarrow NO + 2H_2O$
③ 熱濃硫酸	$H_2SO_4 + 2H^+ + 2e^- \longrightarrow SO_2 + 2H_2O$
④ 過マンガン酸カリウム	$MnO_4^- + 8H^+ + 5e^- \longrightarrow Mn^{2+} + 4H_2O$
⑤ 酸化マンガン(Ⅳ)	$MnO_2 + 4H^+ + 2e^- \longrightarrow Mn^{2+} + 2H_2O$
⑥ 二クロム酸カリウム	$Cr_2O_7^{2-} + 14H^+ + 6e^- \longrightarrow 2Cr^{3+} + 7H_2O$

赤字のところに注目して酸化数を求めてみよう!!　例えば，⑤では…

$$\underset{+4}{MnO_2} \longrightarrow \underset{+2}{Mn^{2+}}$$

酸化数は減っている **つまり** 還元されている!!

つまり，自分は**還元**されて，相手を**酸化**するはたらきをもつ**酸化剤**ということだね♥

(2) 還元剤としてはたらくヤツ

どれも**酸化される**ことにより電子e^-を失い，酸化数は増えています!! ⬅ p.251 定義 part Ⅲ

① 水素		$H_2 \longrightarrow 2H^+ + 2e^-$
② イオン化傾向（p.269 参照!!）が大きい金属	例1 Na	$Na \longrightarrow Na^+ + e^-$
	例2 Mg	$Mg \longrightarrow Mg^{2+} + 2e^-$
③ 硫化水素		$H_2S \longrightarrow S + 2H^+ + 2e^-$
④ 塩化スズ(Ⅱ)		$Sn^{2+} \longrightarrow Sn^{4+} + 2e^-$
⑤ 硫酸鉄(Ⅱ)		$Fe^{2+} \longrightarrow Fe^{3+} + e^-$
⑥ シュウ酸		$H_2C_2O_4 \longrightarrow 2CO_2 + 2H^+ + 2e^-$

赤字のところに注目して酸化数を求めてみよう!! 例えば，③では…

$$\underset{-2}{H_2S} \longrightarrow \underset{0}{S}$$

酸化数が増えている **つまり➡** 酸化されている!!

つまり，自分は**酸化**されて，相手を**還元**するはたらきをもつ**還元剤**ということだね♥

俺のことかな??

(3) 酸化剤と還元剤の２役を演じる芸達者なヤツ

① 過酸化水素	酸化剤のとき	$H_2O_2 + 2H^+ + 2e^- \longrightarrow 2H_2O$
	還元剤のとき	$H_2O_2 \longrightarrow O_2 + 2H^+ + 2e^-$
② 二酸化硫黄	酸化剤のとき	$SO_2 + 4H^+ + 4e^- \longrightarrow S + 2H_2O$
	還元剤のとき	$SO_2 + 2H_2O \longrightarrow SO_4^{2-} + 4H^+ + 2e^-$

これらのような電子e^-を含む化学反応式のことを**半反応式**と呼びます。あと，誠に申し訳ありませんが，表の**赤字のところはすべて暗記**してください!! 色もセットで覚えておこう!!

RUB OUT 3 半反応式のつくり方

前ページでもいいましたが，RUB OUT 2（p.259 ～ p.260）で紹介した，電子 e^- を含む酸化剤や還元剤のはたらき方を表す反応式のことを，**半反応式**と呼びます。

p.259の(1)④過マンガン酸カリウムの場合を例にしましょう!!

Step 1　RUB OUT 2 の赤字の部分を書く!!

$MnO_4^- \longrightarrow Mn^{2+}$　これを暗記してください!!

Step 2　両辺のOの数が等しくなるようにH₂Oを加える!!

$MnO_4^- \longrightarrow Mn^{2+} + 4H_2O$

Oが4つ!!

Step 3　両辺のHの数が等しくなるようにH^+を加える!!

$MnO_4^- + 8H^+ \longrightarrow Mn^{2+} + 4H_2O$

Hが4×2＝8つ!!

Step 4　両辺の電荷の総和が等しくなるようにe^-を加える!!

$MnO_4^- + 8H^+ + 5e^- \longrightarrow Mn^{2+} + 4H_2O$

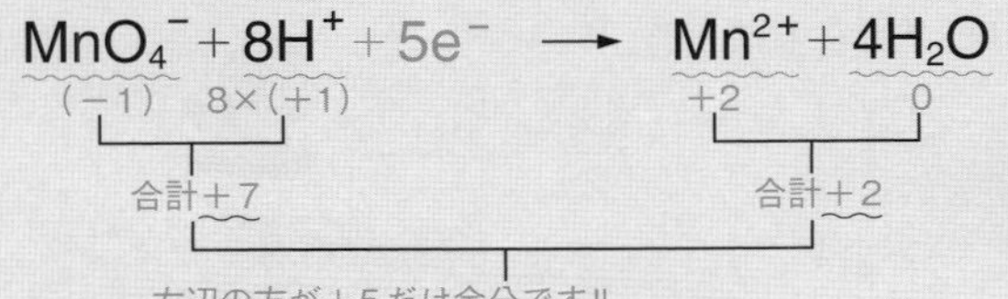

完成している!!

左辺の方が＋5だけ余分です!!
よって，－5の意味をもつ$5e^-$を左辺に加える!!

問題61 標準

次の(1)～(4)が酸化剤または還元剤としてはたらくときの半反応式を書け。

(1) 酸化マンガン(Ⅳ)　(2) 二クロム酸カリウム(二クロム酸イオン)

(3) 硫化水素　(4) 二酸化硫黄

ダイナミック解説

RUB OUT 2 の表の赤字の部分は暗記しなきゃダメっ!!
(4)は2通りの半反応式が存在するぞ!!

(1)

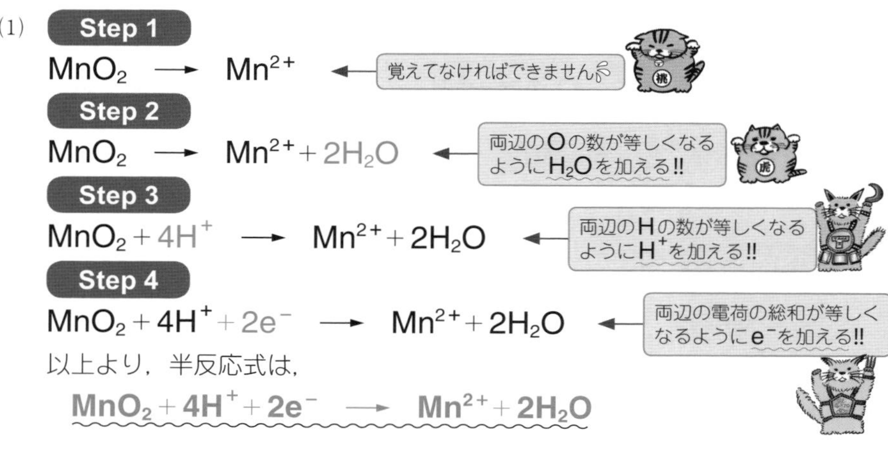

Step 1

$MnO_2 \longrightarrow Mn^{2+}$ ← 覚えてなければできません

Step 2

$MnO_2 \longrightarrow Mn^{2+} + 2H_2O$ ← 両辺のOの数が等しくなるようにH₂Oを加える!!

Step 3

$MnO_2 + 4H^+ \longrightarrow Mn^{2+} + 2H_2O$ ← 両辺のHの数が等しくなるようにH^+を加える!!

Step 4

$MnO_2 + 4H^+ + 2e^- \longrightarrow Mn^{2+} + 2H_2O$ ← 両辺の電荷の総和が等しくなるようにe^-を加える!!

以上より，半反応式は，

$$MnO_2 + 4H^+ + 2e^- \longrightarrow Mn^{2+} + 2H_2O$$

(2)

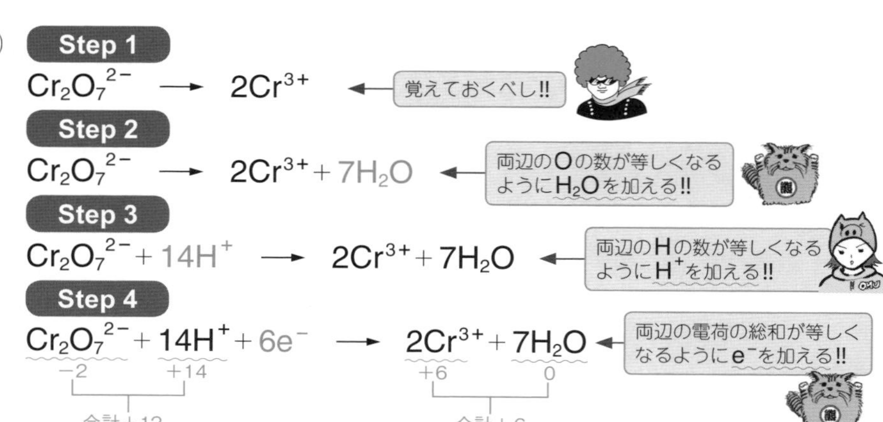

Step 1

$Cr_2O_7{}^{2-} \longrightarrow 2Cr^{3+}$ ← 覚えておくべし!!

Step 2

$Cr_2O_7{}^{2-} \longrightarrow 2Cr^{3+} + 7H_2O$ ← 両辺のOの数が等しくなるようにH_2Oを加える!!

Step 3

$Cr_2O_7{}^{2-} + 14H^+ \longrightarrow 2Cr^{3+} + 7H_2O$ ← 両辺のHの数が等しくなるようにH^+を加える!!

Step 4

$Cr_2O_7{}^{2-} + 14H^+ + 6e^- \longrightarrow 2Cr^{3+} + 7H_2O$ ← 両辺の電荷の総和が等しくなるようにe^-を加える!!

左辺：-2，$+14$　合計$+12$
右辺：$+6$，0　合計$+6$

以上より，半反応式は，

$$Cr_2O_7^{2-} + 14H^+ + 6e^- \longrightarrow 2Cr^{3+} + 7H_2O$$

(3)

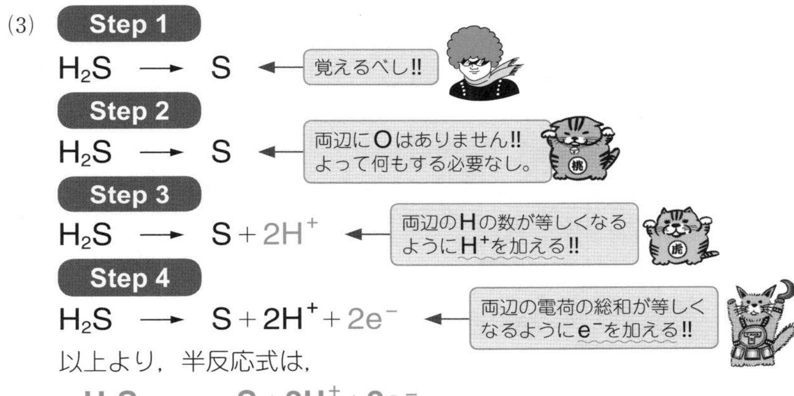

Step 1
H₂S → S
覚えるべし!!
Step 2
H₂S → S
両辺にOはありません!!
よって何もする必要なし。
Step 3
H₂S → S + 2H⁺
両辺のHの数が等しくなる
ようにH⁺を加える!!
Step 4
H₂S → S + 2H⁺ + 2e⁻
両辺の電荷の総和が等しく
なるようにe⁻を加える!!

以上より，半反応式は，

$$H_2S \longrightarrow S + 2H^+ + 2e^-$$

(4)　SO_2は酸化剤としてもはたらくし，還元剤としてもはたらきます。

H₂O₂とSO₂は
必殺二刀流!!

i）　SO_2が酸化剤としてはたらくとき

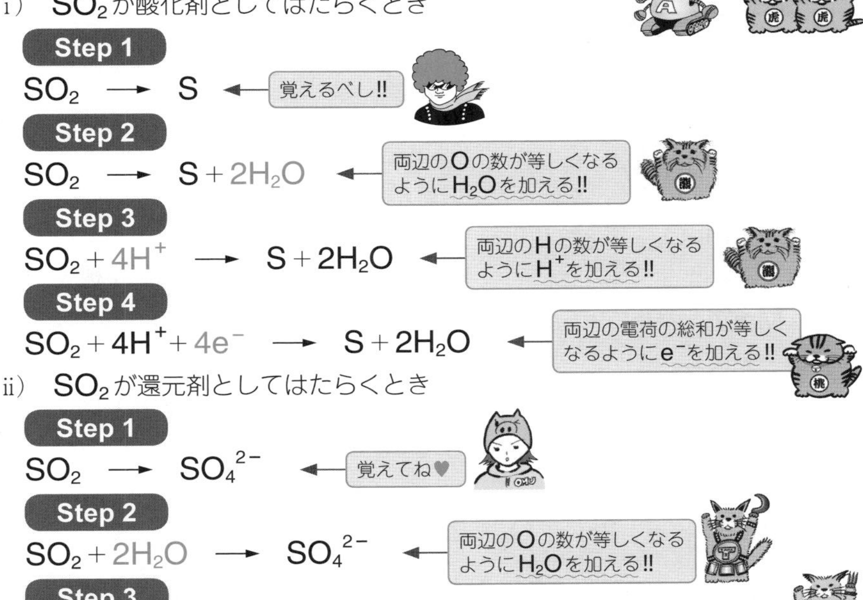

$$SO_2 + 2H_2O \longrightarrow SO_4^{2-} + 4H^+$$

両辺のHの数が等しくなる
ようにH⁺を加える!!

Step 4

$SO_2 + 2H_2O \longrightarrow SO_4^{2-} + 4H^+ + 2e^-$ ← 両辺の電荷の総和が等しくなるようにe^-を加える!!

以上より，半反応式は，

$$\begin{cases} SO_2 + 4H^+ + 4e^- \longrightarrow S + 2H_2O \\ SO_2 + 2H_2O \longrightarrow SO_4^{2-} + 4H^+ + 2e^- \end{cases}$$

なるほど!

RUB OUT 4 電子e^-を消去すればナゾが解ける!!

いきなり問題に入ります!!

問題62 標準

硫酸酸性で過マンガン酸カリウム水溶液に過酸化水素を加えたときに起こる酸化還元反応について，次の各問いに答えよ。

(1) この変化をイオン反応式で示せ。

(2) この変化を化学反応式で示せ。

ダイナミック解説

問題文中のキーワードを押さえろ!!

『硫酸酸性で過マンガン酸カリウム水溶液に過酸化水素を加えたときに起こる酸化還元反応について，次の各問いに答えよ。』
(イ) 硫酸酸性　(ロ) 過マンガン酸カリウム　(ハ) 過酸化水素

(ロ) → $KMnO_4$…有名な酸化剤です。

半反応式は…　（半反応式のつくり方は RUB OUT 3 参照!!）

$MnO_4^- + 8H^+ + 5e^- \longrightarrow Mn^{2+} + 4H_2O$…①

(ハ) → H_2O_2…酸化剤にも還元剤にもなります。（H_2O_2とSO_2は必殺二刀流でしたね!!）

しかしながら$KMnO_4$が酸化剤なもんで，H_2O_2は空気を読んで還元剤としてはたらきます。

半反応式は…

$H_2O_2 \longrightarrow 2H^+ + O_2 + 2e^-$…②

（半反応式のつくり方は RUB OUT 3 参照!!）

そこで!!

①，②から，

電子e^-を消去しまーす!!

すなわち…

①×2＋②×5 ←―― e^-が消えるようにする!!

$$
\begin{array}{lll}
 & 2MnO_4^- + 16H^+ + \cancel{10e^-} \longrightarrow 2Mn^{2+} + 8H_2O & \cdots ①\times 2 \\
+) & 5H_2O_2 \longrightarrow 10H^+ + 5O_2 + \cancel{10e^-} & \cdots ②\times 5 \\
\hline
 & 2MnO_4^- + 5H_2O_2 + 16H^+ \longrightarrow 2Mn^{2+} + 8H_2O + 10H^+ + 5O_2 &
\end{array}
$$

両辺にH^+があるので，コイツをまとめて…

$$2MnO_4^- + 5H_2O_2 + 6H^+ \longrightarrow 2Mn^{2+} + 8H_2O + 5O_2$$

(1)の答です!!

イオンが含まれている反応式なもんで，これがイオン反応式ってことになります。

で!!　これを化学反応式にするには??

問題文中のキーワードを見逃してはいけない!!

㋑→硫酸酸性ってことから，H_2SO_4が一枚かんできます!!

㋺→過マンガン酸カリウムですから，MnO_4^-を$KMnO_4$と書きかえる!!

よって!!

$KMnO_4$とH_2SO_4が登場するように細工します。

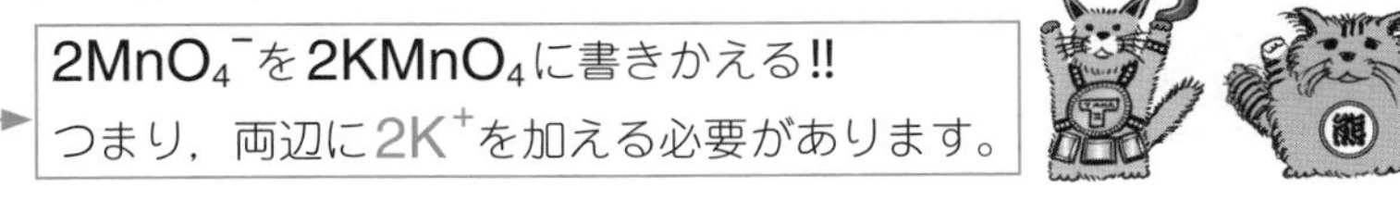

$2MnO_4^-$を$2KMnO_4$に書きかえる!!
つまり，両辺に$2K^+$を加える必要があります。

$$\boxed{2MnO_4^-} + 5H_2O_2 + \boxed{6H^+} \longrightarrow 2Mn^{2+} + 8H_2O + 5O_2$$

$6H^+$を$3H_2SO_4$（☚Hの数に注目!!）に書きかえる!!
つまり，両辺に$3SO_4^{2-}$を加える必要があります。

とゆーわけで…

$$
\begin{array}{lrcl}
 & 2MnO_4^- + 5H_2O_2 + 6H^+ & \longrightarrow & 2Mn^{2+} + 8H_2O + 5O_2 \\
+) & + 2K^+ \quad + 3SO_4^{2-} & & + 2K^+ + 3SO_4^{2-} \\
\hline
 & 2KMnO_4 + 5H_2O_2 + 3H_2SO_4 & \longrightarrow & 2Mn^{2+} + 8H_2O + 5O_2 + 2K^+ + 3SO_4^{2-}
\end{array}
$$

仕上げは，陽イオンと陰イオンを適当につなぎます!!

よって!!
おいおい…
適当でいいのかぁーっ!!

$$2KMnO_4 + 5H_2O_2 + 3H_2SO_4 \longrightarrow 2MnSO_4 + K_2SO_4 + 8H_2O + 5O_2$$

$Mn^{2+} + SO_4^{2-} \longrightarrow MnSO_4$
$2K^+ + SO_4^{2-} \longrightarrow K_2SO_4$ です!!

(2)の答です!!

解答でござる

(1) $2MnO_4^- + 5H_2O_2 + 6H^+ \longrightarrow 2Mn^{2+} + 8H_2O + 5O_2$

(2) $2KMnO_4 + 5H_2O_2 + 3H_2SO_4 \longrightarrow 2MnSO_4 + K_2SO_4 + 8H_2O + 5O_2$

プロフィール

豚山中納言（ブタヤマチュウナゴン）(16才)

花も恥じらう女子高生

2m40cmの長身もさることながら怪力の持ち主！　あらゆる拳法を体得！無敵である。

では本格的な問題を!!

問題63　ちょいムズ

硫酸鉄(Ⅱ)水溶液50mLを硫酸で酸性にしたのち，0.040mol/Lの過マンガン酸カリウム水溶液を滴下したところ，20mLを加えたとき溶液の色が変わった。この反応に関して，次の各問いに答えよ。

(1)　硫酸鉄(Ⅱ)と過マンガン酸カリウムの反応をイオン反応式で表せ。

(2)　下線部の溶液の色の変化を具体的に記せ。

(3)　硫酸鉄(Ⅱ)水溶液のモル濃度を求めよ。

ダイナミック解説

酸化剤です!!

(1)　過マンガン酸カリウムの半反応式は…　つくり方は RUB OUT 3 参照!!

$$MnO_4^- + 8H^+ + 5e^- \longrightarrow Mn^{2+} + 4H_2O \cdots ①$$

還元剤です!!

硫酸鉄(Ⅱ)の半反応式は…　p.260参照!!

$$Fe^{2+} \longrightarrow Fe^{3+} + e^- \cdots ②$$

①＋②×5より，←電子e^-を消去!!

$$MnO_4^- + 8H^+ + 5e^- \longrightarrow Mn^{2+} + 4H_2O \quad \cdots ①$$

$$+)\ 5Fe^{2+} \longrightarrow 5Fe^{3+} + 5e^- \quad \cdots ②\times 5$$

$$MnO_4^- + 5Fe^{2+} + 8H^+ \longrightarrow Mn^{2+} + 5Fe^{3+} + 4H_2O$$

答です!!

(2)　頻出問題です!!

$$MnO_4^- + 8H^+ + 5e^- \longrightarrow Mn^{2+} + 4H_2O \cdots ①$$

赤紫色　　ほぼ**無色**

滴下されるMnO_4^-(赤紫色)は，反応が終了するまではMn^{2+}(無色)へと変化し続けるので，MnO_4^-の色は消えることとなる。

が!!　反応が終了したあとに滴下されるMnO_4^-(赤紫色)は，そのままとなるので，赤紫色が消えずに残る。

つまーり!!

溶液の色が

赤紫色をおびる!! ＝反応が終了したことを示す目的!!

(3)　(1)より，

$$\underset{KMnO_4}{\underline{MnO_4^-}} + \underset{FeSO_4}{\underline{5Fe^{2+}}} + 8H^+ \longrightarrow Mn^{2+} + 5Fe^{3+} + 4H_2O$$

よって!!

反応する$KMnO_4$と$FeSO_4$の比は1：5である。

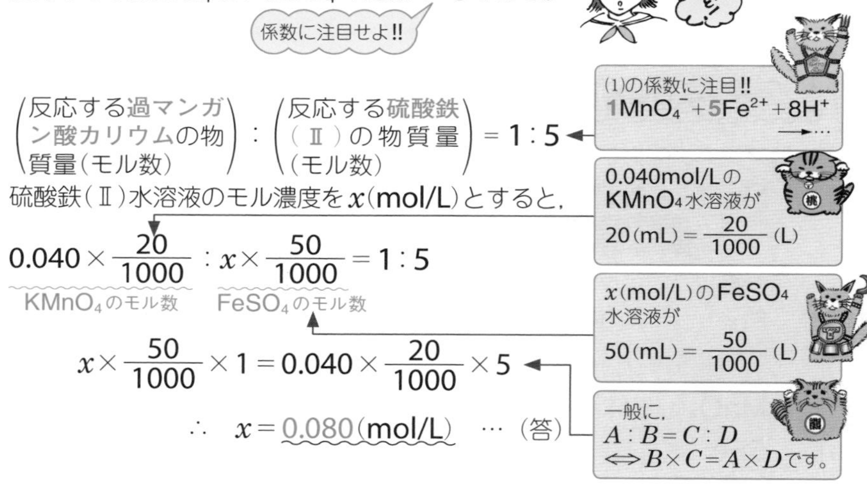

なるほど!
係数に注目せよ!!
(1)の係数に注目!!
$1MnO_4^- + 5Fe^{2+} + 8H^+ \longrightarrow \cdots$
0.040mol/Lの$KMnO_4$水溶液が
$20(mL) = \frac{20}{1000}(L)$
x(mol/L)の$FeSO_4$水溶液が
$50(mL) = \frac{50}{1000}(L)$
一般に，
$A : B = C : D$
$\Longleftrightarrow B \times C = A \times D$です。

(反応する過マンガン酸カリウムの物質量(モル数))：(反応する硫酸鉄(Ⅱ)の物質量(モル数))＝1：5

硫酸鉄(Ⅱ)水溶液のモル濃度をx(mol/L)とすると，

$$\underset{KMnO_4のモル数}{0.040 \times \frac{20}{1000}} : \underset{FeSO_4のモル数}{x \times \frac{50}{1000}} = 1 : 5$$

$$x \times \frac{50}{1000} \times 1 = 0.040 \times \frac{20}{1000} \times 5$$

$$\therefore \quad x = \underline{0.080(mol/L)}$$ … (答)

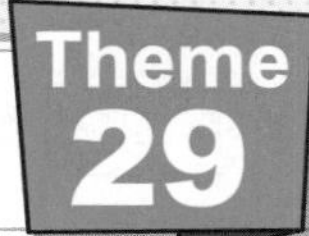

イオン化傾向と電池

金属にもヤル気に差があるぜっ‼

RUB OUT 1 金属のイオン化傾向

金属が水溶液中で電子を放って陽イオンになろうとする性質を金属の**イオン化傾向**と呼ぶ。

で‼ 数ある金属のうち，主なものをピックアップして（さらに水素(H_2)も加えて），イオン化傾向の大きいものから順に並べたものを，金属の**イオン化列**と呼びます。このイオン化列は次のとおり‼

金属のイオン化列

リッチに	借りようか		な	ま	あ	あ	て	に	すん	な	ひ	ど	す	ぎる	借	金
Li	K	Ca	Na	Mg	Al	Zn	Fe	Ni	Sn	Pb	(H_2)	Cu	Hg	Ag	Pt	Au

大 ← イオン化傾向 → 小

このゴロあわせは有名だよ♥　水素H_2は金属じゃないけど，陽イオンになるから基準として入れてあるんだね。

RUB OUT 2 イオン化傾向と化学的性質

例えば…
$Na \longrightarrow Na^{+} + e^{-}$
0　　　+1
酸化数が増えてます‼

(i) **空気中での酸化**（陽イオンになる ☞ 酸化される‼）

Li K Ca Na	Mg Al	Zn Fe Ni Sn Pb (H_2) Cu Hg	Ag Pt Au
常温で速やかに酸化される‼ →			
加熱（燃焼）すれば酸化される‼ →	→		
強熱すればなんとか酸化される‼ →	→	→	酸化されない‼

さすが‼ 貴金属…

(ii) 水との反応

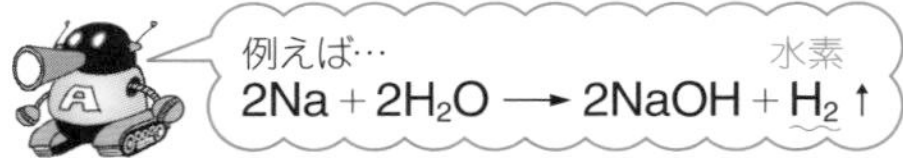

Li K Ca Na	Mg	Al Zn Fe	Ni Sn Pb (H_2) Cu Hg Ag Pt Au
常温で反応して水素を発生する!!			
熱水と反応して水素を発生する!! →			
高温の水蒸気と反応して水素を発生する!! →		→	
			まず水とは反応しない!!

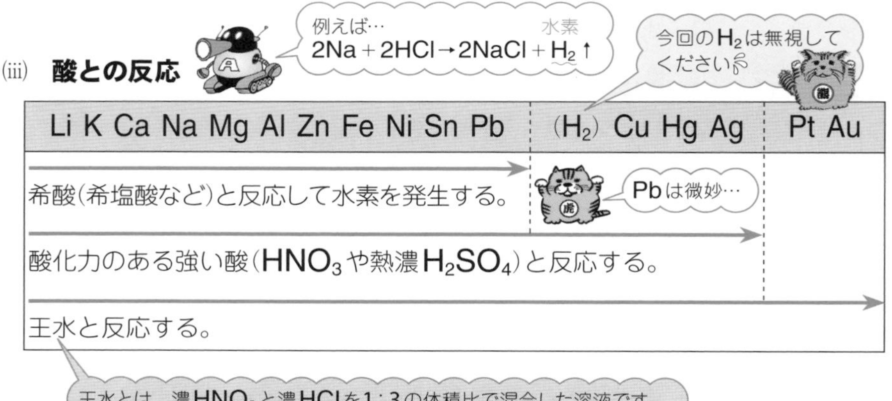

例えば…
$2Na + 2HCl \rightarrow 2NaCl + H_2\uparrow$（水素）
今回のH_2は無視してください
Pbは微妙…

(iii) 酸との反応

Li K Ca Na Mg Al Zn Fe Ni Sn Pb	(H_2) Cu Hg Ag	Pt Au
希酸(希塩酸など)と反応して水素を発生する。		
酸化力のある強い酸(HNO_3や熱濃H_2SO_4)と反応する。 →	→	
王水と反応する。 →	→	→

王水とは，濃HNO_3と濃HClを1：3の体積比で混合した溶液です。

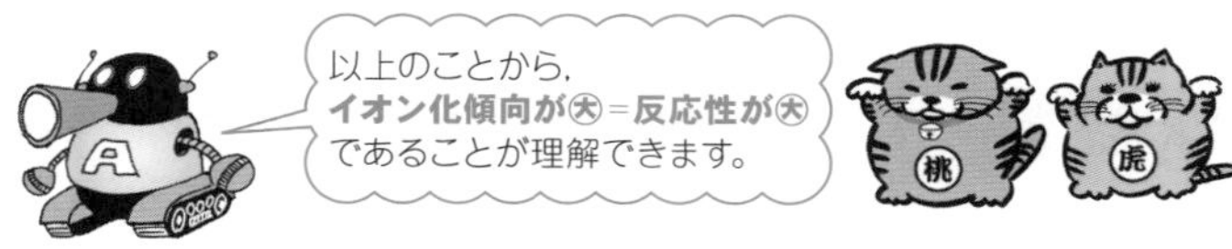

以上のことから，
イオン化傾向が㊅＝反応性が㊅
であることが理解できます。

次の **問題64** で，解法のコツを伝授します♥

問題64　**標準**

6種類の金属A, B, C, D, E, Fがある。これらの金属は, Ag, Al, Cu, K, Mg, Niのいずれかであることはわかっている。

金属A, B, C, D, E, Fを, 次の①〜③の事実に基づいて決定せよ。

① A, B, C, Eは希硫酸に溶解して水素を発生するが, D, Fは溶解しない。

② 室温において, Aは乾燥した空気中で内部まで酸化されるのに対し, B, C, Dは表面に酸化膜ができる程度である。Eはこれらの中間の性質を示し, Fはまったく酸化されない。

③ A, C, Eの酸化物は水素で還元することは困難であるが, B, D, Fの酸化物は水素で還元できる。

ダイナミック解説

先ほどの表をバカ正直に暗記することはない!!　だいたいでよろしい。とにかく,

イオン化傾向㊌＝反応性㊌

とゆーことです。

① 酸に溶けやすい ➡ 反応性㊌ ➡ イオン化傾向㊌

よって, イオン化傾向の大小関係は…

A, B, C, E＞D, F　…㋑

であることがわかる。

② 酸化されやすい ➡ 反応性㊌ ➡ イオン化傾向㊌

よって, イオン化傾向の大小関係は…

A＞E＞B, C, D＞F　…㋺

であることがわかる。

③　酸化物が還元されるとは…??

つまり…

酸化物が還元されやすい ➡ イオン化したものがもとに戻りやすい

➡ イオン化傾向㊕

よって，イオン化傾向の大小関係は…

A, C, E（酸化物が還元されにくい ＝ イオン化傾向㊛）＞ B, D, F（酸化物が還元されやすい ＝ イオン化傾向㊕）…㋩

以上㋑㋺㋩から…

勝負はついたぞ!!

イオン化傾向の大小関係は，

A ＞ E ＞ C ＞ B ＞ D ＞ F

となる。

あとは，金属たちをイオン化列の順に当てハメればOK!!

つまーり!!

Li K Ca Na Mg Al
Zn Fe Ni Sn Pb (H_2)
Cu Hg Ag Pt Au

A	＞	E	＞	C	＞	B	＞	D	＞	F
↓		↓		↓		↓		↓		↓
K		Mg		Al		Ni		Cu		Ag

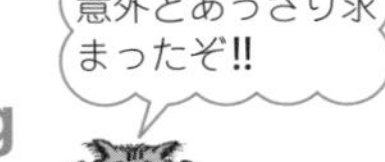

意外とあっさり求まったぞ!!

解答でござる

A…K　B…Ni　C…Al　D…Cu　E…Mg　F…Ag

RUB OUT 3　電池の原理と実用電池

ここでは，電池についての一般論と用語を押さえていただきます!!

酸化還元反応によって放出されるエネルギーを，電気エネルギーとして取り出す装置を，**電池**(または化学電池)と申します。

では，**電池の原理**について簡単に語りましょう!!

まず!!　2種類の金属を電極にして導線でつなぎ，これらの電極を電解質水溶液(陽イオンと陰イオンが水に溶けている，ってことです!!)に浸します。

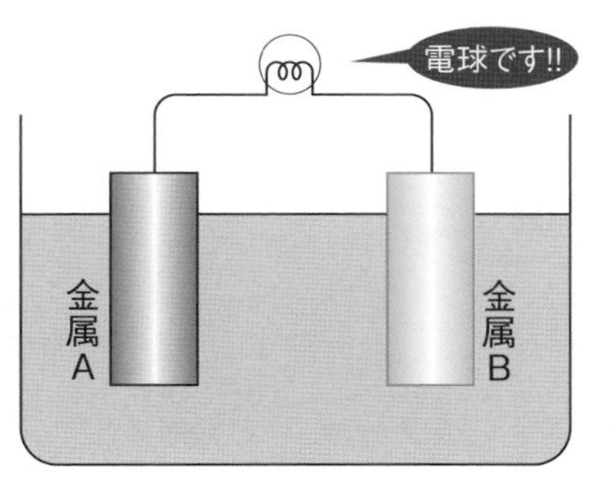

"2種類の金属"ってことは，イオン化傾向の大小関係が成立する，ってことです!!　つまり，イオン化の対決が始まります。

で!!　イオン化傾向が大きい方の金属をA，イオン化傾向が小さい方の金属をBとします。

すると!!　イオン化傾向が大きい方の金属Aは，イオン化バトルを制して陽イオン(次ページの図の⊕)となり，電子を放出します。つまり，この際，**酸化反応**が起こります。

さらに!!　この放出された電子は，導線を通って金属Bの方へ移動し，電解質水溶液中の陽イオン(次ページの図の⊕)にキャッチされます。この際，陽イオンがイオンでなくなるので，**還元反応**が起こったことになります。

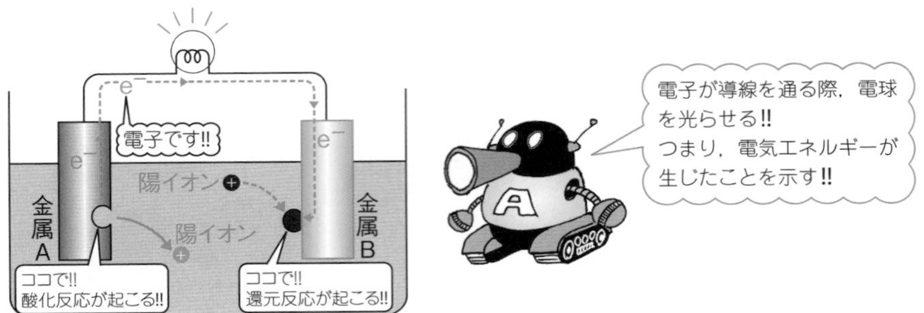

このとき!! 酸化反応が起こる金属Aの電極を**負極**と呼び，還元反応が起こる金属Bの電極を**正極**と呼びます。つまり，**電子は負極から正極へと流れる**ということになります。電流の向きは，電子の流れと逆向きと約束されているので，**電流は正極から負極へと流れる**ことになります。さらに，この電極間の電位差（電圧）を**起電力**と呼びます。

このように，電池から電気エネルギー（電球を光らせたりするエネルギーのことですよ!!）を取り出すことを**放電**と呼び，放電すると，もとの状態に戻すことができない電池を**一次電池**と申します。一方，放電した電池に，外部から電気エネルギーを加え，放電のときと逆の反応をさせて，もとの状態に戻すことを**充電**と呼び，充電できる電池を**二次電池**（または**蓄電池**）と申します。

発展コーナー

RUB OUT 4 ボルタ電池

このボルタ電池の原理をしっかり理解しよう!!

亜鉛板と銅板を希硫酸に浸して導線でつなぐと，**亜鉛板が負極**，**銅板が正極**となって電流が流れる。

つまり，電池ができたワケです。この電池を**ボルタ電池**と呼び，次のような式で表されます。

ボルタ電池の式

Why? なぜ電流が流れるの一っ??

① ZnとCuをつなぐと，イオン化の対決が始まる!!

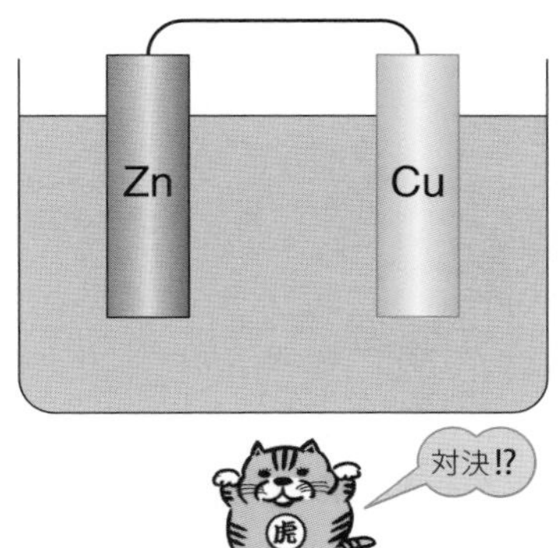

② Znの方がCuよりイオン化傾向が大きいので，Znがe^-を放ってZn^{2+}となり，水溶液中に溶け出す。このときe^-は，e^-が通りやすい導線へ…

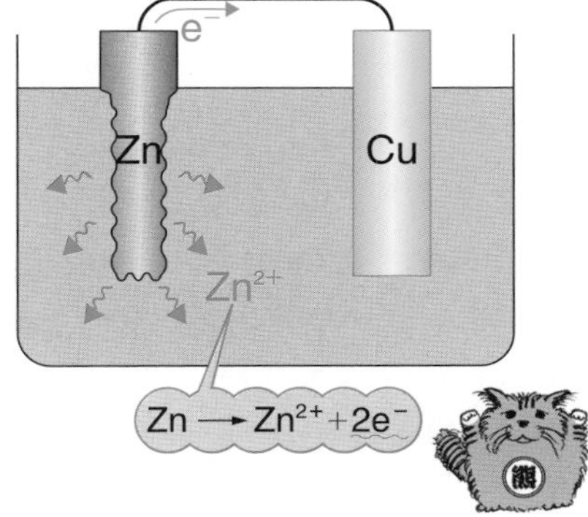

③　導線を伝わって Cu 側にやってくる e^- は，水溶液中の H^+ が責任をもってキャッチする‼

④　Cu 側では，$2H^+ + 2e^- \longrightarrow H_2$ により，**水素が発生**‼

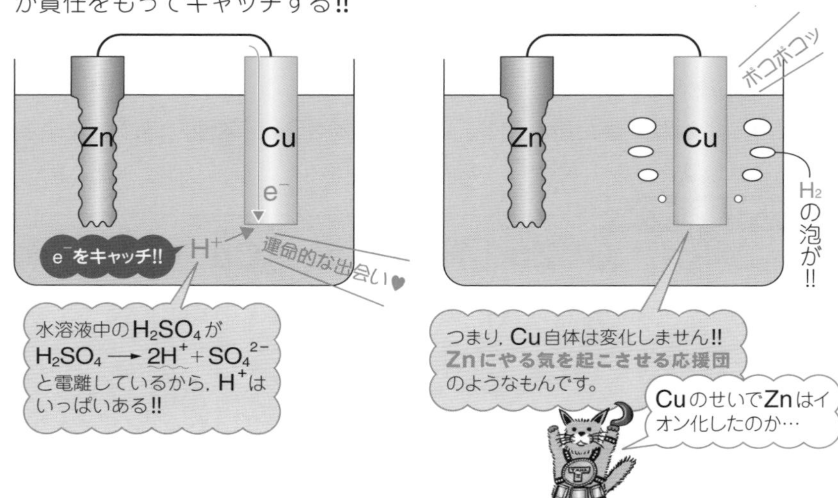

この①〜④が連続的に起こることにより，Zn 板から Cu 板へと電子が流れつづける。つまり，**電流は Cu 板から Zn 板へと流れる**‼

中学校で習ったよね!!
電流の流れる方向は電子の流れる方向の**逆**!!

よって!!

Zn 板が負極，Cu 板が正極となります‼

電流は**正極から負極へと流れる**!!
これも中学校で習ったよ。

ボルタ電池の問題点

Cu 板に発生する H_2 の泡が，Cu 板の表面に付着し，電池のシステムを阻害します（☞ 専門用語を使うと“起電力が低下する”と表現します）。

この現象を電池の**分極**と呼び，この分極を防ぐためにニクロム酸カリウムなどの**酸化剤**を加えておきます。そうすれば，H_2（酸化数0）が酸化されて H^+（酸化数1）に戻るので H_2 の泡が消えていきます。

このような役目を果たす酸化剤のことを**減極剤**（**消極剤**）と呼ぶぞ‼

ぶっちゃけ!! すべての電池では…

イオン化傾向の大きい方  **負極**

イオン化傾向の小さい方  **正極**

ということになります。

ちょっとした問題を…

問題65 キソ

次の図のように，金属を組み合わせて希硫酸に浸した。

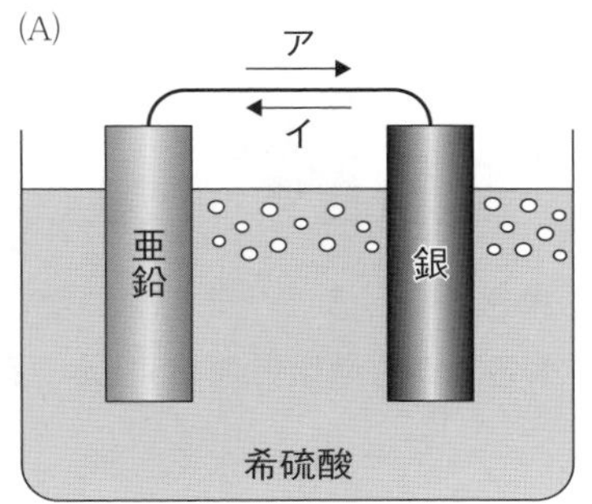

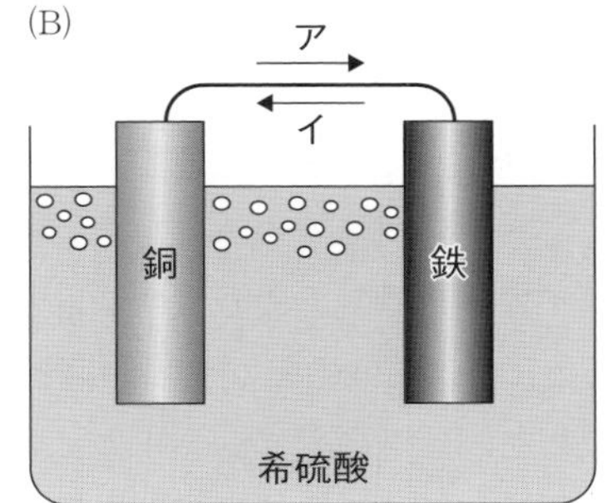

(A)，(B)について，次の各問いに答えよ。

(1) 導線中を流れる電子の向きは，それぞれア，イのどちらか。

(2) 導線中を流れる電流の向きは，それぞれア，イのどちらか。

(3) 酸化された金属は，それぞれどちらか。

(4) (A)と(B)を比較すると，起電力が大きいのはどちらか。

ダイナミック解説

ズバリ!! ボルタ電池の応用問題です。ボルタ電池のお話がしっかり理解できていれば問題なし!!

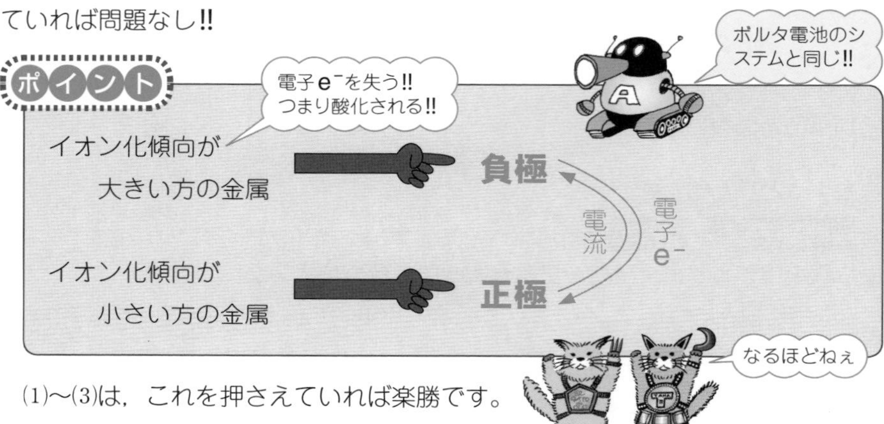

ボルタ電池のシステムと同じ!!
ポイント
電子 e^- を失う!!
つまり酸化される!!
イオン化傾向が大きい方の金属
負極
電流
電子 e^-
イオン化傾向が小さい方の金属
正極
なるほどねぇ

(1)〜(3)は，これを押さえていれば楽勝です。

(4) イオン化傾向の差が大きいほど，起電力も大きくなります。滝を思い浮かべてみて!! 高低の差が激しいほど流れ落ちる水の勢いも激しくなるでしょ!? これと同じ理屈です。

では，イオン化傾向の差を比較してみましょう!!

(A) Li K Ca Na Mg Al (Zn) Fe Ni Sn Pb (H_2) Cu Hg (Ag) Pt Au

大きい!!

(B) Li K Ca Na Mg Al Zn (Fe) Ni Sn Pb (H_2) (Cu) Hg Ag Pt Au

小さい!!

一目瞭然!! (A)の方がイオン化傾向の差が大きいですね!!
よって，起電力が大きい方は(A)です!!

答です!!

解答でござる

(1)　(A)　ア　　　(B)　イ

(A)　イオン化傾向は Zn > Ag

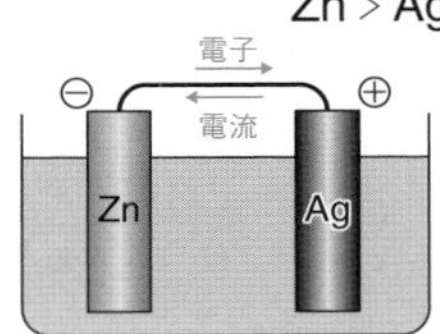

(2)　(A)　イ　　　(B)　ア

(B)　イオン化傾向は Cu < Fe

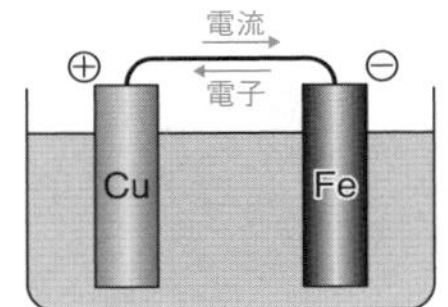

(3)　(A)　亜鉛　　　(B)　鉄 ← イオン化傾向が大きい方です!!

(4)　(A) ← p.278参照!!

RUB OUT 5　ダニエル電池

うすい硫酸亜鉛水溶液に亜鉛板を入れたものと，濃い硫酸銅(Ⅱ)水溶液に銅板を入れたものとの間を素焼き板などで仕切った電池を**ダニエル電池**と呼ぶ。ボルタ電池同様，**亜鉛板が負極**，**銅板が正極**となる。

ダニエル電池の式

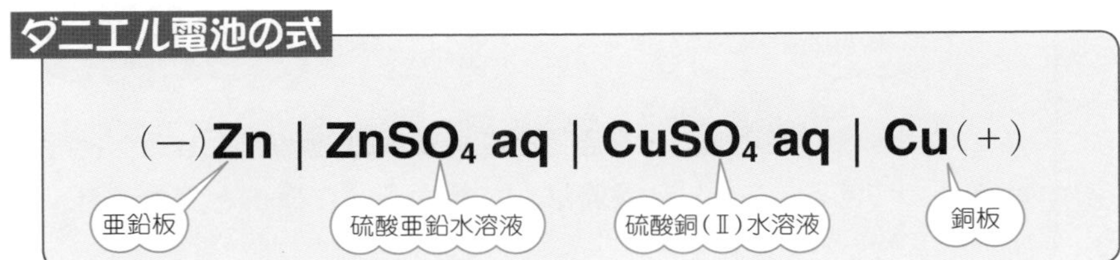

ダニエル電池のシステム

① **Zn**と**Cu**をつなぐと，イオン化の対決が始まる!!

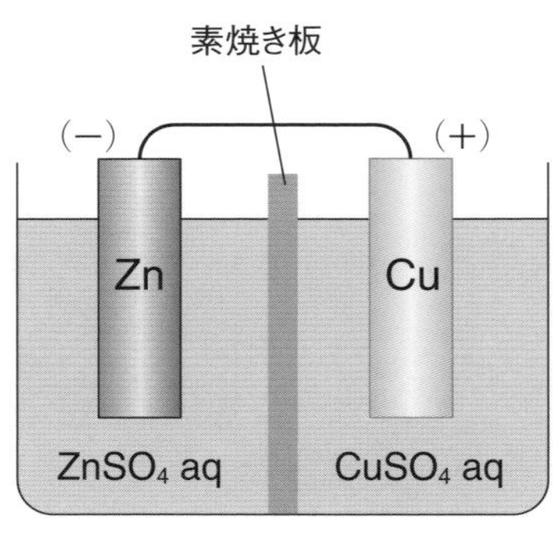

② **Zn**の方が**Cu**よりイオン化傾向が大きいので，**Zn**がe^-を放ってZn^{2+}となり，水溶液中に溶け出す。このとき，e^-はe^-が通りやすい導線へ…

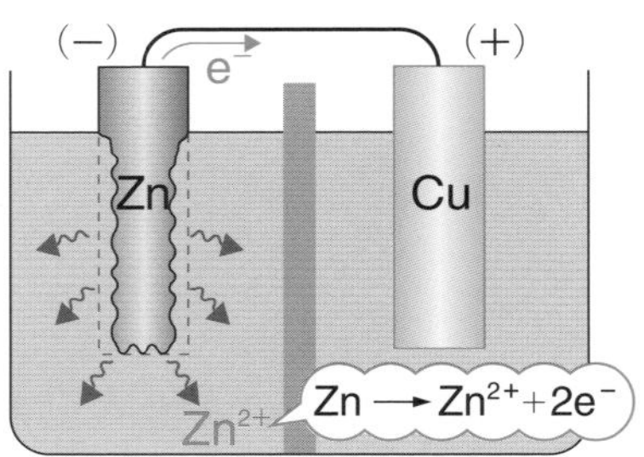

③ 導線を伝わり**Cu**側にやってくるe^-は，水溶液中のCu^{2+}が責任をもってキャッチ!!

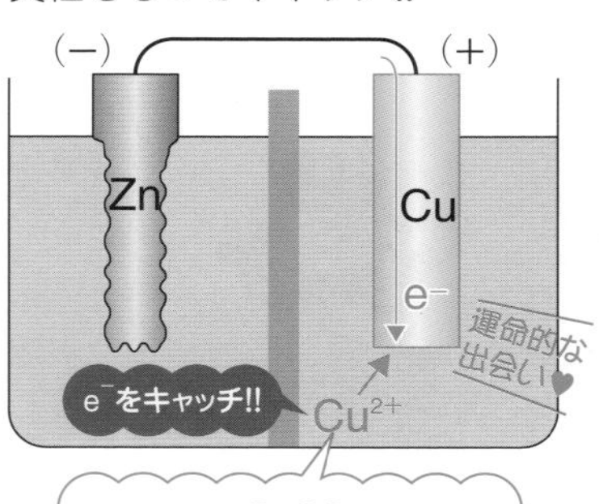

水溶液中の$CuSO_4$が
$CuSO_4 \longrightarrow Cu^{2+}+SO_4^{2-}$
と電離することにより，Cu^{2+}
はいっぱいある!!

④ **Cu**板側では…

$Cu^{2+}+2e^- \longrightarrow Cu$

により**Cuが析出**!!

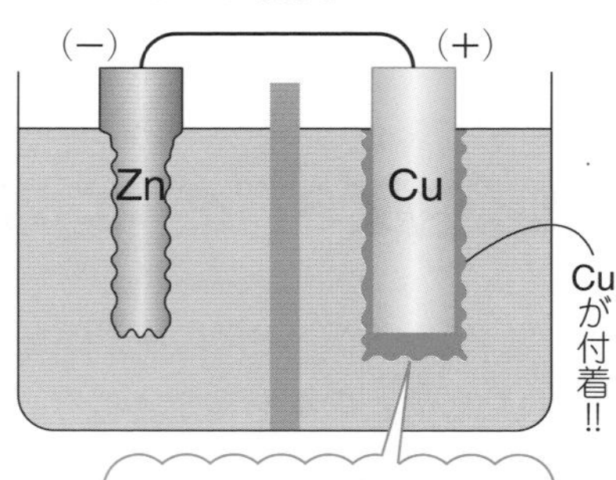

今回も，もとの**Cu**板自体は変化しません。やはり，**Znにやる気を起こさせる応援団**だったんですね。

この①〜④が連続的に起こることにより，**Zn**板から**Cu**板へと電子が流れつづける。つまり，**電流はCu板からZn板へと流れる!!**

☞　ダニエル電池は，ボルタ電池と違って，Cu 板側に H_2 の泡が生じません。よって，電池の**分極は起こらない!!**

☞　素焼き板などでつくった仕切りは，イオンを通すことができます。Zn 板側では，Zn^{2+} が水溶液中に溶け出して Zn^{2+} が増加し，Cu 板側では $SO_4{}^{2-}$ がとり残されていくので $SO_4{}^{2-}$ が増加します。

$CuSO_4 \longrightarrow Cu^{2+} + SO_4{}^{2-}$
余る!!

$Cu^{2+} + 2e^- \longrightarrow Cu$
により，Cu^{2+} は Cu になるので，なくなっていく!!

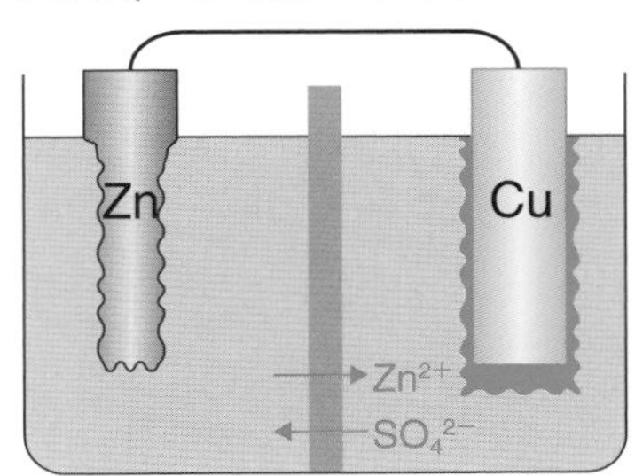

このZn^{2+} と $SO_4{}^{2-}$ は，自由に仕切りを通過できるので，溶液内の電気的なバランスがかたよることはない。

☞　ちなみに，ダニエル電池の起電力は約 1.1V（ボルト）である。

まとめておこう!!

問題66　標準

下図はダニエル電池の構造を示している。これについて，次の各問いに答えよ。

(1)　正極の金属を元素記号で答えよ。

(2)　負極での変化をイオン反応式で表せ。

(3)　酸化が起こったのは正極・負極のどちらか。

(4)　放電中，硫酸銅(Ⅱ)水溶液の濃度は，どのように変化するか。

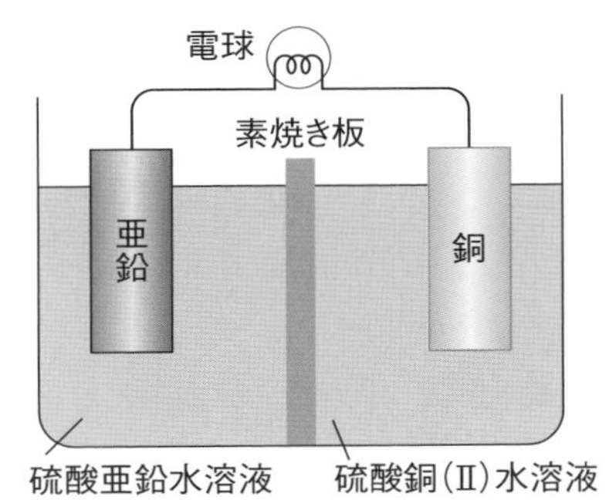

解答でござる

(1) イオン化傾向が小さい方の金属が正極となります。よって，正極は**Cu**…（答）

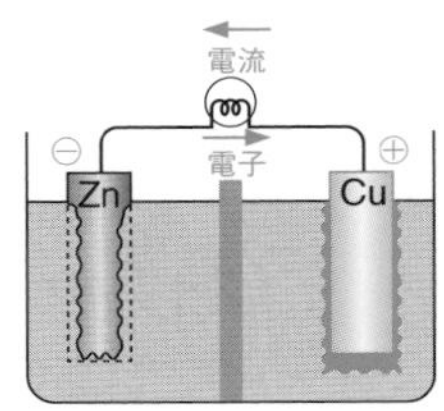

(2) $Zn \longrightarrow Zn^{2+} + 2e^-$

（負極）
$Zn \longrightarrow Zn^{2+} + 2e^-$
亜鉛が**酸化されて**水溶液中に溶け出す!!

（正極）
$Cu^{2+} + 2e^- \longrightarrow Cu$
水溶液中のCu^{2+}が**還元されて**Cuとなり析出する!!

(3) 負極

(4) Cu^{2+}が消費されていくので，結果として$CuSO_4$の物質量は減少する。よって，$CuSO_4$水溶液の濃度は減少する…（答）

発展コーナー

RUB OUT 6 乾電池

コイツはウザイ!!
だからポイントだけ覚えろ!!

マンガン乾電池なんて呼ばれたりもします。

乾電池の式

$$(-)\mathbf{Zn} \mid \mathbf{NH_4Cl\ aq} \mid \mathbf{MnO_2,\ C}(+)$$

登場人物の紹介です!!

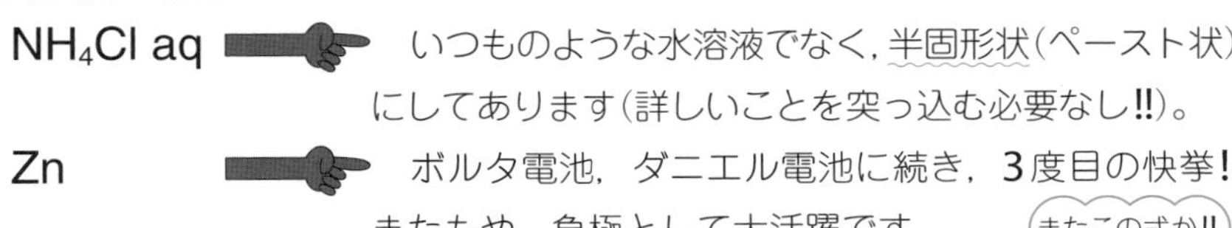

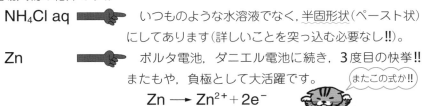

NH_4Cl aq　いつものような水溶液でなく，半固形状（ペースト状）にしてあります（詳しいことを突っ込む必要なし!!）。

Zn　ボルタ電池，ダニエル電池に続き，3度目の快挙!! またもや，負極として大活躍です。

$$Zn \longrightarrow Zn^{2+} + 2e^-$$

半固形状のNH_4Cl水溶液に溶け出したZn^{2+}は，NH_4^+と反応して，**テトラアンミン亜鉛イオン**$[Zn(NH_3)_4]^{2+}$になります。

C　黒鉛です。黒鉛は電子を通します。ボルタ電池，ダニエル電池のCuのような役目で，とりあえずの正極となります。

MnO_2　ボルタ電池と同様に，正極でH_2が発生します。乾電池（固体の電池）をつくろうとしているので，H_2なんか発生したら，爆発の危険もあり，ヤバイです。

そこで，酸化剤のMnO_2を**減極剤**として活用し，H_2を酸化してH^+に変身させます!!

$H_2 \longrightarrow 2H^+ + 2e^-$

MnO_2に関する詳しい化学反応式は突っ込む必要なし!!

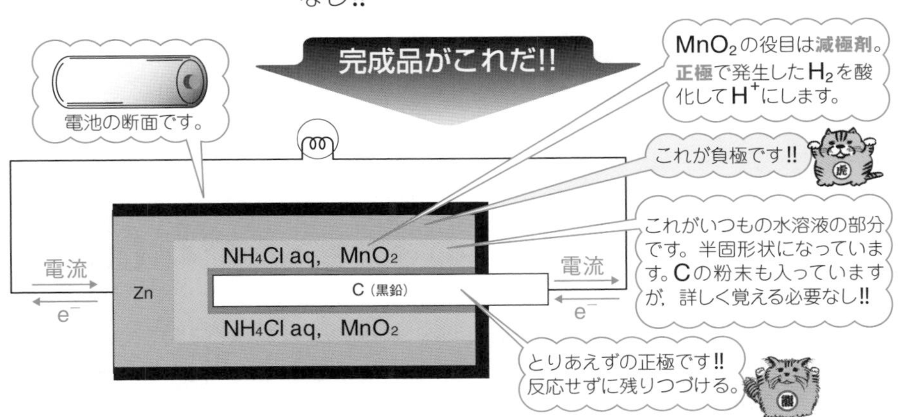

完成品がこれだ!!
電池の断面です。
MnO2の役目は減極剤。正極で発生したH2を酸化してH+にします。
これが負極です!!
これがいつもの水溶液の部分です。半固形状になっています。Cの粉末も入っていますが，詳しく覚える必要なし!!
とりあえずの正極です!! 反応せずに残りつづける。
NH4Cl aq，MnO2
Zn
C（黒鉛）
NH4Cl aq，MnO2
電流
e⁻
電流
e⁻

問題 67 標準

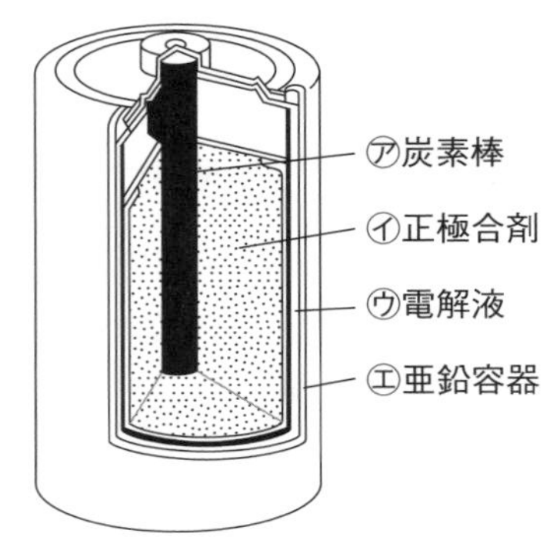

右図は乾電池の内部構造を表している。これについて，次の各問いに答えよ。

(1) 正極，負極の役目を果たす部分を右図の記号で答えよ。

(2) 正極合剤には，酸化剤が含まれている。この化合物の化学式と，その役割名を**漢字３文字**で答えよ。

(3) 電解液（半固形状の水溶液）として用いられる化合物の名称を答えよ。

(4) 乾電池を使用することにより腐食していくのは，正極，負極のいずれであるか。

ダイナミックポイント!!

正極合剤とか，腐食とか…

妙にリアルな図と，初めて耳にする語句にビビッてはダメだぞ!!

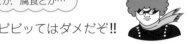

正極合剤 ☞ 炭素棒（C）と亜鉛容器（Zn）に挟まっている部分でしょ!! 前ページの図を立体的に表現しているだけです!!

腐　食 ☞ なくなるってことです!! 炭素棒（C）は残りつづけるんでしたね!! ということは…

ん!?

解答でござる

(1) 正極…㋐ ← Cがとりあえずの正極

負極…㋓ ← Znが負極

(2) 化合物の化学式…MnO_2 ← 酸化マンガン(Ⅳ)（二酸化マンガン）

役割名…減極剤 ← 重要なキーワード!!

(3) 塩化アンモニウム ← NH_4Cl 水溶液を半固形状にしていたんでしたね。

(4) 負極 ← 負極では…
$Zn \longrightarrow Zn^{2+} + 2e^-$ が起こり Zn が失われていきます。
正極の C はとりあえずの正極なのでびくともしない!!

鉛蓄電池（なまりちくでんち）

難しそうだなぁ…
桃
虎

鉛蓄電池の式

$$(-)\mathbf{Pb}\ |\ \mathbf{H_2SO_4\ aq}\ |\ \mathbf{PbO_2}(+)$$

この鉛蓄電池は，p.274でも述べましたが，**二次電池**と呼ばれ，充電（じゅうでん）が可能です。つまり，くり返し使用することができます。今まで登場した乾電池などは，充電ができない使い切りタイプで，**一次電池**と呼ばれます。

ポイントはこれだ!!
放電の際…
Pb²⁺
PbとPbO₂はともにPbSO₄となる!!

このときの反応式は書けないとダメ!!　しかし，丸暗記することはありませんよ!!

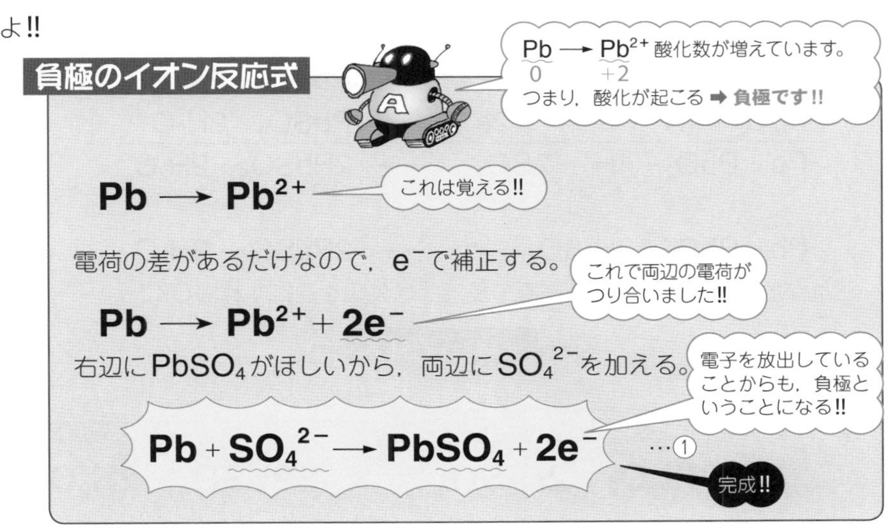

$PbO_2 \longrightarrow Pb^{2+}$ 酸化数が減っています。
+4 +2
つまり，還元が起こる ➡ 正極です!!

正極のイオン反応式

$$PbO_2 \longrightarrow Pb^{2+}$$

これは覚える!!

両辺のOの数が等しくなるように，H_2Oを加える。

この作業については p.261参照!!

$$PbO_2 \longrightarrow Pb^{2+} + 2H_2O$$

両辺のHの数が等しくなるように，H^+を加える。

$$PbO_2 + 4H^+ \longrightarrow Pb^{2+} + 2H_2O$$

両辺の電荷が等しくなるように，e^-を加える。

$$PbO_2 + 4H^+ + 2e^- \longrightarrow Pb^{2+} + 2H_2O$$

右辺に$PbSO_4$がほしいから，両辺に$SO_4{}^{2-}$を加える。

電子を受け取っていることからも，正極ということになる。

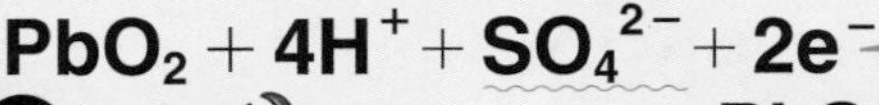
$PbO_2 + 4H^+ + SO_4{}^{2-} + 2e^-$

完成した!!

$$\longrightarrow PbSO_4 + 2H_2O \quad \cdots②$$

このとき，①＋②としてe^-を消去すると，鉛蓄電池の放電の全体の反応を表すことができます。

$$Pb + SO_4{}^{2-} \longrightarrow PbSO_4 + 2e^- \quad \cdots①$$

$$+)\ PbO_2 + 4H^+ + SO_4{}^{2-} + 2e^- \longrightarrow PbSO_4 + 2H_2O \quad \cdots②$$

$$Pb + PbO_2 + 4H^+ + 2SO_4{}^{2-} \longrightarrow 2PbSO_4 + 2H_2O$$

まとめられます!!
$2H_2SO_4$

$$Pb + PbO_2 + 2H_2SO_4 \longrightarrow 2PbSO_4 + 2H_2O$$

これが放電の反応式です。充電の反応式は矢印を逆にすればOK!!

よって!!

鉛蓄電池全体としての化学反応式

$$Pb + PbO_2 + 2H_2SO_4 \underset{充電}{\overset{放電}{\rightleftarrows}} 2PbSO_4 + 2H_2O$$

これらの反応式は自力でつくれるようにしておこう!!

問題68　**標準**

右図は鉛蓄電池の構造を表している。これについて，次の各問いに答えよ。

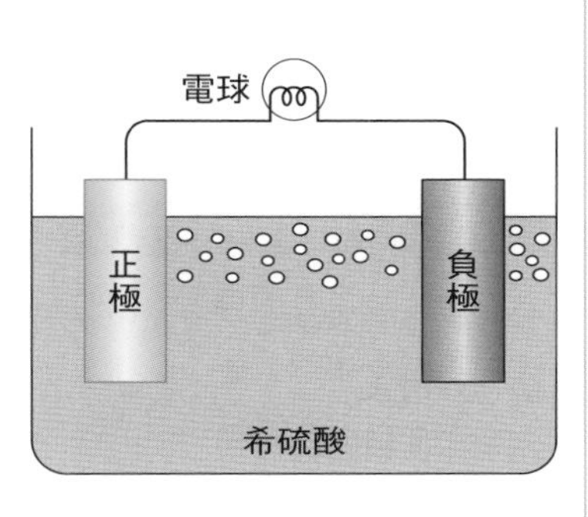
電球
正極
負極
希硫酸

(1)　正極, 負極の化学式をそれぞれ答えよ。

(2)　放電を続けると，正極，負極はそれぞれどのような化合物に変化していくか。化学式で答えよ。

(3)　放電を続けると，硫酸の濃度はどのように変化するか。

ダイナミックポイント!!

(3)　放電のときの鉛蓄電池全体としての化学反応式は,

$$Pb + PbO_2 + 2H_2SO_4 \longrightarrow 2PbSO_4 + 2H_2O$$

つまり，希硫酸中のH_2SO_4は放電にともなって消費されることになります。

よって!!

硫酸の濃度は減少する!!

なるほど!

解答でござる

Pb と PbO_2 が登場することは暗記せよ!!

(1)　正極…PbO_2

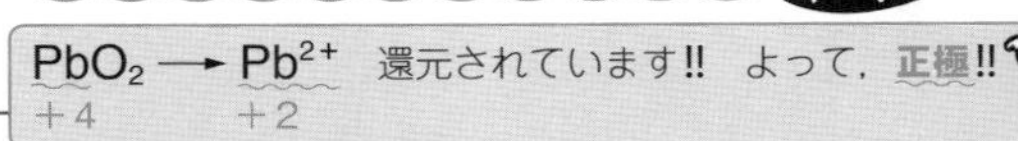
$PbO_2 \longrightarrow Pb^{2+}$　還元されています!!　よって，正極!!
+4　+2

負極…Pb

$Pb \longrightarrow Pb^{2+}$　酸化されています!!　よって，負極!!
0　+2

(2)　正極…$PbSO_4$

負極…$PbSO_4$

ともに$PbSO_4$になります。
暗記!!

(3)　減少する　←　ダイナミックポイント参照!!

問題一覧表

問題1 キソのキソ

p.14

次の(ア)〜(ケ)の化学式の中から，組成式であるものをすべて選べ。

(ア) 水 H_2O
(イ) エタノール C_2H_5OH
(ウ) 硝酸 HNO_3
(エ) 二酸化炭素 CO_2
(オ) 塩化マグネシウム $MgCl_2$
(カ) アンモニア NH_3
(キ) 硫酸銅 $CuSO_4$
(ク) 硫化水素 H_2S
(ケ) 炭酸カルシウム $CaCO_3$

問題2 キソのキソ

p.18

次の各問いに答えよ。

(1) −200(℃)は，絶対温度で何(K)か。

(2) 331(K)は，セ氏温度で何(℃)か。

問題3 キソのキソ

p.21

次の各問いに答えよ。

(1) 0.300(atm)は何(Pa)か。

(2) 828(hPa)は何(atm)か。

問題4 キソのキソ

p.25

次の(ア)〜(ソ)の中から混合物であるものをすべて選べ。

(ア) 酸素　(イ) フッ素　(ウ) ネオン　(エ) 硫化水素　(オ) 塩酸
(カ) 硝酸　(キ) 希硫酸　(ク) メタン　(ケ) 炭酸水　(コ) 石油
(サ) ニッケル　(シ) 銅　(ス) 水酸化ナトリウム水溶液
(セ) 水酸化カリウム　(ソ) 砂糖水

問題5　キソのキソ

p.30

次の(ア)〜(ク)の中から，互いに同素体である組み合わせをすべて選べ。

(ア)　酸素とオゾン　　(イ)　ダイヤモンドと黒鉛

(ウ)　単斜硫黄とゴム状硫黄　　(エ)　カルシウムとナトリウム

(オ)　赤リンと黄リン　　(カ)　一酸化窒素と二酸化窒素

(キ)　金と白金　　(ク)　メタンとエタン

問題6　キソのキソ

ちなみに元素記号はGeです。

p.33

原子番号32，質量数73のゲルマニウム原子について，次の各数を求めよ。

(1)　陽子の数　　(2)　電子の数　　(3)　中性子の数

問題7　キソのキソ

p.34

次の各原子の原子番号，質量数，陽子の数，電子の数，中性子の数をそれぞれ求めよ。

(1)　$^{19}_{9}\mathrm{F}$　　(2)　$^{31}_{15}\mathrm{P}$　　(3)　$^{40}_{20}\mathrm{Ca}$　　(4)　$^{56}_{26}\mathrm{Fe}$

問題8　キソのキソ

p.38

次の各原子の電子配置モデルを，例にならってかけ。

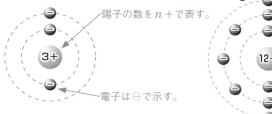

例1　$_{3}\mathrm{Li}$

3+

陽子の数を n + で表す。

電子は⊖で示す。

例2　$_{12}\mathrm{Mg}$

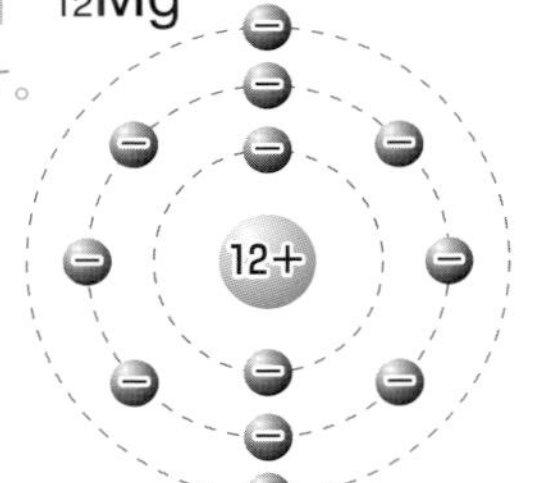

(1)　$_{1}\mathrm{H}$　　(2)　$_{2}\mathrm{He}$　　(3)　$_{4}\mathrm{Be}$　　(4)　$_{6}\mathrm{C}$　　(5)　$_{9}\mathrm{F}$

(6)　$_{10}\mathrm{Ne}$　　(7)　$_{13}\mathrm{Al}$　　(8)　$_{16}\mathrm{S}$　　(9)　$_{18}\mathrm{Ar}$　　(10)　$_{20}\mathrm{Ca}$

問題9 キソ

p.41

次の(ア)〜(カ)の記述の中で，誤っているものをすべて選べ。

(ア) フッ素原子がL殻にもつ電子の数は7個である。

(イ) マグネシウム原子がL殻にもつ電子の数は8個である。

(ウ) 硫黄原子の価電子の数は6個である。

(エ) アルゴン原子の価電子の数は8個である。

(オ) カルシウム原子がもつ電子の数は20個である。

(カ) 貴ガス原子の最外殻電子の数はすべて8個である。

問題10 キソ

p.48

次の(1)〜(8)の原子がイオン化するときの化学反応式を書け。

(1) Li　(2) Be　(3) O　(4) Mg

(5) Al　(6) Cl　(7) K　(8) H

問題11 キソ

p.53

次の(ア)〜(オ)の記述の中で，誤っているものを選べ。

(ア) イオン化エネルギーが大きい原子ほど，陽イオンになりやすい。

(イ) 電子親和力が大きい原子ほど，陰イオンになりやすい。

(ウ) 貴ガス原子は，イオン化エネルギー，電子親和力ともに大きい。

(エ) Na，Cl，Arの3つの原子をイオン化エネルギーが大きい順に並べると，Ar，Cl，Naとなる。

(オ) Na，Cl，Ar の3つの原子を電子親和力が大きい順に並べると，Ar，Cl，Naとなる。

問題12 キソのキソ

p.58

次の各原子の電子式を書け。

(1) H　(2) He　(3) Li　(4) Be　(5) B

(6) C　(7) N　(8) O　(9) F　(10) Ne

(11) Na　(12) Mg　(13) Al　(14) Si　(15) P

(16) S　(17) Cl　(18) Ar　(19) K　(20) Ca

問題13 キソのキソ

p.59

次の各原子の不対電子の個数を答えよ。

(1) N (2) Al (3) Si (4) S (5) Ar (6) K

問題14 キソのキソ

p.63

次の各原子がイオン化するときの反応式を，電子を e^- として示せ。

(1) H (2) Li (3) Be (4) O
(5) F (6) Na (7) Mg (8) Al
(9) S (10) Cl (11) K (12) Ca

問題15 キソ

p.66

次の原子の組み合わせで，イオン結合によってできる物質の化学式と電子式を例のように表せ。

p.65参照!!

例 NaとCl
化学式…NaCl 電子式…$Na^+[:\ddot{\underset{..}{Cl}}:]^-$

(1) KとCl (2) MgとO
(3) NaとS (4) CaとCl

問題16 キソ

p.70

次の分子の電子式と構造式を書け。

(1) 水素 H_2 (2) 塩素 Cl_2 (3) 酸素 O_2
(4) 塩化水素 HCl (5) 硫化水素 H_2S (6) アンモニア NH_3
(7) メタン CH_4 (8) 二酸化炭素 CO_2

問題17 キソ

p.72

次の分子について，非共有電子対が何対あるかを答えよ。

(1) 水 H_2O　(2) 塩化水素 HCl

(3) 四塩化炭素 CCl_4　(4) アンモニア NH_3

(5) 窒素 N_2　(6) エタン C_2H_6

問題18 標準

p.89

次の(1)〜(12)の分子について正しく説明しているものを，あとの(ア)〜(カ)より選べ。

(1) O_2　(2) H_2O　(3) NH_3　(4) CO_2

(5) CH_4　(6) SO_2　(7) H_2　(8) H_2S

(9) CCl_4　(10) Ar　(11) SiH_4　(12) Ne

(ア) 直線形の無極性分子

(イ) 直線形の極性分子

(ウ) 折れ線形の極性分子

(エ) 三角錐形の極性分子

(オ) 正四面体形の無極性分子

(カ) (ア)〜(オ)のいずれでもない無極性分子

問題19 標準

p.94

次の(1)〜(6)の物質を，沸点が高い順に並べよ。

(1) He, Ne, Ar　(2) F_2, Cl_2, Br_2

(3) HF, HCl, HBr　(4) H_2O, H_2S, H_2Se

(5) NH_3, PH_3, AsH_3　(6) CH_4, C_2H_6, C_3H_8

問題20 キソ p.99

ホウ素には，^{10}Bと^{11}Bの同位体が存在する。それぞれの存在率を，^{10}Bが20%，^{11}Bが80%であると仮定したとき，ホウ素の原子量を求めよ。ただし，同位体の相対質量は，その質量数と等しいと考えてよい。

問題21 キソのキソ p.100

次の各分子の分子量を小数第1位まで求めよ。ただし，原子量は，
H＝1.00，C＝12.0，N＝14.0，O＝16.0，S＝32.1，Cl＝35.5
とする。

(1) O_2　(2) CO_2　(3) NH_3
(4) HCl　(5) H_2S　(6) CCl_4

問題22 キソのキソ p.101

次の化学式で表される物質またはイオンの式量を小数第1位まで求めよ。ただし，原子量は，H＝1.00，C＝12.0，N＝14.0，O＝16.0，Na＝23.0，Mg＝24.3，S＝32.1，Cl＝35.5，Cu＝63.6，Ag＝107.9とする。

(1) $MgCl_2$　(2) $AgNO_3$　(3) $CuSO_4$
(4) Na^+　(5) HCO_3^-　(6) NH_4^+

問題23 キソのキソ p.104

次の化学式で表される物質のモル質量を求めよ。ただし，原子量はH＝1.00，C＝12.0，N＝14.0，O＝16.0，Na＝23.0，Al＝27.0，S＝32.0，Cl＝35.5，Ca＝40.0とする。

(1) Al　(2) O_2　(3) NaOH
(4) $CaCO_3$　(5) SO_4^{2-}　(6) NH_4Cl

問題24 キソ

p.105

二酸化炭素CO_2について次の各問いに答えよ。ただし，原子量は$C=12.0$，$O=16.0$とし，アボガドロ定数は6.02×10^{23}(/mol)とする。

(1) CO_2のモル質量を整数値で求めよ。

(2) CO_2の3molあたりの質量を整数値で求めよ。

(3) 220gのCO_2の物質量は何molか。整数値で求めよ。

(4) 220gのCO_2の分子数は何個か。

物質量とはモル数のことです。

問題25 キソ

p.108

次の各問いに答えよ。ただし，原子量は$H=1.0$，$C=12$，$O=16$，$S=32$とする。

(1) 標準状態で8.0gの水素が占める体積を求めよ。

(2) 標準状態で67.2Lの体積を占める二酸化炭素の質量を求めよ。

(3) 標準状態で33.6Lの体積を占める硫化水素の分子数を求めよ。ただし，アボガドロ定数は6.02×10^{23}(/mol)とする。

問題26 標準

p.110

次の各問いに答えよ。ただし，原子量は$H=1.0$，$C=12$，$N=14$，$O=16$，$S=32$，$Cl=35.5$とする。

(1) 標準状態において，ある気体の密度が1.96(g/L)であった。このとき，この気体の分子量を整数値で求めよ。

(2) 次の(ア)〜(オ)の気体を同温・同圧での密度が大きい順に並べよ(簡単ないい方をすると…重い気体の順に並べよ)。

(ア) アンモニアNH_3　(イ) オゾンO_3　(ウ) メタンCH_4

(エ) 塩素Cl_2　(オ) 二酸化硫黄SO_2

問題27 標準

p.112

次の各問いに答えよ。ただし，原子量はアボガドロ定数を6.0×10^{23}(/mol)として求めよ。

(1) 標準状態で112mLの気体がある。この気体中の分子数を求めよ。

(2) 標準状態で560mLの気体がある。この気体の質量が800mgであったとき，この気体の分子量を求めよ。

(3) 標準状態で分子数3.0×10^{20}個の気体が占める体積は何mLか。

問題28 キソ

p.116

次の各問いに答えよ。

(1) 10gの塩化ナトリウムを40gの水に溶かした水溶液の質量パーセント濃度を求めよ。

(2) 8％の水酸化ナトリウム水溶液が500gある。この水溶液中の水酸化ナトリウムの質量を求めよ。

問題29 キソ

p.117

次の各問いに答えよ。

(1) 2molの水酸化ナトリウムを水に溶かして5Lとしたとき，この水酸化ナトリウム水溶液のモル濃度を求めよ。

(2) 5molの塩化ナトリウムを水に溶かして20Lとしたとき，この塩化ナトリウム水溶液のモル濃度を求めよ。

(3) 0.2molの硫酸銅を水に溶かして500mLとしたとき，この硫酸銅水溶液のモル濃度を求めよ。

問題30 キソ p.119

次の各溶液のモル濃度を求めよ。ただし，原子量はH＝1.0，N＝14，O＝16，Na＝23，S＝32とする。

(1) 水酸化ナトリウムNaOH 120gを水に溶かして5.0Lとした水酸化ナトリウム水溶液

(2) 硝酸HNO_3 126gを水に溶かして8.0Lとした希硝酸

(3) 硫酸H_2SO_4 4.9gを水に溶かして200mLとした希硫酸

問題31 標準 p.121

次の各問いに答えよ。ただし，原子量はH＝1.0，N＝14，O＝16，S＝32とする。

(1) 濃度(質量パーセント濃度)96％の濃硫酸の密度は1.84g/mLである。この濃硫酸のモル濃度を整数値で求めよ。

(2) 濃度(質量パーセント濃度)60％の濃硝酸の密度は1.38g/mLである。この濃硝酸のモル濃度を整数値で求めよ。

問題32 標準 p.124

次の各問いに答えよ。ただし原子量はH＝1.0，O＝16，S＝32，Cu＝64とする。

(1) 硫酸銅(Ⅱ)五水和物 $CuSO_4 \cdot 5H_2O$ 50gを200gの水に溶かしたとき，この硫酸銅(Ⅱ)水溶液の質量パーセント濃度を整数値で求めよ。

(2) 硫酸銅(Ⅱ)五水和物 $CuSO_4 \cdot 5H_2O$ 100gを水に溶かして5Lとしたとき，この硫酸銅(Ⅱ)水溶液のモル濃度を求めよ。

(3) 硫酸銅(Ⅱ)五水和物 $CuSO_4 \cdot 5H_2O$ 75gを用いて1.5mol/Lの硫酸銅(Ⅱ)水溶液をつくったとき，この水溶液の体積は何mLか。

この『水100gに対する』という断り書きが省略されることもあるので要注意!!

問題33　キソ

p.127

水100gに対する塩化カリウム(KCl)の溶解度は，60℃で46，20℃で34である。このとき，次の各問いに答えよ。

(1)　60℃の水200gを飽和させるために必要な塩化カリウムの質量を求めよ。

(2)　20℃の水650gを飽和させるために必要な塩化カリウムの質量を求めよ。

(3)　60℃の塩化カリウム飽和水溶液730gに含まれている塩化カリウムの質量を求めよ。

(4)　20℃の塩化カリウム飽和水溶液500gに含まれている塩化カリウムの質量を求めよ。

問題34　標準

p.130

水100gに対する硝酸カリウム（KNO_3）の溶解度は，80℃で170，20℃で32である。このとき，次の各問いに答えよ。

(1)　80℃の硝酸カリウム飽和水溶液100gを20℃まで冷却すると，何gの硝酸カリウムの結晶が析出するか。

(2)　80℃の硝酸カリウム飽和水溶液を20℃まで冷却すると，50gの硝酸カリウムの結晶が析出した。80℃の飽和水溶液は何gであったか。

(3)　20℃の硝酸カリウム飽和水溶液130gを，温度を20℃に保ったまま，15gの水を蒸発させたとき，何gの硝酸カリウムの結晶が析出するか。

問題35 標準

p.134

右の図は，化合物A，B，C，Dの水に対する溶解度曲線を示している。このとき，次の各問いに答えよ。

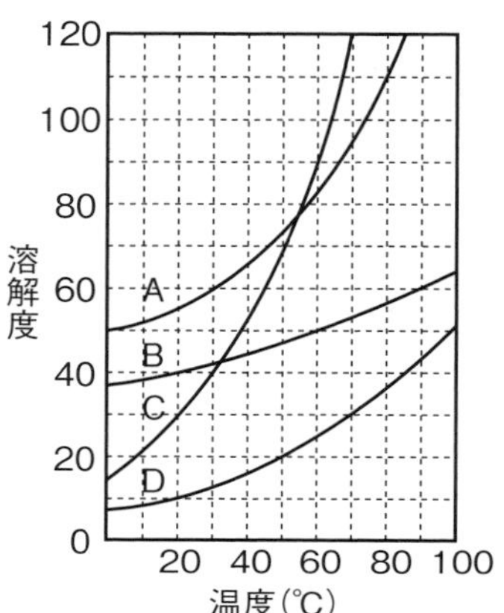

(1) 60℃の化合物Cの飽和水溶液300gを20℃まで冷却すると何gの結晶が析出するか。有効数字2桁で求めよ。

(2) 80℃の化合物Aの飽和水溶液を30℃まで冷却すると40gの結晶が析出した。80℃の飽和水溶液は何gであったか。有効数字2桁で求めよ。

(3) 70℃の化合物Dの飽和水溶液300gで，温度を70℃に保ったまま20gの水を蒸発させたとき，何gの結晶が析出するか。有効数字2桁で求めよ。

(4) 60℃で水80gを飽和させるのに必要な化合物の質量が40gである化合物はどれか。A，B，C，Dで答えよ。

問題36 キソ

p.139

次の各問いに答えよ。

(1) 硫酸銅(Ⅱ)五水和物 $CuSO_4 \cdot 5H_2O$ 500g 中に存在する硫酸銅(Ⅱ)無水物 $CuSO_4$ の質量を有効数字2桁で求めよ。ただし，原子量は H = 1.0，O = 16，S = 32，Cu = 64 とする。

(2) 炭酸ナトリウム十水和物 $Na_2CO_3 \cdot 10H_2O$ 800g 中に存在する炭酸ナトリウム無水物 Na_2CO_3 の質量を有効数字2桁で求めよ。ただし，原子量は H = 1.0，C = 12，O = 16，Na = 23 とする。

問題37　標準

p.141

硫酸銅（Ⅱ）$CuSO_4$ の水 100g に対する溶解度は 30℃で 25 である。30℃で水 200g に溶けることができる硫酸銅（Ⅱ）五水和物 $CuSO_4 \cdot 5H_2O$ の結晶の質量を求めよ。ただし，原子量は H = 1.0, O = 16, S = 32, Cu = 64 とする。

問題38　標準

p.145

炭酸ナトリウム Na_2CO_3 の水 100g に対する溶解度は 20℃で 19 である。20℃で 2.5mol の炭酸ナトリウム十水和物 $Na_2CO_3 \cdot 10H_2O$ を完全に溶解させて飽和水溶液をつくるのに必要な水の質量を求めよ。ただし，原子量は H = 1.0, C = 12, O = 16, Na = 23 とする。

問題39　ちょいムズ

p.147

硫酸銅（Ⅱ）$CuSO_4$ の水 100g に対する溶解度は 20℃で 20, 30℃で 25, 60℃で 40 である。このとき，次の各問いに答えよ。

ただし，原子量は H = 1.0, O = 16, S = 32, Cu = 64 とする。

(1)　60℃の飽和水溶液 500g を 20℃まで冷却すると何 g の硫酸銅（Ⅱ）五水和物 $CuSO_4 \cdot 5H_2O$ の結晶が析出（せきしゅつ）するか。

(2)　30℃の飽和水溶液 200g を 20℃まで冷却すると何 g の硫酸銅（Ⅱ）五水和物 $CuSO_4 \cdot 5H_2O$ の結晶が析出するか。

問題40　キソ

p.154

次の変化を化学反応式で表せ。

(1)　アセチレン C_2H_2 を完全燃焼させる。

(2)　プロパン C_3H_8 を完全燃焼させる。

(3)　アルミニウム Al を塩酸 HCl と反応させると，塩化アルミニウム $AlCl_3$ となって溶解し，水素 H_2 を発生する。

(4)　エタノール C_2H_5OH を完全燃焼させる。

問題41 標準

p.160

次の化学反応式の係数を決め，化学反応式を完成せよ。

(1) $NH_4Cl + Ca(OH)_2 \longrightarrow CaCl_2 + H_2O + NH_3$

(2) $MnO_2 + HCl \longrightarrow MnCl_2 + H_2O + Cl_2$

(3) $KMnO_4 + H_2SO_4 + H_2C_2O_4$

$\longrightarrow MnSO_4 + K_2SO_4 + H_2O + CO_2$

問題42 キソ

p.168

次の化学反応式について，以下の各問いに答えよ。ただし，原子量は $H = 1.0$，$N = 14$ とする。

$$N_2 + 3H_2 \longrightarrow 2NH_3$$

(1) 3molの窒素が反応したとき，生成したアンモニアの物質量を求めよ。

(2) 10molのアンモニアが生成するためには，何molの水素が必要となるか。

(3) 6molの水素が反応したとき，生成したアンモニアの標準状態における体積を求めよ。

(4) 3Lの窒素が反応したとき，同温・同圧で生成したアンモニアの体積を求めよ。

(5) 100Lのアンモニアが生成するためには，同温・同圧で何Lの水素が必要となるか。

(6) 12gの水素が反応したとき，生成したアンモニアの質量を求めよ。

(7) 170gのアンモニアが生成するためには，標準状態で何Lの窒素が必要となるか。

(8) 140gの窒素が反応したとき，生成したアンモニアの分子の個数を求めよ。ただし，アボガドロ定数は 6.0×10^{23} (/mol)とする。

問題43　標準

p.173

標準状態で112Lの体積を占めるエチレンC_2H_4とプロパンC_3H_8の混合気体がある。この混合気体に酸素を加えて完全燃焼させた。この反応において，消費した酸素は672gであった。

このとき，次の各問いに答えよ。ただし，原子量はH＝1.0，C＝12，O＝16とする。

(1)　エチレンC_2H_4が完全燃焼したときの化学反応式を書け。

(2)　プロパンC_3H_8が完全燃焼したときの化学反応式を書け。

(3)　最初の混合気体中にあったエチレンC_2H_4とプロパンC_3H_8の総物質量(モル数の合計)を，整数値で求めよ。

(4)　消費された酸素の物質量(モル数)を整数値で求めよ。

(5)　最初の混合気体中にあったエチレンC_2H_4の質量は何gか。整数値で求めよ。

(6)　燃焼によって生じた二酸化炭素の体積は，標準状態で何Lか。整数値で求めよ。

(7)　燃焼によって生じた水の質量は何gか。整数値で求めよ。

問題44　キソ

p.184

次の各問いに答えよ。

(1)　0.040mol/Lの酢酸CH_3COOH水溶液の水素イオン濃度(水素イオンH^+のモル濃度)が1.0×10^{-4}mol/Lであるとき，酢酸の電離度を求めよ。

(2)　0.020mol/Lの酢酸CH_3COOH水溶液の電離度が0.018であるとき，水素イオン濃度(水素イオンH^+のモル濃度)を求めよ。

(3)　0.30mol/LのアンモニアNH_3水溶液の電離度が6.0×10^{-3}であるとき，水酸化物イオンOH^-のモル濃度を求めよ。

問題45 標準

p.190

次の水溶液の**pH**を求めよ。

(1) 0.0010mol/Lの希塩酸

(2) 0.0050mol/Lの希硫酸

(3) 0.10mol/Lの酢酸水溶液(酢酸の電離度は0.010とする)

(4) 0.010mol/Lの水酸化ナトリウム水溶液

(5) 0.10mol/Lアンモニア水(アンモニアの電離度は0.010とする)

問題46 標準

p.192

次の水溶液の**pH**を整数値で求めよ。

(1) **pH**＝2の塩酸を水で100倍に希釈した水溶液

(2) **pH**＝1の塩酸を水で10000倍に希釈した水溶液

(3) **pH**＝11の水酸化ナトリウム水溶液を水で10倍に希釈した水溶液

(4) **pH**＝12の水酸化バリウム水溶液を水で1000倍に希釈した水溶液

(5) **pH**＝3の硫酸(硫酸水溶液)を水で10^8倍に希釈した水溶液

(6) **pH**＝12の水酸化カリウム水溶液を水で10^8倍に希釈した水溶液

問題47 発展

p.199

次の水溶液の**pH**を小数第1位まで求めよ。ただし，log2＝0.30，log3＝0.48とする。

塩酸は塩化水素という気体を水に溶かした水溶液のことだよ(p.24参照!!)。
だから，塩酸のときは塩酸水溶液とはいわないんだよね♥

(1) 0.020mol/Lの塩酸

(2) 0.0030mol/Lの硫酸(硫酸水溶液)

(3) 0.0080mol/Lの硝酸(硝酸水溶液)

(4) 0.090mol/Lの酢酸(酢酸水溶液)，ただし酢酸の電離度は0.010

(5) 0.030mol/Lの水酸化ナトリウム水溶液

(6) 0.0018mol/Lの水酸化カリウム水溶液

(7) 0.060mol/Lの水酸化カルシウム水溶液

(8) 0.030mol/Lのアンモニア水，ただしアンモニアの電離度は0.010

問題48 キソ

p.207

次の酸と塩基が中和して塩が生成するときの化学反応式を書け。

(1) 塩酸 HCl と水酸化カリウム KOH

(2) 硫酸 H_2SO_4 と水酸化ナトリウム $NaOH$

(3) 硝酸 HNO_3 と水酸化カルシウム $Ca(OH)_2$

(4) リン酸 H_3PO_4 と水酸化バリウム $Ba(OH)_2$

(5) 硫酸 H_2SO_4 と水酸化アルミニウム $Al(OH)_3$

(6) 酢酸 CH_3COOH と水酸化ナトリウム $NaOH$

(7) 酢酸 CH_3COOH と水酸化カルシウム $Ca(OH)_2$

(8) 塩酸 HCl とアンモニア NH_3

(9) 硫酸 H_2SO_4 とアンモニア NH_3

(10) リン酸 H_3PO_4 とアンモニア NH_3

問題49 標準

p.212

次の各問いに答えよ。

(1) 0.20mol/Lの塩酸30mLを中和するのに，0.15mol/Lの水酸化カルシウム水溶液は何mL必要か。

(2) 0.040mol/Lの硫酸10mLを中和するのに，0.020mol/Lの水酸化ナトリウム水溶液は何mL必要か。

(3) 0.020mol/Lの水酸化アルミニウム水溶液50mLを中和するのに，0.030mol/Lの硫酸は何mL必要か。

(4) 濃度が未知の硝酸20mLを中和するのに，0.040mol/Lの水酸化バリウム水溶液50mLが必要であった。この硝酸のモル濃度を求めよ。

(5) 濃度が未知の水酸化カリウム水溶液400mLを中和するのに，0.050mol/Lの硫酸800mLが必要であった。この水酸化カリウム水溶液のモル濃度を求めよ。

問題50 標準 p.214

次の各問いに答えよ。

(1) 0.40mol/Lの塩酸100mLに，固体の水酸化ナトリウムを加えて完全に中和させた。固体の水酸化ナトリウムは何g必要であったか。ただし，原子量はH＝1.0，O＝16，Na＝23とする。

(2) 0.20mol/Lの希硫酸50mLを中和するのに気体のアンモニアを吸収させて完全に中和させた。この気体のアンモニアは標準状態で何mL必要であったか。

問題51 発展 p.224

あるメーカーの食酢“さわやかなお酢”の定量分析に関する次の文を読んで，以下の各問いに答えよ。ただし，この食酢に含まれる酸はすべて酢酸であるとする。

あるメーカーの食酢“さわやかなお酢”10mLを［(イ)］を用いて正確にはかりとり，［(ロ)］に入れ，蒸留水を加えて100mLとし，試料溶液をつくった。

この試料溶液を用いて，以下の操作を行った。まず［(ハ)］を用いて試料溶液10mLを正確にはかりとり，［(ニ)］に入れ，さらに指示薬として(　　　)を加えた。次に，これを［(ホ)］に入れた0.020mol/Lの水酸化ナトリウム水溶液で滴定した。その結果，滴下量は32.1mLであった。

(1) 空欄(イ)〜(ホ)に適する実験器具の図を下の(a)〜(j)から選び，その実験器具の名称も添えて答えよ。

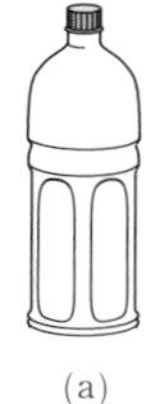
(a)

(b)

(c)

(d)

(e)

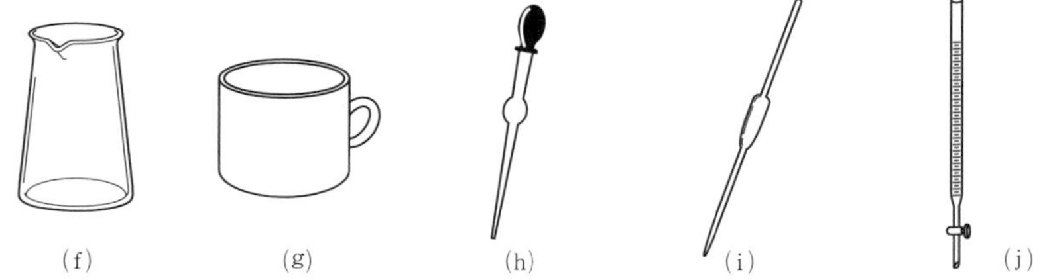

(2)　(1)の(イ)～(ホ)のガラス器具を手早く洗浄する際，仕上げの操作として最も適切なものを，次の①～④からそれぞれ選べ。

①　蒸留水で数回すすいで，そのまま使用する。

②　蒸留水で数回すすいで，熱風で乾燥させてから使用する。

③　使用する溶液で数回すすいで，そのまま使用する。

④　使用する溶液で数回すすいで，熱風で乾燥させてから使用する。

(3)　(　　　)に適する指示薬を，次の①～④から選べ。

①　メチルオレンジ

②　メチルレッド

③　フェノールフタレイン

④　リトマス

(4)　精度を高めるために，3回以上の滴定をくり返して行うことが通常である。滴下量について最も適切なものを，次の①～③から選べ。

①　何回か行った滴定において，滴下量の平均値を結果として採用する。

②　何回か行った滴定において，滴下量の最大値を結果として採用する。

③　何回か行った滴定において，滴下量の最小値を結果として採用する。

(5)　試料溶液の酢酸のモル濃度を，有効数字2桁で求めよ。

(6)　実験に用いた食酢“さわやかなお酢”の酢酸のモル濃度を，有効数字2桁で求めよ。

(7)　実験に用いた食酢“さわやかなお酢”の密度が1.02g/mLであるとして，この食酢の酢酸濃度を質量パーセント濃度で求めよ。ただし，原子量は$H=1.0$，$C=12$，$O=16$とする。

問題52 標準

p.230

次の図のⒶ～Ⓗは，中和滴定における**pH**の変化を示す滴定曲線（横軸は酸または塩基の滴下量）である。これについて，(1)，(2)の問いに答えよ。

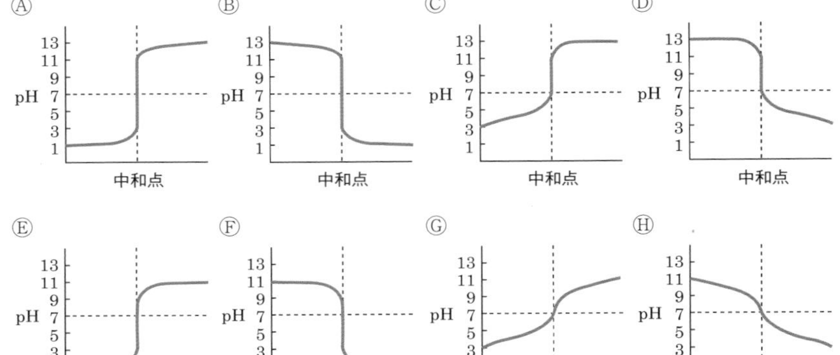

(1) 次の(ア)～(エ)の中和滴定を行ったとき，滴定曲線はどのようになるか。最も適切なものを，上のⒶ～Ⓗから選べ。

(ア) 塩酸にアンモニア水を滴下した。

(イ) 酢酸に水酸化ナトリウム水溶液を滴下した。

(ウ) 水酸化ナトリウム水溶液に塩酸を滴下した。

(エ) アンモニア水に酢酸を滴下した。

(2) 上のⒶ～Ⓗの中和滴定に用いる指示薬について最も適切に述べているものを，次の(ア)～(エ)からそれぞれ選べ。

(ア) メチルオレンジが有効である。

(イ) フェノールフタレインが有効である。

(ウ) メチルオレンジまたはフェノールフタレインのいずれも有効である。

(エ) メチルオレンジまたはフェノールフタレインはいずれも有効ではない。

問題53 キソ

p.233

次の塩は，酸性塩，塩基性塩，正塩のいずれか。

(1) Na_2CO_3 (2) $(CH_3COO)_2Ca$ (3) $CuCO_3 \cdot Cu(OH)_2$
(4) $FeSO_4$ (5) Na_2HPO_4 (6) $MgCl_2$

問題54 キソ

p.237

次の塩の水溶液は，酸性，中性，塩基性のうち，どれを示すか。

(1) $BaSO_4$ (2) $(CH_3COO)_2Ca$ (3) CH_3COONH_4
(4) $CaCl_2$ (5) $KHCO_3$ (6) NH_4NO_3
(7) $NaHSO_4$ (8) $Al(NO_3)_3$

問題55 ちょいムズ

p.241

標準状態で20Lの空気を0.010mol/Lの水酸化バリウム$Ba(OH)_2$水溶液100mLに吹き込み，生じた沈殿をろ過したあと，残った溶液にフェノールフタレインを加えて0.050mol/Lの塩酸で滴定したところ，25.6mL必要であった。このとき，空気中に含まれる二酸化炭素CO_2の体積百分率を有効数字2桁で求めよ。

問題56 ちょいムズ

p.243

塩化アンモニウムNH_4Clに水酸化カルシウム$Ca(OH)_2$を加えて加熱すると，次の反応によりアンモニアNH_3が得られる。

$$2NH_4Cl + Ca(OH)_2 \longrightarrow 2NH_3 + CaCl_2 + 2H_2O$$

ある量の塩化アンモニウムと水酸化カルシウムの混合物を加熱して得られたアンモニアを0.050mol/Lの希硫酸100mLに完全に吸収させてから，0.10mol/Lの水酸化ナトリウム水溶液で滴定したところ，中和させるのに20mLを要した。このとき，反応したはずの水酸化カルシウム$Ca(OH)_2$の質量を有効数字2桁で求めよ。ただし，原子量は$H = 1.0$，$O = 16$，$Ca = 40$とする。

問題57 標準

p.247

次の反応で，下線をつけた分子またはイオンは，ブレンステッド･ローリーの定義に従うと，酸または塩基のいずれであるか答えよ。

(1) $\underline{NH_4^+} + H_2O \longrightarrow NH_3 + H_3O^+$

(2) $NH_3 + \underline{H_2O} \longrightarrow NH_4^+ + OH^-$

(3) $\underline{CO_3^{2-}} + H_2O \longrightarrow HCO_3^- + OH^-$

(4) $HCl + \underline{H_2O} \longrightarrow H_3O^+ + Cl^-$

(5) $\underline{CH_3COO^-} + H_2O \longrightarrow CH_3COOH + OH^-$

問題58 キソ

p.253

次の化合物の下線の原子の酸化数を求めよ。

(1) $\underline{O}_3$　(2) $\underline{Mg}^{2+}$　(3) $H\underline{N}O_3$　(4) $\underline{S}O_4^{2-}$　(5) $\underline{Cu}_2O$

(6) $\underline{P}O_4^{3-}$　(7) $Ca\underline{C}_2$　(8) $H\underline{Cl}O_3$　(9) $\underline{N}H_4^+$　(10) $H_2\underline{O}_2$

問題59 キソ

p.255

次の(1)～(6)の変化において，下線の原子は，酸化されたか，還元されたかを答えよ。

(1) $\underline{Cu} \longrightarrow \underline{Cu}SO_4$　(2) $\underline{Cl}_2 \longrightarrow H\underline{Cl}$

(3) $\underline{S}O_2 \longrightarrow H_2\underline{S}$　(4) $\underline{Mn}O_2 \longrightarrow \underline{Mn}O_4^-$

(5) $\underline{Sn}Cl_2 \longrightarrow \underline{Sn}Cl_4$　(6) $\underline{Cr}_2O_7^{2-} \longrightarrow \underline{Cr}O_4^{2-}$

問題60 キソ

p.257

次の反応で，酸化剤として作用している物質と還元剤として作用している物質を答えよ。

$$2KMnO_4 + 5H_2O_2 + 3H_2SO_4 \longrightarrow K_2SO_4 + 2MnSO_4 + 5O_2 + 8H_2O$$

問題61 標準

p.262

次の(1)～(4)が酸化剤または還元剤としてはたらくときの半反応式を書け。

(1) 酸化マンガン(Ⅳ)　(2) 二クロム酸カリウム(二クロム酸イオン)

(3) 硫化水素　(4) 二酸化硫黄

問題62 標準 p.264

硫酸酸性で過マンガン酸カリウム水溶液に過酸化水素を加えたときに起こる酸化還元反応について，次の各問いに答えよ。

(1) この変化をイオン反応式で示せ。

(2) この変化を化学反応式で示せ。

問題63 ちょいムズ p.267

硫酸鉄(Ⅱ)水溶液50mLを硫酸で酸性にしたのち，0.040mol/Lの過マンガン酸カリウム水溶液を滴下したところ，20mLを加えたとき溶液の色が変わった。この反応に関して，次の各問いに答えよ。

(1) 硫酸鉄(Ⅱ)と過マンガン酸カリウムの反応をイオン反応式で表せ。

(2) 下線部の溶液の色の変化を具体的に記せ。

(3) 硫酸鉄(Ⅱ)水溶液のモル濃度を求めよ。

問題64 標準 p.271

6種類の金属A, B, C, D, E, Fがある。これらの金属は，Ag, Al, Cu, K, Mg, Niのいずれかであることはわかっている。

金属A，B，C，D，E，Fを，次の①～③の事実に基づいて決定せよ。

① A，B, C, Eは希硫酸に溶解して水素を発生するが，D, Fは溶解しない。

② 室温において，Aは乾燥した空気中で内部まで酸化されるのに対し，B，C，Dは表面に酸化膜ができる程度である。Eはこれらの中間の性質を示し，Fはまったく酸化されない。

③ A，C，Eの酸化物は水素で還元することは困難であるが，B，D，Fの酸化物は水素で還元できる。

問題65 キソ

p.277

次の図のように，金属を組み合わせて希硫酸に浸した。

(A)

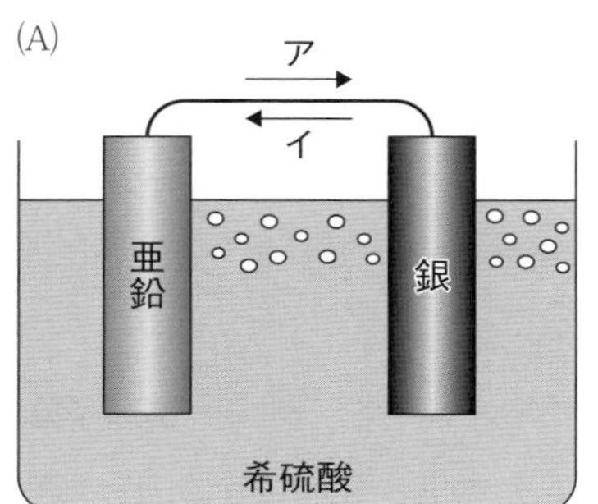

(B)

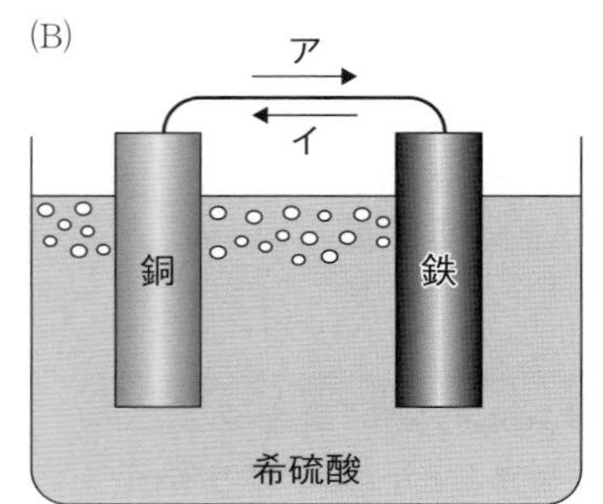

(A)，(B)について，次の各問いに答えよ。

(1) 導線中を流れる電子の向きは，それぞれア，イのどちらか。

(2) 導線中を流れる電流の向きは，それぞれア，イのどちらか。

(3) 酸化された金属は，それぞれどちらか。

(4) (A)と(B)を比較すると，起電力が大きいのはどちらか。

問題66 標準

p.281

下図はダニエル電池の構造を示している。これについて，次の各問いに答えよ。

(1) 正極の金属を元素記号で答えよ。

(2) 負極での変化をイオン反応式で表せ。

(3) 酸化が起こったのは正極・負極のどちらか。

(4) 放電中，硫酸銅(Ⅱ)水溶液の濃度は，どのように変化するか。

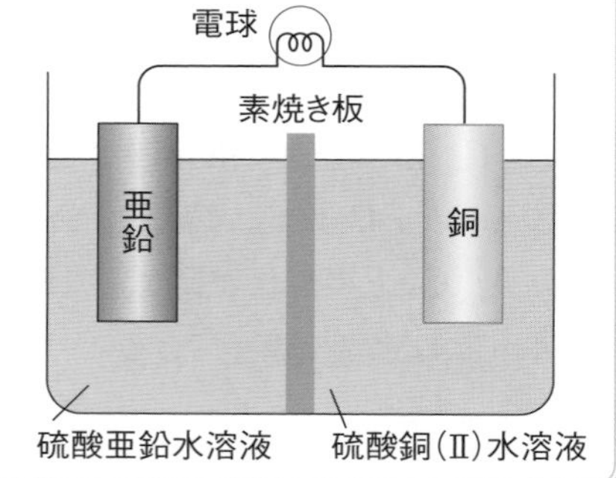

問題67　標準

p.284

右図は乾電池の内部構造を表している。これについて，次の各問いに答えよ。

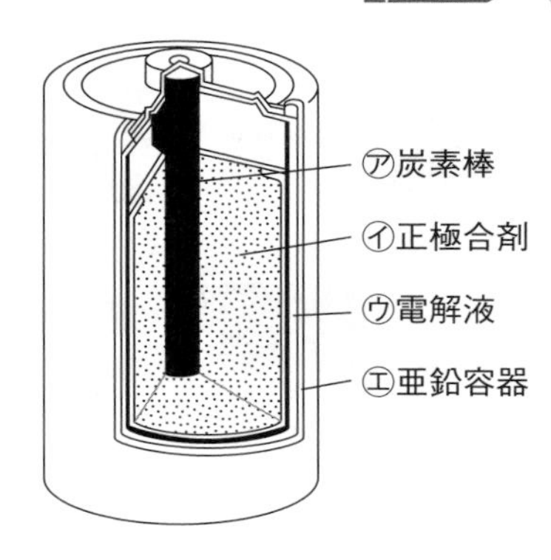

(1)　正極，負極の役目を果たす部分を右図の記号で答えよ。
(2)　正極合剤には，酸化剤が含まれている。この化合物の化学式と，その役割名を**漢字３文字**で答えよ。
(3)　電解液（半固形状の水溶液）として用いられる化合物の名称を答えよ。
(4)　乾電池を使用することにより腐食していくのは，正極，負極のいずれであるか。

問題68　標準

p.287

右図は鉛蓄電池の構造を表している。これについて，次の各問いに答えよ。

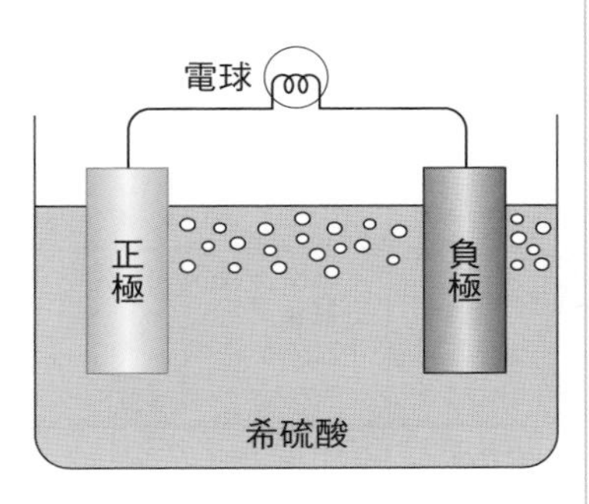

(1)　正極，負極の化学式をそれぞれ答えよ。
(2)　放電を続けると，正極，負極はそれぞれどのような化合物に変化していくか。化学式で答えよ。
(3)　放電を続けると，硫酸の濃度はどのように変化するか。

原子番号 → 1
H ← 元素記号
原子量 → 1.0
水素 ← 元素名

：気体
：液体
他は固体

内は金属元素
他は非金属元素

周期＼族	1	2	3	4	5	6	7	8	9
1	1 **H** 1.0 水素								
2	3 **Li** 6.9 リチウム	4 **Be** 9.0 ベリリウム							
3	11 **Na** 23.0 ナトリウム	12 **Mg** 24.3 マグネシウム							
4	19 **K** 39.1 カリウム	20 **Ca** 40.1 カルシウム	21 **Sc** 45.0 スカンジウム	22 **Ti** 47.9 チタン	23 **V** 50.9 バナジウム	24 **Cr** 52.0 クロム	25 **Mn** 54.9 マンガン	26 **Fe** 55.8 鉄	27 **Co** 58.9 コバルト
5	37 **Rb** 85.5 ルビジウム	38 **Sr** 87.6 ストロンチウム	39 **Y** 88.9 イットリウム	40 **Zr** 91.2 ジルコニウム	41 **Nb** 92.9 ニオブ	42 **Mo** 95.9 モリブデン	43 **Tc** 〔99〕 テクネチウム	44 **Ru** 101.1 ルテニウム	45 **Rh** 102.9 ロジウム
6	55 **Cs** 132.9 セシウム	56 **Ba** 137.3 バリウム	57－71 ランタノイド	72 **Hf** 178.5 ハフニウム	73 **Ta** 180.9 タンタル	74 **W** 183.8 タングステン	75 **Re** 186.2 レニウム	76 **Os** 190.2 オスミウム	77 **Ir** 192.2 イリジウム
7	87 **Fr** 〔223〕 フランシウム	88 **Ra** 〔226〕 ラジウム	89－103 アクチノイド	104 **Rf** 〔267〕 ラザホージウム	105 **Db** 〔268〕 ドブニウム	106 **Sg** 〔271〕 シーボーギウム	107 **Bh** 〔272〕 ボーリウム	108 **Hs** 〔277〕 ハッシウム	109 **Mt** 〔276〕 マイトネリウム
	アルカリ金属	アルカリ土類金属							

←典型元素→ ←遷移元素

10	11	12	13	14	15	16	17	18
								2 **He** 4.0 ヘリウム
			5 **B** 10.8 ホウ素	6 **C** 12.0 炭素	7 **N** 14.0 窒素	8 **O** 16.0 酸素	9 **F** 19.0 フッ素	10 **Ne** 20.2 ネオン
			13 **Al** 27.0 アルミニウム	14 **Si** 28.1 ケイ素	15 **P** 31.0 リン	16 **S** 32.1 硫黄	17 **Cl** 35.5 塩素	18 **Ar** 39.9 アルゴン
28 **Ni** 58.7 ニッケル	29 **Cu** 63.5 銅	30 **Zn** 65.4 亜鉛	31 **Ga** 69.7 ガリウム	32 **Ge** 72.6 ゲルマニウム	33 **As** 74.9 ヒ素	34 **Se** 79.0 セレン	35 **Br** 79.9 臭素	36 **Kr** 83.8 クリプトン
46 **Pd** 106.4 パラジウム	47 **Ag** 107.9 銀	48 **Cd** 112.4 カドミウム	49 **In** 114.8 インジウム	50 **Sn** 118.7 スズ	51 **Sb** 121.8 アンチモン	52 **Te** 127.6 テルル	53 **I** 126.9 ヨウ素	54 **Xe** 131.3 キセノン
78 **Pt** 195.1 白金	79 **Au** 197.0 金	80 **Hg** 200.6 水銀	81 **Tl** 204.4 タリウム	82 **Pb** 207.2 鉛	83 **Bi** 209.0 ビスマス	84 **Po** 〔210〕 ポロニウム	85 **At** 〔210〕 アスタチン	86 **Rn** 〔222〕 ラドン
110 **Ds** 〔281〕 ダームスタチウム	111 **Rg** 〔280〕 レントゲニウム	112 **Cn** 〔285〕 コペルニシウム	113 **Nh** 〔284〕 ニホニウム	114 **Fl** 〔289〕 フレロビウム	115 **Mc** 〔288〕 モスコビウム	116 **Lv** 〔293〕 リバモリウム	117 **Ts** 〔294〕 テネシン	118 **Og** 〔294〕 オガネソン
							ハロゲン	貴ガス

典型元素

メモ欄♥

メモ欄 ♥

メモ欄♥

メモ欄♥

メ モ 欄 ♥

メモ欄♥

坂田　アキラ（さかた　あきら）

Zen Study講師。

1996年に流星のごとく予備校業界に現れて以来、ギャグを交えた巧みな話術と、芸術的な板書で繰り広げられる“革命的講義”が話題を呼び、抜群の動員力を誇る。

現在は数学の指導が中心だが、化学や物理、現代文を担当した経験もあり、どの科目を教えても受講生から「わかりやすい」という評判の人気講座となる。

著書は、『改訂版　坂田アキラの　医療看護系入試数学Ⅰ・Aが面白いほどわかる本』『改訂版　坂田アキラの　数列が面白いほどわかる本』などの数学参考書のほか、理科の参考書として『改訂版　大学入試　坂田アキラの　化学［理論化学編］の解法が面白いほどわかる本』『完全版　大学入試　坂田アキラの　物理基礎・物理の解法が面白いほどわかる本』（以上、KADOKAWA）など多数あり、その圧倒的なわかりやすさから、「受験参考書界のレジェンド」と評されることもある。

改訂版　大学入試　坂田アキラの

化学基礎の解法が面白いほどわかる本

2023年１月20日　初版発行
2024年10月30日　再版発行

著者／坂田　アキラ

発行者／山下　直久

発行／株式会社KADOKAWA
〒102-8177　東京都千代田区富士見2-13-3
電話　0570-002-301（ナビダイヤル）

印刷所／株式会社加藤文明社

●お問い合わせ
https://www.kadokawa.co.jp/（「お問い合わせ」へお進みください）
※内容によっては、お答えできない場合があります。
※サポートは日本国内のみとさせていただきます。
※Japanese text only

定価はカバーに表示してあります。

ISBN 978-4-04-605339-8　C7043